建筑施工允许偏差速查便携手册

闫 军 主编

中国建筑工业出版社

图书在版编目（CIP）数据

建筑施工允许偏差速查便携手册/闫军主编．—北京：中国建筑工业出版社，2013.10
ISBN 978-7-112-15859-1

Ⅰ．①建⋯　Ⅱ．①闫⋯　Ⅲ．①建筑工程-工程施工-技术手册　Ⅳ．①TU7-62

中国版本图书馆 CIP 数据核字（2013）第 219441 号

建筑施工允许偏差速查
便携手册

闫军　主编

*

中国建筑工业出版社出版、发行（北京西郊百万庄）
各地新华书店、建筑书店经销
北京红光制版公司制版
北京市密东印刷有限公司印刷

*

开本：787×960 毫米　1/32　印张：21⅛　字数：570 千字
2014 年 1 月第一版　　2014 年 1 月第一次印刷
定价：**49.00** 元
ISBN 978-7-112-15859-1
（24610）

版权所有　翻印必究
如有印装质量问题，可寄本社退换
（邮政编码 100037）

偏差是建筑施工、安装中经常要查询的数据。本书根据最新的质量验收规范和技术规范编写，突出数据新、内容全面、速查、便携等特点。本书汇集了建筑、安装工程中各分项工程的施工允许偏差、检查数量及检验方法，采用便携形式，以方便查找。一册在手，偏差尽在掌握，不必再四处找寻。本书主要取材于最近实施的建筑、安装工程质量验收规范、技术规范。共36章，主要内容包括：建筑地面工程；混凝土结构工程；地下防水工程；地基基础工程；砌体结构工程；建筑桩基工程；钢结构工程；装饰装修工程；建筑电气工程；建筑防腐蚀工程；建筑节能工程；给水排水及采暖工程；铝合金结构工程；钢管混凝土工程；通风与空调工程；电梯工程；屋面工程；高层建筑混凝土结构施工；木结构工程；城镇燃气室内工程；模板工程；智能建筑工程；租赁模板脚手架维修保养；施工测量；烟囱工程；建筑结构加固工程；钢筋混凝土筒仓工程；土方与爆破工程；地下建筑工程逆作法；装配整体式混凝土结构施工；膜结构；建筑施工升降机安装；采光顶与金属屋面；建筑结构长城杯标准；脚手架；空间网格结构；无障碍设施；擦窗机安装。

本书读者对象是广大建筑施工人员、安装人员、监理人员、质检人员、安全人员。

* * *

责任编辑：郭　栋
责任设计：张　虹
责任校对：张　颖　关　健

前　　言

　　质量是建筑的生命，而偏差则是质量的生命线、控制源，是检查的依据，是经常要查询的数据。大量存在于各标准规范中的偏差数据繁多、量大，一个人要想全部牢记于心很困难。本书采用"类词典"的形式，将存在于各质量验收规范、技术规范中的偏差整理汇集起来，方便施工、安装、监理、质量、检查等人员的查询，力求达到速查的目的。收录的主要为建设行业内的国家标准（GB）、行业标准（JGJ），以工程建设标准化协会标准（CECS）、地方标准对少量没有涉及的进行补充、扩展、完善。借鉴《建筑施工手册》的整体构架进行章节安排，力争全面、实用。

　　由于规范一直在不断地更新，本书只能依据截止到交稿时的最新规范为止。此书断断续续地编写了两三年的时间，经历了很多规范的更新，我也接触到了海量的规范，其间又有了"强制性条文速查系列手册"（5册）的副产品，终于知道书籍始终只是遗憾的艺术，否则永远无法呈献于读者面前。

　　每章后以"本章参考文献"的形式列出了所依据的规范，以方便读者甄别使用，如第7章十本规范、第21章七本规范，等等。本书的特色是为求全面整合了很多规范采用便携小开本形式，方便携带。

　　本书由闫军主编，参与编写的有：张爱洁、陆永清、龚亮、李伟升、邱静、施亚军、廖宇、谭萍、顾嵩、管宇、洪滔、李雅瑾、林青、李红、刘庆庆、李萍、姜琴芬、蒋丽花、陆永清、栾志亮、毛丽娟、邱琦、钱峰益、沈铁君、孙永一。

本书得到了中国建筑工业出版社的大力支持和鼓励。感谢我的家人，没有你们的支持和理解，我是永远无法完成此书的。由于作者水平有限，书中错误和不当之处在所难免，欢迎广大读者批评指正。

目　录

14

26

30

1 建筑地面工程

1.1 自然放坡坡率

地质条件良好、土质均匀且无地下水的自然放坡的坡率允许值应根据地方经验确定。当无经验时，可符合表1.1的规定。

自然放坡的坡率允许值　　　　表 1.1

边坡土体类别	状　态	坡率允许值（高宽比）	
		坡高小于 5m	坡高 5～10m
碎石土	密实	1：0.35～1：0.50	1：0.50～1：0.75
	中密	1：0.50～1：0.75	1：0.75～1：1.00
	稍密	1：0.75～1：1.00	1：1.00～1：1.25
黏性土	坚硬	1：0.75～1：1.00	1：1.00～1：1.25
	硬塑	1：1.00～1：1.25	1：1.25～1：1.50

注：1. 表中碎石土的充填物为坚硬或硬塑状态的黏性土。
　　2. 对于砂土填充或充填物为砂石的碎石土，其边坡坡率允许值应按自然休止角确定。

1.2 建筑地面工程子分部工程、分项工程的划分

建筑地面是建筑物底层地面和楼（层地）面

的总称。建筑地面工程子分部工程、分项工程的划分，见表1.2。

建筑地面工程子分部工程、
分项工程的划分表 表1.2

分部工程	子分部工程	分项工程
建筑装饰装修工程	地面	**整体面层** 基层：基土、灰土垫层、砂垫层和砂石垫层、碎石垫层和碎砖垫层、三合土及四合土垫层、炉渣垫层、水泥混凝土垫层和陶粒混凝土垫层、找平层、隔离层、填充层、绝热层
		整体面层 面层：水泥混凝土面层、水泥砂浆面层、水磨石面层、硬化耐磨面层、防油渗面层、不发火（防爆）面层、自流平面层、涂料面层、塑胶面层、地面辐射供暖的整体面层
		板块面层 基层：基土、灰土垫层、砂垫层和砂石垫层、碎石垫层和碎砖垫层、三合土及四合土垫层、炉渣垫层、水泥混凝土垫层和陶粒混凝土垫层、找平层、隔离层、填充层、绝热层
		板块面层 面层：砖面层（陶瓷锦砖、缸砖、陶瓷地砖和水泥花砖面层）、大理石面层和花岗石面层、预制板块面层（水泥混凝土板块、水磨石板块、人造石板块面层）、料石面层（条石、块石面层）、塑料板面层、活动地板面层、金属板面层、地毯面层、地面辐射供暖的板块面层
		木、竹面层 基层：基土、灰土垫层、砂垫层和砂石垫层、碎石垫层和碎砖垫层、三合土及四合土垫层、炉渣垫层、水泥混凝土垫层和陶粒混凝土垫层、找平层、隔离层、填充层、绝热层

分部工程	子分部工程	分项工程
建筑装饰装修工程	地面	木、竹面层	面层：实木地板、实木集成地板、竹地板面层（条材、块材面层）、实木复合地板面层（条材、块材面层）、浸渍纸层压木质地板面层（条材、块材面层）、软木类地板面层（条材、块材面层）、地面辐射供暖的木板面层

1.2.1 检验同一施工批次、同一配合比水泥混凝土和水泥砂浆强度的试块，应按每一层（或检验批）建筑地面工程不少于 1 组。当每一层（或检验批）建筑地面工程面积大于 1000m² 时，每增加 1000m² 时应增做 1 组试块；小于 1000m² 按 1000m² 计算，取样 1 组；检验同一施工批次、同一配合比的散水、明沟、踏步、台阶、坡道的水泥混凝土、水泥砂浆强度的试块，应按每 150 延长米不少于 1 组。

1.2.2 建筑地面工程施工质量的检验，应符合下列规定：

1. 基层（各构造层）和各类面层的分项工程的施工质量验收应按每一层次或每层施工段（或变形缝）划分检验批，高层建筑的标准层可按每三层（不足三层按三层计）划分检验批。

2. 每检验批应以各子分部工程的基层（各构造层）和各类面层所划分的分项工程按自然间（或标准间）检验，抽查数量应随机检验不应少于 3 间；不足 3 间，应全数检查；其中走廊（过道）应以 10 延长米为 1 间，工业厂房（按单跨计）、礼堂、门厅应以两个轴线为 1 间计算。

3. 有防水要求的建筑地面子分部工程的分项工程施工质量每检验批抽查数量应按其房间总数随机检验不应少于 4 间；不足 4 间，应全数检查。

1.2.3 建筑地面工程施工时，各层环境温度的控制应符合材料或产品的技术要求，并应符合表 1.2.3 的规定。

建筑地面工程施工各层

环境温度的控制   表 1.2.3

采用铺贴或粘贴材料种类	各层环境温度的控制规定
掺有水泥、石灰的拌合料铺设以及用石油沥青胶结料铺贴	不应低于 5℃
有机胶粘剂粘贴	不应低于 10℃
砂、石材料铺设	不应低于 0℃
自流平、涂料铺设	不应低于 5℃，也不应高于 30℃

1.3 基层

基层是面层下的构造层，包括填充层、隔离层、绝热层、找平层、垫层和基土等。

基层表面的允许偏差和检验方法，应符合表 1.3 的规定。

表 1.3

基层表面的允许偏差和检验方法

项次	项目	允许偏差 (mm)														检验方法
		基土	垫层			找平层						填充层		隔离层、绝热层		
		土	砂、砂石、碎石、碎砖	灰土、三合土、四合土、炉渣、水泥混凝土、陶粒混凝土	木搁栅	拼花实木地板、拼花实木复合地板、软木地板、软木类地面层（垫层地板）	其他种类面层	用胶结料做结合层铺设板块面层	用水泥砂浆做结合层铺设块面层	用胶粘剂做结合层铺设拼花木板、浸渍纸层压木质地板、实木复合地板、竹地板木地板面层	金属面层	松散材料	板、块材料	防水、防潮、防油渗	板块材料、浇筑材料、喷涂材料	
1	表面平整度	15	15	10	3	3	5	3	5	2	3	7	5	3	4	用 2m 靠尺和楔形塞尺检查
2	标高	0 −50	±20	±10	±5	±5	±8	±5	±5	±	±4	±4	±4	±4	±4	用水准仪检查
3	坡度	不大于房间相应尺寸的 2/1000，且不大于 30														用坡度尺检查
4	厚度	在个别地方不大于设计厚度的 1/10，且不大于 20														用钢尺检查

1.4 面层

面层是直接承受各种物理和化学作用的建筑地面表面层。面层包括：整体面层；板块面层；木、竹面层等。

1.4.1 整体面层的允许偏差和检验方法，见表1.4.1。

整体面层的允许
偏差和检验方法　　　表1.4.1

项次	项目	允许偏差（mm）									检验方法
		水泥混凝土面层	水泥砂浆面层	普通水磨石面层	高级水磨石面层	硬化耐磨面层	防油渗混凝土和不发火（防爆）面层	自流平面层	涂料面层	塑胶面层	
1	表面平整度	5	4	3	2	4	5	2	2	2	用2m靠尺和楔形塞尺检查
2	踢脚线上口平直	4	4	3	3	4	4	3	3	3	拉5m线和用钢尺检查
3	缝格顺直	3	3	3	2	3	3	2	2	2	

1.4.2 板块面层的允许偏差和检验方法，见表1.4.2。

1.4.3 木、竹面层的允许偏差和检验方法，见表1.4.3。

表 1.4.2

板块面层的允许偏差和检验方法

项次	项目	允许偏差(mm)											检验方法
		陶瓷锦砖面层、高级水磨石板、陶瓷地砖面层	缸砖面层	水泥花砖面层	水磨石板块面层	大理石面层、花岗石面层、人造石面层、金属板面层	塑料板面层	水泥混凝土板块面层	碎拼大理石、碎拼花岗石面层	活动地板面层	条石面层	块石面层	
1	表面平整度	2.0	4.0	3.0	3.0	1.0	2.0	4.0	3.0	2.0	10	10	用 2m 靠尺和楔形塞尺检查
2	缝格平直	3.0	3.0	3.0	3.0	2.0	3.0	3.0	—	2.5	8.0	8.0	拉 5m 线和用钢尺检查
3	接缝高低差	0.5	1.5	0.5	1.0	0.5	0.5	1.5	—	0.4	2.0	—	用钢尺和楔形塞尺检查
4	踢脚线上口平直	3.0	4.0	—	4.0	1.0	2.0	4.0	1.0	—	—	—	拉 5m 线和用钢尺检查
5	板块间隙宽度	2.0	2.0	2.0	2.0	1.0	—	6.0	—	0.3	5.0	—	用钢尺检查

木、竹面层的允许偏差和检验方法

表 1.4.3

项次	项目	允许偏差（mm）				检验方法
		实木地板、实木集成地板、竹地板面层			浸渍纸层压木质地板、实木复合地板、软木类地板面层	
		松木地板	硬木地板、竹地板	拼花地板		
1	板面缝隙宽度	1.0	0.5	0.2	0.5	用钢尺检查
2	表面平整度	3.0	2.0	2.0	2.0	用 2m 靠尺和楔形塞尺检查
3	踢脚线上口平齐	3.0	3.0	3.0	3.0	拉 5m 线和用钢尺检查
4	板面拼缝平直	3.0	3.0	3.0	3.0	
5	相邻板材高差	0.5	0.5	0.5	0.5	用钢尺和楔形塞尺检查
6	踢脚线与面层的接缝	1.0				楔形塞尺检查

1.5 自流平地面

自流平地面是在基层上，采用具有自行流平性能或稍加辅助性摊铺即能流动找平的地面用材料，经搅拌后摊铺所形成的地面。

1.5.1 自流平地面工程质量检验与验收批次应符合下列规定：

1. 基层和面层应按每一层次或每层施工段或变形缝作为一个检验批，高层建筑的标准层可按每3层作为一个检验批，不足3层时，应按3层计。

2. 每个检验批应按自然间或标准间随机检验，抽查数量不应少于3间，不足3间时，应全数检查。走廊(过道)应以10延长米为1间，工业厂房(按单跨计)、礼堂、门厅应以两个轴线为1间计算。

3. 对于有防水要求的建筑地面，每检验批应按自然间(或标准间)总数随机检验，抽查数量不应少于4间，不足4间时，应全数检查。

1.5.2 主控项目

自流平地面主控项目的验收应符合表1.5.2的规定。

自流平地面主控项目的验收　　表1.5.2

项目	自流平地面				检查方法
	水泥基或石膏基自流平砂浆地面		环氧树脂或聚氨酯自流平地面	水泥基自流平砂浆-环氧树脂或聚氨酯薄涂地面	
	用于面层	用于找平			
外观	表面平整、密实，无明显裂纹、针孔等缺陷		平整、光滑，无气泡、泛花、裂纹、砂眼、镘刀纹，无色花、分色、油花、缩孔及光泽应均匀一致，符合设计要求。无肉眼可见的明显差异		距表面1m处垂直观察，至少90%的表面无肉眼可见的差异

项目	自流平地面				检查方法
	水泥基或石膏基自流平砂浆地面		环氧树脂或聚氨酯自流平地面	水泥基自流平砂浆-环氧树脂或聚氨酯薄涂地面	
	用于面层	用于找平			
面层厚度偏差（mm）	≤1.5	≤0.2	≤0.2		针刺法或超声波仪
表面平整度	≤3mm/2m		≤3mm/2m		用2m靠尺和楔形塞尺检查
粘结强度及空鼓	各层应粘结牢固，每20m² 地面，空鼓不得超过2处，每处空鼓面积不得大于400cm²				用小锤轻敲

1.5.3　一般项目

　　自流平地面一般项目的验收应符合表 1.5.3 的规定。

自流平地面一般项目的验收　　表 1.5.3

项目	自流平地面				检查方法
	水泥基或石膏基自流平砂浆地面		环氧树脂或聚氨酯自流平地面	水泥基自流平砂浆-环氧树脂或聚氨酯薄涂地面	
	用于面层	用于找平			
坡度	符合设计要求				泼水或坡度尺
缝格平直（mm）	≤5		≤2		拉5m线和用钢尺检查

项目	自流平地面				检查方法
	水泥基或石膏基自流平砂浆地面		环氧树脂或聚氨酯自流平地面	水泥基自流平砂浆-环氧树脂或聚氨酯薄涂地面	
	用于面层	用于找平			
接缝高低差（mm）	≤2.0		≤1.0		用钢尺和楔形靠尺检查
耐冲击性	无裂纹、无剥落	—	无裂纹、无剥落	—	直径50mm的钢球，距离面层500mm

1.5.4 甘肃地标自流平地面施工规定

整体面层的允许偏差及检验方法必须符合表1.5.4的要求。

整体面层的允许偏差及检验方法(mm)

表 1.5.4

项次	项目	允许偏差							检验方法
		水泥基自流平类	环氧树脂自流平类	环氧砂浆自流平类	聚氨酯自流平类	防静电自流平类	防腐型乙烯基脂自流平类	耐候型丙烯酸自流平类	
1	表面平整度	≤1.5	≤1.5	≤2.0	≤2.0	≤2.0	≤2.0	≤2.0	2m靠尺和塞尺检查

项次	项目	允许偏差							检验方法
		水泥基自流平类	环氧树脂自流平类	环氧砂浆自流平类	聚氨酯自流平类	防静电自流平类	防腐型乙烯基脂自流平类	耐候型丙烯酸自流平类	
2	踢脚线上口平直	≤3.0	≤3.0	≤3.0	≤3.0	≤3.0	≤3.0	≤3.0	拉5m线和用钢尺检查
3	缝格平直	≤3.0	≤2.0	≤2.0	≤2.0	≤2.0	≤2.0	≤2.0	钢尺和塞尺检查
4	接缝高低差	≤0.8	≤0.5	≤0.5	≤0.5	≤0.5	≤0.5	≤0.5	钢尺和塞尺检查
5	色差	每批不得超过3处							肉眼观察
6	空鼓	每20m² 不得超过1处以上，空鼓面积不应大于200cm²/处							用锤敲击检查
7	面层厚度	按设计要求							针刺法，卡尺检查或无损超声波探测仪

注：当设计无要求时，环氧树脂自流平面层施工厚度不得小于
1mm；水泥基自流平砂浆面层施工厚度不得小于3mm；水泥
基自流平环氧树脂薄涂层厚度不得小于0.3mm。

1.6 环氧树脂自流平地面

1.6.1 工程质量检验的数量应符合下列规定：

1. 应以自然间或标准间为基本检查单位。当单

间面积小于或等于 30㎡ 时，应抽查 4 处；当单间面积大于 30㎡ 时，每增加 10㎡ 应多抽查 1 处，不足 30㎡ 时，应按 30㎡ 计；每处测点不得少于 3 个。

2. 在环氧树脂自流平地面施工结束后再分割单间的工程，应以施工面积为基本检查单位，当面积小于或等于 30㎡ 时，应抽查 4 处；当面积大于 30㎡ 时，每增加 10㎡ 应多抽查 1 处，不足 30㎡ 时，应按 30㎡ 计；每处测点不得少于 3 个。

3. 重要部位、难维修部位应按面积抽查超过 50%，每处测点不得少于 5 个；当单间少于 5 间或施工总面积少于 200㎡ 时，应进行全数检查。

4. 对质量有严重影响的部位，可进行破坏性检查。

1.6.2 涂料与涂层的质量要求

环氧树脂自流平地面底层涂料与涂层、中层涂料与涂层、面层涂料与涂层的质量应符合表 1.6.2-1～表 1.6.2-3 的规定。

环氧树脂自流平地面底层

涂料与涂层的质量 表 1.6.2-1

项　　目	技术指标
容器中状态	透明液体、无机械杂质
混合后固体含量（%）	≥50
干燥时间（h）	表干≤3 实干≤24

项　　目	技术指标
涂层表面	均匀、平整、光滑、 无起泡、无发白、无软化
附着力（MPa）	≥1.5

环氧树脂自流平地面中层
涂料与涂层的质量　　表 1.6.2-2

项　　目	技术指标
容器中状态	搅拌后色泽均匀、无结块
混合后固体含量（%）	≥70
干燥时间（h）	表干≤8 实干≤48
涂层表面	密实、平整、均匀、 无开裂、无起壳、无渗出物
附着力（MPa）	≥2.5
抗冲击(1kg 钢球自由落体)1m 2m	胶泥构造：无裂纹、剥落、起壳 砂浆构造：无裂纹、剥落、起壳
抗压强度（MPa）	≥80
打磨性	易打磨

环氧树脂自流平地面
面层涂料与涂层的质量　　表 1.6.2-3

项　　目	技术指标
容器中的状态	各色黏稠液，搅拌后均匀无结块
干燥时间（h）	表干≤8 实干≤24

项　目		技术指标
涂层表面		平整光滑、色泽均匀,无针孔、气泡
附着力（MPa）		≥2.5
相对硬度 （任选）	D型邵氏硬度	≥75
	铅笔硬度	≥3H
抗冲击（1kg 钢球 自由落体）1m		无裂纹、剥落、起壳
抗压强度（MPa）		≥80
磨耗量（750r/500g）		≤60mg
容器中涂料的贮存期		密闭容器, 阴凉干燥通风处, 5～25℃, 6 个月

1.6.3 环氧树脂砂浆构造的自流平地面涂层的质量应符合表 1.6.3 的规定。

环氧树脂砂浆构造的自流

平地面涂层的质量　　　　表 1.6.3

项　目	技术指标
干燥时间（h）	表干≤12 实干≤72
涂层表面	密实、平整、均匀、无开裂、 无起壳、无渗出物
附着力（MPa）	≥2.5
抗冲击(1kg 钢球自由落体)2m	涂层无裂纹、剥落、起壳
抗压强度（MPa）	≥80

1.6.4 环氧树脂自流平砂浆地面涂层的质量应符合表 1.6.4 的规定。

环氧树脂自流平砂浆地面涂层的质量

表 1.6.4

项　目	技术指标
干燥时间（h，25℃）	表干≤8 实干为 48～72
涂层表面	密实、平整、均匀、 无开裂、无起壳、无渗出物
附着力（MPa）	≥2.5
抗冲击（1kg 钢球自由落体）2m	涂层无裂纹，剥落、起壳
抗压强度（MPa）	≥75

1.6.5 在室温条件下，环氧树脂自流平地面涂层的耐化学品性能应符合表 1.6.5 的规定。

环氧树脂自流平地面涂层
的耐化学品性能

表 1.6.5

化学品名	性能	化学品名	性能
大豆油	耐	草酸	耐
润滑油	耐	1％甲酸	不耐
5％醋酸	尚耐	10％乙酸	尚耐
1％盐酸	耐	10％乳酸	尚耐
15％盐酸	耐（略变色）	10％柠檬酸	耐

化学品名	性能	化学品名	性能
5%苯酸	不耐	酒精	尚耐
20%硅酸	耐（略变色）	汽油	耐
15%氮水	耐	洗涤剂	耐
5%氢氧化钠	耐	丙酮	尚耐
10%氢氧化钠	耐	饱和食盐水	尚耐
氢氧化钙	耐	甲醇	尚耐
10%磷酸	耐	混合二甲苯	耐
30%磷酸	耐	甲苯	不耐
机油	耐	柴油	耐
5%硝酸	不耐	导热油	耐

注：1. 评定方法采用目测。
　　2. 当涂层出现浸润膨胀、粉化、凹陷、裂缝、颜色完全变化时，可判为不耐。
　　3. 仅仅出现表面发花、颜色轻微变化且涂层表面平整光洁时，可判为耐。
　　4. 当涂层出现浸润、表面发花变毛、颜色变化等现象时，可判为尚耐。

1.6.6 环氧树脂自流平地面构造各层厚度宜符合表 1.6.6 的规定。

环氧树脂自流平地面构造各层厚度（mm）

表 1.6.6

构造	底涂层	中涂层	面涂层	总厚度
自流平地面	连续成膜无漏涂	0.5～1.5	0.5～1.5	1.0～3.0
树脂砂浆构造		3.0～5.0		4.0～7.0
自流平砂浆构造		3.0～5.0		3.0～5.0
玻璃纤维增强层	1.0（或毡布复合≥2层）	—	—	

本章参考文献

1. 《建筑地面工程施工质量验收规范》GB 50209—2010

2. 《自流平地面工程技术规程》JGJ/T 175—2009

3. 《自流平地面施工技术规程》DB11/T 511—2007

4. 《环氧树脂自流平地面工程技术规范》GB/T 50589—2010

5. 《自流平地面施工技术规程》DB62/T 25－3061－2012

2 混凝土结构工程

混凝土结构（concrete structure）是以混凝土为主制成的结构，包括素混凝土结构、钢筋混凝土结构和预应力混凝土结构等。

混凝土结构子分部工程可根据结构的施工方法分为两类：现浇混凝土结构子分部工程和装配式混凝土结构子分部工程；根据结构的分类，还可分为钢筋混凝土结构子分部工程和预应力混凝土结构子分部工程等。

混凝土结构子分部工程可划分为模板、钢筋、预应力、混凝土、现浇结构和装配式结构等分项工程。各分项工程可根据与施工方式相一致且便于控制施工质量的原则，按工作班、楼层、结构缝或施工段划分为若干检验批。

2.1 模板分项工程

2.1.1 模板安装

1. 对跨度不小于 4m 的现浇钢筋混凝土梁、板，其模板应按设计要求起拱；当设计无具体要求时，起拱高度宜为跨度的 1/1000～3/1000。

检查数量：在同一检验批内，对梁，应抽查构件数量的 10％，且不少于 3 件；对板，应按有代表性的自然间抽查 10％，且不少于 3 间；对大空间结构，板可按纵、横轴线划分检查面，抽查 10％，且不少于 3 面。

检验方法：水准仪或拉线、钢尺检查。

2. 固定在模板上的预埋件、预留孔和预留洞均不得遗漏，且应安装牢固，其偏差应符合表 2.1.1-1 的规定。

预埋件和预留孔洞的允许偏差　表 2.1.1-1

项　　目		允许偏差（mm）	检验方法	检查数量
预埋钢板中心线位置		3	钢尺检查	在同一检验批内，对梁、柱和独立基础，应抽查构件数量的 10％，且不少于 3 件；对墙和板，应按有代表性的自然间抽查 10％，且不少于 3 间；对大空间结构墙可按相邻轴线间高度 5m 左右划分检查面，板可按纵、横轴线划分检查面，抽查 10％，且均不少于 3 面
预埋管、预留孔中心线位置		3		
插筋	中心线位置	5		
	外露长度	+10，0		
预埋螺栓	中心线位置	2		
	外露长度	+10，0		
预留洞	中心线位置	10		
	尺寸	+10，0		

注：检查中心线位置时，应沿纵、横两个方向量测，并取其中的较大值。

20

3. 现浇结构模板安装的偏差应符合表 2.1.1-2 的规定。

现浇结构模板安装的允许偏差及检验方法

表 2.1.1-2

项　目		允许偏差（mm）	检验方法	检查数量
轴线位置		5	钢尺检查	在同一检验批内，对梁、柱和独立基础，应抽查构件数量的10%，且不少于3件；对墙和板，应按有代表性的自然间抽查10%，且不少于3间；对大空间结构，墙可按相邻轴线间高度5m左右划分检查面，板可按纵、横轴线划分检查面，抽查10%，且均不少于3面
底模上表面标高		±5	水准仪或拉线、钢尺检查	
截面内部尺寸	基础	±10	钢尺检查	
	柱、墙、梁	+4，-5	钢尺检查	
层高垂直度	不大于5m	6	经纬仪或吊线、钢尺检查	
	大于5m	8	经纬仪或吊线、钢尺检查	
相邻两板表面高低差		2	钢尺检查	
表面平整度		5	2m靠尺和塞尺检查	

注：检查轴线位置时，应沿纵、横两个方向量测，并取其中的较大值。

4. 预制构件模板安装的偏差应符合表 2.1.1-3 的规定。

预制构件模板安装的
允许偏差及检验方法　　表 2.1.1-3

项目		允许偏差（mm）	检验方法	检查数量
长度	梁、板	±5	钢尺量两角边，取其中较大值	首次使用及大修后的模板应全数检查；使用中的模板应定期检查，并根据使用情况不定期抽查
	薄腹梁、桁架	±10		
	柱	0，−10		
	墙板	0，−5		
宽度	板、墙板	0，−5	钢尺量一端及中部，取其中较大值	
	梁、薄腹梁、桁架	+2，−5		
高（厚）度	板	+2，−3	钢尺量一端及中部，取其中较大值	
	墙板	0，−5		
	梁、薄腹梁、桁架、柱	+2，−5		
侧向弯曲	梁、板、柱	$l/1000$ 且 $\leqslant 15$	拉线、钢尺量最大弯曲处	
	墙板、薄腹梁、桁架	$l/1500$ 且 $\leqslant 15$		
板的表面平整度		3	2m 靠尺和塞尺检查	
相邻两板表面高低差		1	钢尺检查	
对角线差	板	7	钢尺量两个对角线	
	墙板	5		
翘曲	板、墙板	$l/1500$	调平尺在两端量测	
设计起拱	薄腹梁、桁架、梁	±3	拉线、钢尺量跨中	

注：l 为构件长度（mm）。

5. 采用扣件式钢管作模板支架时，质量检查应符合的规定：梁下支架立杆间距的偏差不宜大于 50mm，板下支架立杆间距的偏差不宜大于 100mm，水平杆间距的偏差不宜大于 50mm。

2.1.2 模板拆除

底模及其支架拆除时的混凝土强度应符合设计要求；当设计无具体要求时，混凝土强度应符合表 2.1.2 的规定。

底模拆除时的混凝土强度要求　表 2.1.2

构件类型	构件跨度（m）	达到设计的混凝土立方体抗压强度标准值的百分率（%）	检验方法	检查数量
板	≤2	≥50	检查同条件养护试件强度试验报告	全数检查
	>2，≤8	≥75		
	>8	≥100		
梁、拱、壳	≤8	≥75		
	>8	≥100		
悬臂构件	—	≥100		

2.2 钢筋分项工程

2.2.1 钢筋加工

1. 钢筋调直后应进行力学性能和重量偏差的检验，其强度应符合有关标准的规定。盘卷钢

筋和直条钢筋调直后的断后伸长率、重量负偏差
应符合表 2.2.1-1 的规定。

盘卷钢筋和直条钢筋调直后的断后伸长率、

重量负偏差要求 表 2.2.1-1

钢筋牌号	断后伸长率 A（％）	重量负偏差（％）		
		直径 6～12mm	直径 14～20mm	直径 22～50mm
HPB235、HPB300	≥21	≤10	—	—
HRB335、HRBF335	≥16	≤8	≤6	≤5
HRB400、HRBF400	≥15			
RRB400	≥13			
HRB500、HRBF500	≥14			

注：1. 断后伸长率 A 的量测标距为 5 倍钢筋公称直径；
  2. 重量负偏差（％）按公式（W_0-W_d）/W_0×100 计算，其中 W_0 为钢筋理论重量（kg/m），W_d 为调直后钢筋的实际重量（kg/m）；
  3. 对直径为 28～40mm 的带肋钢筋。表中断后伸长率可降低 1％；对直径大于 40mm 的带肋钢筋，表中断后伸长率可降低 2％。

2. 钢筋加工的形状、尺寸应符合设计要求，
其偏差应符合表 2.2.1-2 的规定。

钢筋加工的允许偏差 表 2.2.1-2

项目	允许偏差（mm）	检验方法	检查数量
受力钢筋长度方向全长的净尺寸	±10	钢尺检查	按每工作班同一类型钢筋、同一加工设备抽查不应少于 3 件
弯起钢筋的弯折位置	±20		
箍筋内净尺寸	±5		

2.2.2 钢筋安装

钢筋安装位置的偏差应符合表2.2.2的规定。

钢筋安装位置的允许偏差

和检验方法 表 2.2.2

项目		允许偏差(mm)	检验方法	检查数量
绑扎钢筋网	长、宽	±10	钢尺检查	在同一检验批内，对梁、柱和独立基础，应抽查构件数量的10%，且不少于3件；对墙和板，应按有代表性的自然间抽查10%，且不少于3间；对大空间结构，墙可按相邻轴线间高度5m左右划分检查面，板可按纵、横轴线划分检查面，抽查10%，且均不少于3面
	网眼尺寸	±20	钢尺量连续三档，取最大值	
绑扎钢筋骨架	长	±10	钢尺检查	
	宽、高	±5	钢尺检查	
受力钢筋	间距	±10	钢尺量两端、中间各一点，取最大值	
	排距	±5		
	保护层厚度 基础	±10	钢尺检查	
	保护层厚度 柱、梁	±5	钢尺检查	
	保护层厚度 板、墙、壳	±3	钢尺检查	
绑扎箍筋、横向钢筋间距		±20	钢尺量连续三档，取最大值	
钢筋弯起点位置		20	钢尺检查	
预埋件	中心线位置	5	钢尺检查	
	水平高差	+30	钢尺和塞尺检查	

注：1. 检查预埋件中心线位置时，应沿纵、横两个方向量测，并取其中的较大值。

2. 表中梁类、板类构件上部纵向受力钢筋保护层厚度的合格点率应达到90%及以上，且不得有超过表中数值1.5倍的尺寸偏差。

25

2.3 预应力分项工程

2.3.1 制作与安装

1. 预应力筋下料应符合下列要求：

当钢丝束两端采用墩头锚具时，同一束中各根钢丝长度的极差不应大于钢丝长度的 1/5000，且不应大于 5mm。当成组张拉长度不大于 10m 的钢丝时，同组钢丝长度的极差不得大于 2mm。

检查数量：每工作班抽查预应力筋总数的 3%，且不少于 3 束。

检验方法：观察，钢尺检查。

2. 预应力筋束形控制点的竖向位置偏差应符合表 2.3.1 的规定。

束形控制点的竖向位置允许偏差 表 2.3.1

截面高(厚)度 （mm）	$h \leqslant 300$	$300 < h \leqslant 1500$	$h > 1500$
允许偏差（mm）	±5	±10	±15
检验方法	钢尺检查		
检查数量	在同一检验批内，抽查各类型构件中预应力筋总数的 5%，且对各类型构件均不少于 5 束，每束不应少于 5 处		

注：束形控制点的竖向位置偏差合格点率应达到 90% 及以上，且不得有超过表中数值 1.5 倍的尺寸偏差。

2.3.2 张拉和放张

1. 预应力筋的张拉力、张拉或放张顺序及张拉工艺应符合设计及施工技术方案的要求，并应符合的规定为：当采用应力控制方法张拉时，应校核预应力筋的伸长值。实际伸长值与设计计算理论伸长值的相对允许偏差为±6%。

检查数量：全数检查。

检验方法；检查张拉记录。

2. 预应力筋张拉锚固后实际建立的预应力值与工程设计规定检验值的相对允许偏差为±5%。

检查数量：对先张法施工，每工作班抽查预应力筋总数的 1%，且不少于 3 根；对后张法施工，在同一检验批内，抽查预应力筋总数的 3%，且不少于 5 束。

检验方法：对先张法施工，检查预应力筋应力检测记录；对后张法施工，检查见证张拉记录。

3. 锚固阶段张拉端预应力筋的内缩量应符合设计要求；当设计无具体要求时，应符合表 2.3.2 的规定。

4. 先张法预应力筋张拉后与设计位置的偏差不得大于 5mm，且不得大于构件截面短边边长的 4%。

检查数量：每工作班抽查预应力筋总数的3%，且不少于3束。

检验方法：钢尺检查。

张拉端预应力筋的内缩量限值　表2.3.2

锚具类别		内缩量限值（mm）	检验方法	检查数量
支承式锚具（镦头锚具等）	螺帽缝隙	1	钢尺检查	每工作班抽查预应力筋总数的3%，且不少于3束
	每块后加垫板的缝隙	1		
锥塞式锚具		5		
夹片式锚具	有顶压	5		
	无顶压	6～8		

2.4　混凝土分项工程

2.4.1　结构混凝土的强度等级必须符合设计要求。用于检查结构构件混凝土强度的试件，应在混凝土的浇筑地点随机抽取。取样与试件留置应符合下列规定：

（1）每拌制 100 盘且不超过 100m³ 的同配合比的混凝土，取样不得少于一次；

（2）每工作班拌制的同一配合比的混凝土不足 100 盘时，取样不得少于一次；

（3）当一次连续浇筑超过 1000m³ 时，同一配合比的混凝土每 200m³ 取样不得少于一次；

（4）每一楼层、同一配合比的混凝土，取样不得少于一次；

（5）每次取样应至少留置一组标准养护试件，同条件养护试件的留置组数应根据实际需要确定。

检验方法：检查施工记录及试件强度试验报告。

2.4.2 混凝土原材料每盘称量的偏差应符合表2.4.2的规定。

原材料每盘称量的允许偏差　　表 2.4.2

材料名称	允许偏差	检验方法	检查数量
水泥、掺合料	±2%	复称	每工作班抽查不应少于一次
粗、细骨料	±3%		
水、外加剂	±2%		

注：1. 各种衡器应定期校验，每次使用前应进行零点校核，保持计量准确。

2. 当遇雨天或含水率有显著变化时，应增加含水率检测次数，并及时调整水和骨料的用量。

2.4.3 《混凝土结构工程施工规范》GB 50666—2011 相关规定

1. 混凝土搅拌时应对原材料用量准确计量，原材料的计量应按重量计，水和外加剂溶液可按体积计，其允许偏差应符合表 2.4.3-1 的规定。

混凝土原材料计量
允许偏差（%）

表 2.4.3-1

原材料品种	水泥	细骨料	粗骨料	水	矿物掺合料	外加剂
每盘计量允许偏差	±2	±3	±3	±1	±2	±1
累计计量允许偏差	±1	±2	±2	±1	±1	±1

注：1. 现场搅拌时原材料计量允许偏差应满足每盘计量允许偏差要求。

2. 累计计量允许偏差指每一运输车中各盘混凝土的每种材料累计称量的偏差，该项指标仅适用于采用计算机控制计量的搅拌站。

3. 骨料含水率应经常测定，雨、雪天施工应增加测定次数。

2. 混凝土坍落度、维勃稠度的质量检查应符合下列规定：

（1）坍落度、维勃稠度的允许偏差应符合表2.4.3-2的规定；

（2）坍落度大于 220mm 的混凝土，可根据需要测定其坍落扩展度，扩展度的允许偏差为±30mm。

3. 柱、墙模板内的混凝土浇筑不得发生离析，倾落高度应符合表2.4.3-3的规定；当不能满足要求时，应加设串筒、溜管、溜槽等装置。

混凝土坍落度、维勃稠度
的允许偏差 表 2.4.3-2

坍落度（mm）			
设计值（mm）	≤40	50～90	≥100
允许偏差（mm）	±10	±20	±30
维勃稠度（s）			
设计值（s）	≥11	10～6	≤5
允许偏差（s）	±3	±2	±1

柱、墙模板内混凝土浇筑
倾落高度限值（m） 表 2.4.3-3

条 件	浇筑倾落高度限值
粗骨料粒径大于 25mm	≤3
粗骨料粒径小于等于 25mm	≤6

注：当有可靠措施能保证混凝土不产生离析时，混凝土倾落
高度可不受本表限制。

2.5 现浇结构分项工程

2.5.1 一般规定

现浇结构的外观质量缺陷，应由监理（建设）单位、施工单位等各方根据其对结构性能和使用功能影响的严重程度，按表 2.5.1 确定。

现浇结构外观质量缺陷　　表 2.5.1

名称	现象	严重缺陷	一般缺陷
露筋	构件内钢筋未被混凝土包裹而外露	纵向受力钢筋有露筋	其他钢筋有少量露筋
蜂窝	混凝土表面缺少水泥砂浆而形成石子外露	构件主要受力部位有蜂窝	其他部位有少量蜂窝
孔洞	混凝土中孔穴深度和长度均超过保护层厚度	构件主要受力部位有孔洞	其他部位有少量孔洞
夹渣	混凝土中夹有杂物且深度超过保护层厚度	构件主要受力部位有夹渣	其他部位有少量夹渣
疏松	混凝土中局部不密实	构件主要受力部位有疏松	其他部位有少量疏松
裂缝	缝隙从混凝土表面延伸至混凝土内部	构件主要受力部位有影响结构性能或使用功能的裂缝	其他部位有少量不影响结构性能或使用功能的裂缝

名称	现象	严重缺陷	一般缺陷
连接部位缺陷	构件连接处混凝土缺陷及连接钢筋、连接件松动	连接部位有影响结构传力性能的缺陷	连接部位有基本不影响结构传力性能的缺陷
外形缺陷	缺棱掉角、棱角不直、翘曲不平、飞边凸肋等	清水混凝土构件有影响使用功能或装饰效果的外形缺陷	其他混凝土构件有不影响使用功能的外形缺陷
外表缺陷	构件表面麻面、掉皮、起砂、沾污等	具有重要装饰效果的清水混凝土构件有外表缺陷	其他混凝土构件有不影响使用功能的外表缺陷

2.5.2 尺寸偏差

现浇结构和混凝土设备基础拆模后的尺寸偏差应符合表 2.5.2-1、表 2.5.2-2 的规定。

检验方法：量测检查。

现浇结构尺寸允许偏差和
检验方法　　　　表 2.5.2-1

项目		允许偏差 （mm）	检验方法	检查数量
轴线 位置	基础	15	钢尺检查	按楼层、结构缝或施工段划分检验批。在同一检验批内，对梁、柱和独立基础，应抽查构件数量的 10%，且不少于 3 件；对墙和板，应按有代表性的自然间抽查 10%，且不少于 3 间；对大空间结构，墙可按相邻轴线间高度 5m 左右划分检查面，板可按纵、横轴线划分检查面，抽查 10%，且均不少于 3 面；对电梯井，应全数检查；对设备基础，应全数检查
	独立基础	10		
	墙、柱、梁	8		
	剪力墙	5		
垂直度	层高 ≤5m	8	经纬仪或吊线、钢尺检查	
	层高 >5m	10	经纬仪或吊线、钢尺检查	
	全高（H）	H/1000 且≤30	经纬仪、钢尺检查	
标高	层高	±10	水准仪或拉线、钢尺检查	
	全高	±30		
截面尺寸		+8，−5	钢尺检查	
电梯井	井筒长、宽对定位中心线	+25，0	钢尺检查	
	井筒全高(H)垂直度	H/1000 且≤30	经纬仪、钢尺检查	
表面平整度		8	2m靠尺和塞尺检查	
预埋设施中心线位置	预埋件	10	钢尺检查	
	预埋螺栓	5		
	预埋管	5		
预留洞中心线位置		15	钢尺检查	

注：检查轴线、中心线位置时，应沿纵、横两个方向量测，并取其中的较大值。检查数量同表 2.5.2-1。

34

混凝土设备基础尺寸允许偏差

和检验方法 表 2.5.2-2

项 目		允许偏差 （mm）	检验方法
坐标位置		20	钢尺检查
不同平面的标高		0，−20	水准仪或拉线、 钢尺检查
平面外形尺寸		±20	钢尺检查
凸台上平面外形尺寸		0，−20	钢尺检查
凹穴尺寸		+20,0	钢尺检查
平面水平度	每米	5	水平尺、塞尺检查
	全长	10	水准仪或拉线、钢尺检查
垂直度	每米	5	经纬仪或吊线、钢尺检查
	全高	10	
预埋地 脚螺栓	标高（顶部）	+20,0	水准仪或拉线、钢尺检查
	中心距	±2	钢尺检查
预埋地脚 螺栓孔	中心线位置	10	钢尺检查
	深度	+20,0	钢尺检查
	孔垂直度	10	吊线、钢尺检查
预埋活动 地脚螺 栓锚板	标高	+20,0	水准仪或拉线、钢尺检查
	中心线位置	5	钢尺检查
	带槽锚板平整度	5	钢尺、塞尺检查
	带螺纹孔锚板平整度	2	钢尺、塞尺检查

注：检查坐标、中心线位置时，应沿纵、横两个方向量测，并取
　　其中的较大值。检查数量同表 2.5.2-1。

2.6 装配式结构分项工程

　　预制构件的尺寸偏差应符合表 2.6 的规定。

预制构件尺寸允许偏差
和检验方法

表 2.6

项　目		允许偏差 （mm）	检验方法	检查数量
长度	板、梁	+10，−5	钢尺检查	同一工作班生产的同类型构件，抽查5%且不少于3件
	柱	+5，−10		
	墙板	±5		
	薄腹梁、桁架	+15，−10		
宽度、高（厚）度	板、梁、柱、墙板、薄腹梁、桁架	±5	钢尺量一端及中部，取其中较大值	
侧向弯曲	梁、柱、板	$l/750$ 且≤20	拉线、钢尺量最大侧向弯曲处	
	墙板、薄腹梁、桁架	$l/1000$ 且≤20		
预埋件	中心线位置	10	钢尺检查	
	螺栓位置	5		
	螺栓外露长度	+10，−5		
预留孔	中心线位置	5	钢尺检查	
预留洞	中心线位置	15	钢尺检查	
主筋保护层厚度	板	+5，−3	钢尺或保护层厚度测定仪量测	
	梁、柱、墙板、薄腹梁、桁架	+10，−5		
对角线差	板、墙板	10	钢尺量两对角线	
表面平整度	板、墙板、柱、梁	5	2m靠尺和塞尺检查	
预应力构件预留孔道位置	梁、墙板、薄腹梁、桁架	3	钢尺检查	
翘曲	板	$l/750$	调平尺在两端量测	
	墙板	$l/1000$		

注：1. l 为构件长度（mm）。
　　2. 检查中心线、螺栓和孔道位置时，应由纵、横两个方向量测，并取其中的较大值。
　　3. 对形状复杂或有特殊要求的构件，其尺寸偏差应符合标准图或设计的要求。

2.7 冷轧带肋钢筋混凝土结构施工

2.7.1 钢筋加工与安装

1. 钢筋加工的形状、尺寸应符合设计要求。钢筋加工的允许偏差应符合表 2.7.1-1 的规定。

钢筋加工的允许偏差　表 2.7.1-1

项　目	允许偏差（mm）
受力钢筋顺长度方向全长的净尺寸	±10
箍筋尺寸	±5

2. 钢筋的绑扎施工应符合现行国家标准《混凝土结构工程施工规范》GB 50666—2011 的有关规定。绑扎网和绑扎骨架外形尺寸的允许偏差，应符合表 2.7.1-2 的规定。

绑扎网和绑扎骨架的允许偏差　表 2.7.1-2

项　目		允许偏差（mm）
网的长、宽		±10
网眼尺寸		±20
骨架的宽及高		±5
骨架的长		±10
箍筋间距		±20
受力钢筋	间距	±10
	排距	±5

2.7.2 预应力筋的张拉工艺

1. 短线生产成束张拉时，墩头后钢筋的有效长度极差在一个构件中不得大于 2mm。

2. 钢筋的预应力值应按下列规定进行抽检：

（1）长线法张拉每一工作班应按构件条数的10％抽检，且不得少于一条；短线法张拉每一工作班应按构件数量的1％抽检，且不得少于一件；

（2）检测应在张拉完毕后 1h 进行。

2.7.3 高延性冷轧带肋钢筋的技术指标

高延性二面肋钢筋的尺寸、重量及允许偏差应符合表 2.7.3 的规定。

高延性二面肋钢筋的尺寸、
重量及允许偏差　　　表 2.7.3

公称直径 d (mm)	公称横截面积 (mm²)	重量		横肋中点高		横肋1/4处高 $h_{1/4}$ (mm)	横肋顶宽 b (mm)	横肋间距	
		理论重量 (kg/m)	允许偏差 (%)	h (mm)	允许偏差 (mm)			l (mm)	允许偏差 (%)
5	19.6	0.154		0.32		0.26		4.0	
5.5	23.7	0.186		0.40		0.32		5.0	
6	28.3	0.222		0.40	+0.10	0.32		5.0	
6.5	33.2	0.261	±4	0.46	−0.05	0.37	≤0.2d	5.0	±15
7	38.5	0.302		0.46		0.37		5.0	
8	50.3	0.395		0.55		0.44		6.0	
9	63.6	0.499		0.75		0.60		7.0	
10	78.5	0.617		0.75	±0.10	0.60		7.0	
11	95.0	0.746		0.85		0.68		7.4	
12	113.1	0.888		0.95		0.76		8.4	

注：1. 横肋 1/4 处高、横肋顶宽供孔型设计用。
　　2. 二面肋钢筋允许有高度不大于 0.5h 的纵肋。
　　3. 只要力学性能符合规程要求，可采用无纵肋的钢筋，但应征得用户同意。

本章参考文献

1. 《混凝土结构工程施工质量验收规范》GB 50204—2002（2011年版）

2. 《混凝土结构工程施工规范》GB 50666—2011

3. 《冷轧带肋钢筋混凝土结构技术规程》JGJ 95—2011

3 地下防水工程

3.1 基本规定

3.1.1 地下工程的防水等级标准应符合表 3.1.1的规定。

地下工程防水等级标准　　表 3.1.1

防水等级	防 水 标 准
一 级	不允许渗水,结构表面无湿渍
二 级	不允许漏水,结构表面可有少量湿渍; 房屋建筑地下工程:总湿渍面积不应大于总防水面积(包括顶板、墙面、地面)的 1/1000;任意 $100m^2$ 防水面积上的湿渍不超过 2 处,单个湿渍的最大面积不大于 $0.1m^2$; 其他地下工程:总湿渍面积不应大于总防水面积的 2/1000;任意 $100m^2$ 防水面积上的湿渍不超过 3 处,单个湿渍的最大面积不大于 $0.2m^2$;其中,隧道工程平均渗水量不大于 $0.05L/(m^2 \cdot d)$,任意 $100m^2$ 防水面积上的渗水量不大于 $0.15L/(m^2 \cdot d)$
三 级	有少量漏水点,不得有线流和漏泥砂; 任意 $100m^2$ 防水面积上的漏水或湿渍点数不超过 7 处,单个漏水点的最大漏水量不大于 $2.5L/d$,单个湿渍的最大面积不大于 $0.3m^2$
四 级	有漏水点,不得有线流和漏泥砂; 整个工程平均漏水量不大于 $2L/(m^2 \cdot d)$;任意 $100m^2$ 防水面积上的平均漏水量不大于 $4L/(m^2 \cdot d)$

3.1.2 明挖法和暗挖法地下工程的防水设防应按表 3.1.2-1 和表 3.1.2-2 选用。

表 3.1.2-1

明挖法地下工程防水设防

工程部位	主体结构		施工缝	后浇带		变形缝、诱导缝	
防水措施 \ 防水等级	防水混凝土	防水卷材／塑料防水板／膨润土防水材料／防水砂浆／金属板	遇水膨胀止水条或止水胶／外贴式止水带／中埋式止水带／外抹防水砂浆／外涂防水涂料／水泥基渗透结晶型防水涂料	补偿收缩混凝土	预埋注浆管／外贴式止水带／遇水膨胀止水条或止水胶	中埋式止水带	外贴式止水带／可卸式止水带／防水密封材料／外贴防水卷材／外涂防水涂料
一级	应选	应选一种至二种	应选二种	应选	应选二种	应选	应选一种
二级	应选	应选一种至二种	应选一种至二种	应选	应选一种至二种	应选	应选一种至二种
三级	应选	宜选一种	宜选一种至二种	应选	宜选一种至二种	宜选	宜选一种至二种
四级	宜选	—	宜选一种	应选	宜选一种	宜选	宜选一种

表3.1.2-2

喷挖法地下工程防水设防

工程地位	衬砌结构							内村砌施工缝						内村砌变形缝、诱导缝			
防水措施	防水混凝土	防水卷材	防水涂料	塑料防水板	膨润土防水材料	防水砂浆	金属板	遇水膨胀止水条或止水胶	外贴式止水带	中埋式止水带	防水密封材料	水泥基渗透结晶型防水材料	预埋注浆管	中埋式止水带	外贴式止水带	可卸式止水带	防水密封材料
一级	必选	应选一种至二种						应选一种至二种			应选一种至二种			应选	应选一种二种		
二级	应选	应选一种						应选一种			应选一种			应选	应选一种		
三级	宜选	宜选一种						宜选一种			宜选一种			应选	宜选一种		
四级	宜选	宜选一种						宜选一种			宜选一种			应选	宜选一种		

防水等级

3.1.3 地下防水工程施工期间，必须保持地下水位稳定在工程底部最低高程 500mm 以下，必要时应采取降水措施。对采用明沟排水的基坑，应保持基坑干燥。

3.1.4 地下防水工程不得在雨天、雪天和五级风及其以上时施工；防水材料施工环境气温条件宜符合表 3.1.4 的规定。

防水材料施工环境气温条件　　表 3.1.4

防水材料	施工环境气温条件
高聚物改性沥青防水卷材	冷粘法、自粘法不低于 5℃，热熔法不低于 −10℃
合成高分子防水卷材	冷粘法、自粘法不低于 5℃，焊接法不低于 −10℃
有机防水涂料	溶剂型 −5～35℃，反应型、水乳型 5～35℃
无机防水涂料	5～35℃
防水混凝土、防水砂浆	5～35℃
膨润土防水材料	不低于 −20℃

3.1.5 地下防水工程是一个子分部工程，其分项工程的划分应符合表 3.1.5 的规定。

地下防水工程的分项工程　　表 3.1.5

子分部工程		分项工程
地下防水工程	主体结构防水	防水混凝土、水泥砂浆防水层、卷材防水层、涂料防水层、塑料防水板防水层、金属板防水层、膨润土防水材料防水层

子分部工程		分项工程
地下防水工程	细部构造防水	施工缝、变形缝、后浇带、穿墙管、埋设件、预留通道接头、桩头、孔口、坑、池
	特殊施工法结构防水	锚喷支护、地下连续墙、盾构隧道、沉井、逆筑结构
	排水	渗排水、盲沟排水、隧道排水、坑道排水、塑料排水板排水
	注浆	预注浆、后注浆、结构裂缝注浆

3.2 主体结构防水工程

3.2.1 防水混凝土

1. 防水混凝土采用预拌混凝土时，入泵坍落度宜控制在 120～160mm，坍落度每小时损失不应大于 20mm，坍落度总损失值不应大于 40mm。

2. 混凝土拌制和浇筑过程控制应符合下列规定：

（1）拌制混凝土所用材料的品种、规格和用量，每工作班检查不应少于两次。每盘混凝土组成材料计量结果的允许偏差应符合表 3.2.1-1 的规定。

44

混凝土组成材料计量
结果的允许偏差（％）　　　表 3.2.1-1

混凝土组成材料	每盘计量	累计计量
水泥、掺合料	±2	±1
粗、细骨料	±3	±2
水、外加剂	±2	±1

注：累计计量仅适用于微机控制计量的搅拌站。

（2）混凝土在浇筑地点的坍落度，每工作班至少检查两次。混凝土坍落度允许偏差应符合表 3.2.1-2 的规定。

混凝土坍落度允许偏差（mm）　　表 3.2.1-2

规定坍落度	允许偏差
≤40	±10
50～90	±15
＞90	±20

（3）泵送混凝土在交货地点的入泵坍落度，每工作班至少检查两次。混凝土入泵时的坍落度允许偏差应符合表 3.2.1-3 的规定。

混凝土入泵时的坍落度允许偏差（mm）
表 3.2.1-3

所需坍落度	允许偏差
≤100	±20
＞100	±30

3. 防水混凝土分项工程检验批的抽样检验数量，应按混凝土外露面积每 100m² 抽查 1 处，每处 10m²，且不得少于 3 处。

4. 防水混凝土结构厚度不应小于 250mm，其允许偏差应为＋8mm、－5mm；主体结构迎水面钢筋保护层厚度不应小于 50mm，其允许偏差应为±5mm。

检验方法：尺量检查和检查隐蔽工程验收记录。

3.2.2 水泥砂浆防水层

1. 水泥砂浆防水层分项工程检验批的抽样检验数量，应按施工面积每 100m² 抽查 1 处，每处 10m²，且不得少于 3 处。

2. 水泥砂浆防水层表面平整度的允许偏差应为 5mm。

检验方法：用 2m 靠尺和楔形塞尺检查。

3.2.3 卷材防水层

1. 防水卷材的搭接宽度应符合表 3.2.3 的要求。铺贴双层卷材时，上下两层和相邻两幅卷材的接缝应错开 1/3～1/2 幅宽，且两层卷材不得相互垂直铺贴。

2. 卷材防水层分项工程检验批的抽样检验数量，应按铺贴面积每 100m² 抽查 1 处，每处 10m²，且不得少于 3 处。

防水卷材的搭接宽度　　表 3.2.3

卷材品种	搭接宽度（mm）
弹性体改性沥青防水卷材	100
改性沥青聚乙烯胎防水卷材	100
自粘聚合物改性沥青防水卷材	80
三元乙丙橡胶防水卷材	100/60（胶粘剂/胶粘带）
聚氯乙烯防水卷材	60/80（单焊缝/双焊缝）
	100（胶粘剂）
聚乙烯丙纶复合防水卷材	100（粘结料）
高分子自粘胶膜防水卷材	70/80（自粘胶/胶粘带）

　　3. 采用外防外贴法铺贴卷材防水层时，立面卷材接槎的搭接宽度，高聚物改性沥青类卷材应为 150mm，合成高分子类卷材应为 100mm，且上层卷材应盖过下层卷材。

　　检验方法：观察和尺量检查。

　　4. 卷材搭接宽度的允许偏差应为 −10mm。

　　检验方法：观察和尺量检查。

3.2.4　涂料防水层

　　涂料防水层分项工程检验批的抽样检验数量，应按涂层面积每 100m² 抽查 1 处，每处 10m²，且不得少于 3 处。

3.2.5　塑料防水板防水层

　　1. 塑料防水板防水层分项工程检验批的抽样检验数量，应按铺设面积每 100m² 抽查 1 处，每处 10m²，且不得少于 3 处。焊缝检验应按焊缝条数抽查 5%，每条焊缝为 1 处，且不得少于 3 处。

2. 塑料防水板搭接宽度的允许偏差应为 -10mm。

检验方法：尺量检查。

3.2.6 金属板防水层

金属板防水层分项工程检验批的抽样检验数量，应按铺设面积每 10m² 抽查 1 处，每处 1m²，且不得少于 3 处。焊缝表面缺陷检验应按焊缝的条数抽查 5%，且不得少于 1 条焊缝；每条焊缝检查 1 处，总抽查数不得少于 10 处。

3.2.7 膨润土防水材料防水层

1. 膨润土防水材料防水层分项工程检验批的抽样检验数量，应按铺设面积每 100m² 抽查 1 处，每处 10m²，且不得少于 3 处。

2. 膨润土防水材料搭接宽度的允许偏差应为 -10mm。

检验方法：观察和尺量检查。

3.3 特殊施工法结构防水工程

3.3.1 锚喷支护

1. 喷射混凝土试件制作组数应符合下列

规定：

（1）地下铁道工程应按区间或小于区间断面的结构，每 20 延米拱和墙各取抗压试件一组；车站取抗压试件两组。其他工程应按每喷射 50m³ 同一配合比的混合料或混合料小于 50m³ 的独立工程取抗压试件一组。

（2）地下铁道工程应按区间结构每 40 延米取抗渗试件一组；车站每 20 延米取抗渗试件一组。其他工程当设计有抗渗要求时，可增做抗渗性能试验。

2. 锚杆必须进行抗拔力试验。同一批锚杆每 100 根应取一组试件，每组 3 根，不足 100 根也取 3 根。同一批试件抗拔力平均值不应小于设计锚固力，且同一批试件抗拔力的最小值不应小于设计锚固力的 90％。

3. 锚喷支护分项工程检验批的抽样检验数量，应按区间或小于区间断面的结构每 20 延米抽查 1 处，车站每 10 延米抽查 1 处，每处 10m³，且不得少于 3 处。

3.3.2 地下连续墙

1. 地下连续墙分项工程检验批的抽样检验数量，应按每连续 5 个槽段抽查 1 个槽段，且不得少于 3 个槽段。

2. 地下连续墙墙体表面平整度，临时支护墙体允许偏差应为 50mm，单一或复合墙体允许偏差应为 30mm。

检验方法：尺量检查。

3.3.3 盾构隧道

1. 盾构隧道衬砌防水措施应按表 3.3.3-1 选用。

盾构隧道衬砌防水措施　　表 3.3.3-1

防水措施		高精度管片	接缝防水				混凝土内衬或其他内衬	外防水涂料
			密封垫	嵌缝材料	密封剂	螺孔密封圈		
防水等级	一级	必选	必选	全隧道或部分区段应选	可选	必选	宜选	对混凝土有等以上腐蚀的地层应选，在非腐蚀地层宜选
	二级	必选	必选	部分区段宜选	可选	必选	局部宜选	对混凝土有等以上腐蚀的地层宜选
	三级	应选	必选	部分区段宜选	—	应选	—	对混凝土有等以上腐蚀的地层宜选
	四级	可选	宜选	可选	—	—	—	—

2. 钢筋混凝土管片的质量应符合的规定为：单块管片制作尺寸允许偏差应符合表表 3.3.3-2 的规定。

单块管片制作尺寸允许偏差　　　表 3.3.3-2

项　目	允许偏差（mm）
宽度	±1
弧长、弦长	±1
厚　度	+3，−1

3. 钢筋混凝土管片抗压和抗渗试件制作应符合下列规定：

（1）直径 8m 以下隧道，同一配合比按每生产 10 环制作抗压试件一组，每生产 30 环制作抗渗试件一组；

（2）直径 8m 以上隧道，同一配合比按每工作台班制作抗压试件一组，每生产 10 环制作抗渗试件一组。

4. 钢筋混凝土管片的单块抗渗检漏应符合下列规定：

（1）检验数量：管片每生产 100 环应抽查 1 块管片进行检漏测试。连续 3 次达到检漏标准，则改为每生产 200 环抽查 1 块管片，再连续 3 次达到检漏标准，按最终检测频率为 400 环抽查 1 块管片进行检漏测试。如出现一次不达标，则恢复每 100 环抽查 1 块管片的最初检漏频率，再按上述要求进行抽检。当检漏频率为每 100 环抽查 1 块时，如出现不达标，则双倍复检，如再出现不达标，必须逐块检漏。

（2）检漏标准：管片外表在 0.8MPa 水压力下，恒压 3h，渗水进入管片外背高度不超过 50mm 为合格。

5. 盾构隧道分项工程检验批的抽样检验数量，应按每连续 5 环抽查 1 环，且不得少于 3 环。

3.3.4 沉井

沉井适用于下沉施工的地下建筑物或构筑物。沉井分项工程检验批的抽样检验数量，应按混凝土外露面积每 100m² 抽查 1 处，每处 10m²，且不得少于 3 处。

3.3.5 逆作结构

逆作结构适用于地下连续墙为主体结构或地下连续墙与内衬构成复合式衬砌进行逆作法施工的地下工程。逆作结构分项工程检验批的抽样检验数量，应按混凝土外露面积每 100m² 抽查 1 处，每处 10m²，且不得少于 3 处。

3.4 排水工程

3.4.1 渗排水、盲沟排水

1. 渗排水适用于无自流排水条件、防水要求较高且有抗浮要求的地下工程；盲沟排水适用于地基为弱透水性土层、地下水量不大或排水面积较小，地下水位在结构底板以下或在丰水期地下水位高于结构底板的地下工程。

2. 盲沟排水应符合的规定为：盲沟反滤层的层次和粒径组成应符合表 3.4.1 的规定。

盲沟反滤层的层次和粒径组成　表 3.4.1

反滤层的层次	建筑物地区地层为砂性土时（塑性指数 $I_P < 3$）	建筑地区地层为黏性土时（塑性指数 $I_P > 3$）
第一层（贴天然土）	用 1～3mm 粒径砂子组成	用 2～5mm 粒径砂子组成
第二层	用 3～10mm 粒径小卵石组成	用 5～10mm 粒径小卵石组成

3. 渗排水、盲沟排水分项工程检验批的抽样检验数量，应按 10% 抽查，其中按两轴线间或 10 延米为 1 处，且不得少于 3 处。

3.4.2　隧道排水、坑道排水

隧道排水、坑道排水适用于贴壁式、复合式、离壁式衬砌。隧道排水、坑道排水分项工程检验批的抽样检验数量，应按 10% 抽查，其中按两轴线间或每 10 延米为 1 处，且不得少于

3 处。

3.4.3 塑料排水板排水

塑料排水板适用于无自流排水条件且防水要求较高的地下工程以及地下工程种植顶板排水。塑料排水板排水分项工程检验批的抽样检验数量，应按铺设面积每 100m² 抽查 1 处，每处 10m²，且不得少于 3 处。

3.5 注浆工程

3.5.1 预注浆、后注浆

1. 注浆过程控制应符合的规定为：预注浆、后注浆分项工程检验批的抽样检验数量，应按加固或堵漏面积每 100m² 抽查 1 处，每处 10m²，且不得少于 3 处。

2. 注浆对地面产生的沉降量不得超过 30mm，地面的隆起不得超过 20mm。

检验方法：用水准仪测量。

3.5.2 结构裂缝注浆

结构裂缝注浆适用于混凝土结构宽度大于 0.2mm 的静止裂缝、贯穿性裂缝等堵水注浆。结构裂缝注浆分项工程检验批的抽样检验数量，应按裂缝的条数抽查 10%，每条裂缝检查 1 处，且不得少于 3 处。

本章参考文献

1.《地下防水工程质量验收规范》GB 50208—2011
2.《地下防水工程技术规范》GB 50108—2008

4 地基基础工程

4.1 地基

4.1.1 一般规定

1. 对灰土地基、砂和砂石地基、土工合成材料地基、粉煤灰地基、强夯地基、注浆地基、预压地基，其竣工后的结果（地基强度或承载力）必须达到设计要求的标准。检验数量，每单位工程不应少于 3 点，1000m² 以上工程，每100m² 至少应有 1 点，3000m² 以上工程，每300m² 至少应有 1 点。每一独立基础下至少应有1 点，基槽每 20 延米应有 1 点。

2. 对水泥土搅拌桩复合地基、高压喷射注浆桩复合地基、砂桩地基、振冲桩复合地基、土和灰土挤密桩复合地基、水泥粉煤灰碎石桩复合地基及夯实水泥土桩复合地基，其承载力检验，数量为总数的 0.5%～1%，但不应小于 3 处。有单桩强度检验要求时，数量为总数的 0.5%～1%，但不应少于 3 根。

3. 除规范指定的主控项目外，其他主控项目及一般项目可随意抽查，但复合地基中的水泥土搅拌桩、高压喷射注浆桩、振冲桩、土和灰土挤密桩、水泥粉煤灰碎石桩及夯实水泥土桩至少应抽查20%。

4.1.2　灰土地基

灰土地基的质量验收标准应符合表4.1.2的规定。

灰土地基质量检验标准　　　表4.1.2

项目	序号	检查项目	允许偏差或允许值		检查方法
			单位	数值	
主控项目	1	地基承载力	设计要求		按规定方法
	2	配合比	设计要求		按拌合时的体积比
	3	压实系数	设计要求		现场实测
一般项目	1	石灰粒径	mm	≤5	筛分法
	2	土料有机质含量	％	≤5	试验室焙烧法
	3	土颗粒粒径	mm	≤15	筛分法
	4	含水量（与要求的最优含水量比较）	％	±2	烘干法
	5	分层厚度偏差（与设计要求比较）	mm	±50	水准仪

4.1.3　砂和砂石地基

砂和砂石地基的质量验收标准应符合表4.1.3的规定。

4.1.4　土工合成材料地基

1. 施工前应对土工合成材料的物理性能

（单位面积的质量、厚度、相对密度）、强度、延伸率以及土、砂石料等做检验。土工合成材料以 $100m^2$ 为一批，每批应抽查 5％。

2. 土工合成材料地基质量检验标准应符合表 4.1.4 的规定。

砂及砂石地基质量检验标准　　表 4.1.3

项目	序号	检查项目	允许偏差或允许值		检查方法
			单位	数值	
主控项目	1	地基承载力	设计要求		按规定方法
	2	配合比	设计要求		检查拌合时的体积比或重量比
	3	压实系数	设计要求		现场实测
一般项目	1	砂石料有机质含量	mm	≤5	焙烧法
	2	砂石料含泥量	％	≤5	水洗法
	3	石料粒径	mm	≤100	筛分法
	4	含水量（与最优含水量比较）	％	±2	烘干法
	5	分层厚度（与设计要求比较）	mm	±50	水准仪

土工合成材料地基质量检验标准　表 4.1.4

项目	序号	检查项目	允许偏差或允许值		检查方法
			单位	数值	
主控项目	1	土工合成材料强度	％	≤5	置于夹具上做拉伸试验（结果与设计标准相比）
	2	土工合成材料延伸率	％	≤3	置于夹具上做拉伸试验（结果与设计标准相比）
	3	地基承载力	设计要求		按规定方法

58

项目	序号	检查项目	允许偏差或允许值		检查方法
			单位	数值	
一般项目	1	土工合成材料搭接长度	mm	≥300	用钢尺量
	2	土石料有机质含量	%	≤5	焙烧法
	3	层面平整度	mm	≤20	用2m靠尺
	4	每层铺设厚度	mm	±25	水准仪

4.1.5 粉煤灰地基

粉煤灰地基质量检验标准应符合表4.1.5的规定。

粉煤灰地基质量检验标准 表4.1.5

项目	序号	检查项目	允许偏差或允许值		检查方法
			单位	数值	
主控项目	1	压实系数	设计要求		现场实测
	2	地基承载力	设计要求		按规定方法
一般项目	1	粉煤灰粒径	mm	0.001~2.000	过筛
	2	氧化铝及二氧化硅含量	%	≥70	试验室化学分析
	3	烧失量	%	≤12	试验室烧结法
	4	每层铺筑厚度	mm	±50	水准仪
	5	含水量（与最优含水量比较）	%	±2	取样后试验室确定

4.1.6 强夯地基

强夯地基质量检验标准应符合表 4.1.6 的
规定。

强夯地基质量检验标准　　表 4.1.6

项目	序号	检查项目	允许偏差或允许值		检查方法
			单位	数值	
主控项目	1	地基强度	设计要求		按规定方法
	2	地基承载力	设计要求		按规定方法
一般项目	1	夯锤落距	mm	±300	钢索设标志
	2	锤重	kg	±100	称重
	3	夯击遍数及顺序	设计要求		计数法
	4	夯点间距	mm	±500	用钢尺量
	5	夯击范围（超出基础范围距离）	设计要求		用钢尺量
	6	前后两遍间歇时间	设计要求		

4.1.7 注浆地基

1. 施工结束后，应检查注浆体强度、承载力
等。检查孔数为总量的 2%～5%，不合格率大于
或等于 20% 时应进行二次注浆。检验应在注浆后
15d（砂土、黄土）或 60d（黏性土）进行。

2. 注浆地基的质量检验标准应符合表 4.1.7
的规定。

注浆地基质量检验标准　　表 4.1.7

项目	序号	检查项目		允许偏差或允许值		检查方法
				单位	数值	
主控项目	1	原材料检验	水泥	设计要求		查产品合格证书或抽样送检
			注浆用砂：粒径 细度模数 含泥量及有机物含量	mm %	<2.5 <2.0 <3	试验室试验
			注浆用黏土：塑性指数 黏粒含量 含砂量 有机物含量	 % % %	>14 >25 <5 <3	试验室试验
			粉煤灰：细度	不粗于同时使用的水泥		试验室试验
			烧失量	%	<3	
			水玻璃：模数	2.5～3.3		抽样送检
			其他化学浆液	设计要求		查产品合格证书或抽样送检
	2	注浆体强度		设计要求		取样检验
	3	地基承载力		设计要求		按规定方法
一般项目	1	各种注浆材料称量误差		%	<3	抽查
	2	注浆孔位		mm	±20	用钢尺量
	3	注浆孔深		mm	±100	量测注浆管长度
	4	注浆压力（与设计参数比）		%	±10	检查压力表读数

4.1.8 预压地基

预压地基和塑料排水带质量检验标准应符合表 4.1.8 的规定。

预压地基和塑料排水带质量检验标准 表 4.1.8

项目	序号	检查项目	允许偏差或允许值		检查方法
			单位	数值	
主控项目	1	预压载荷	%	≤2	水准仪
	2	固结度（与设计要求比）	%	≤2	根据设计要求采用不同的方法
	3	承载力或其他性能指标	设计要求		按规定方法
一般项目	1	沉降速率（与控制值比）	%	±10	水准仪
	2	砂井或塑料排水带位置	mm	±100	用钢尺量
	3	砂井或塑料排水带插入深度	mm	±200	插入时用经纬仪检查
	4	插入塑料排水带时的回带长度	mm	≤500	用钢尺量
	5	塑料排水带或砂井高出砂垫层距离	mm	≥200	用钢尺量
	6	插入塑料排水带的回带根数	%	<5	目测

注：如真空预压，主控项目中预压载荷的检查为真空度降低值<2%。

4.1.9 振冲地基

振冲地基质量检验标准应符合表 4.1.9 的

规定。

振冲地基质量检验标准　　　　表 4. 1. 9

项目	序号	检查项目	允许偏差或允许值		检查方法
			单位	数值	
主控项目	1	填料粒径	设计要求		抽样检查
	2	密实电流（黏性土）	A	50～55	电流表读数
		密实电流（砂性土或粉土）（以上为功率 30kW 振冲器）	A	40～50	
		密实电流（其他类型振冲器）	A_0	1.5～2.0	电流表读数，A_0 为空振电流
	3	地基承载力	设计要求		按规定方法
一般项目	1	填料含泥量	％	＜5	抽样检查
	2	振冲器喷水中心与孔径中心偏差	mm	≤50	用钢尺量
	3	成孔中心与设计孔位中心偏差	mm	≤100	用钢尺量
	4	桩体直径	mm	＜50	用钢尺量
	5	孔深	mm	±200	量钻杆或重锤测

4.1.10　高压喷射注浆地基

　　高压喷射注浆地基质量检验标准应符合表

4.1.10 的规定。

高压喷射注浆地基质量检验标准

表 4.1.10

项目	序号	检查项目	允许偏差或允许值		检查方法
			单位	数值	
主控项目	1	水泥及外掺剂质量	符合出厂要求		查产品合格证书或抽样送检
	2	水泥用量	设计要求		查看流量表及水泥浆水灰比
	3	桩体强度或完整性检验	设计要求		按规定方法
	4	地基承载力	设计要求		按规定方法
一般项目	1	钻孔位置	mm	≤50	用钢尺量
	2	钻孔垂直度	%	≤1.5	经纬仪测钻杆或实测
	3	孔深	mm	±200	用钢尺量
	4	注浆压力	按设定参数指标		查看压力表
	5	桩体搭接	mm	>200	用钢尺量
	6	桩体直径	mm	≤50	开挖后用钢尺量
	7	桩身中心允许偏差		≤0.2D	开挖后桩顶下 500mm 处用钢尺量，D 为桩径

64

4.1.11 水泥土搅拌桩地基

水泥土搅拌桩地基质量检验标准应符合表4.1.11的规定。

水泥土搅拌桩地基质量检验标准

表 4.1.11

项目	序号	检查项目	允许偏差或允许值		检查方法
			单位	数值	
主控项目	1	水泥及外掺剂质量	设计要求		查产品合格证书或抽样送检
	2	水泥用量	参数指标		查看流量计
	3	桩体强度	设计要求		按规定办法
	4	地基承载力	设计要求		按规定办法
一般项目	1	机头提升速度	m/min	≤0.5	量机头上升距离及时间
	2	桩底标高	mm	±200	测机头深度
	3	桩顶标高	mm	+100 −50	水准仪（最上部500mm不计入）
	4	桩位偏差	mm	<50	用钢尺量
	5	桩径		<0.04D	用钢尺量，D为桩径
	6	垂直度	%	≤1.5	经纬仪
	7	搭接	mm	>200	用钢尺量

4.1.12 土和灰土挤密桩复合地基

土和灰土挤密桩地基质量检验标准应符合表
4.1.12 的规定。

土和灰土挤密桩地基质量检验标准 **表 4.1.12**

项目	序号	检查项目	允许偏差或允许值		检查方法
			单位	数值	
主控项目	1	桩体及桩间土干密度	设计要求		现场取样检查
	2	桩长	mm	+500	测桩管长度或垂球测孔深
	3	地基承载力	设计要求		按规定的方法
	4	桩径	mm	-20	用钢尺量
一般项目	1	土料有机质含量	%	≤5	试验室焙烧法
	2	石灰粒径	mm	≤5	筛分法
	3	桩位偏差	满堂布桩≤0.40D 条基布桩≤0.25D		用钢尺量，D 为桩径
	4	垂直度	%	≤1.5	用经纬仪测桩管
	5	桩径	mm	-20	用钢尺量

注：桩径允许偏差负值是指个别断面。

4.1.13 水泥粉煤灰碎石桩复合地基

水泥粉煤灰碎石桩复合地基的质量检验标准
应符合表 4.1.13 的规定。

水泥粉煤灰碎石桩
复合地基质量检验标准 表 4.1.13

项目	序号	检查项目	允许偏差或允许值		检查方法
			单位	数值	
主控项目	1	原材料	设计要求		查产品合格证书或抽样送检
	2	桩径	mm	−20	用钢尺量或计算填料量
	3	桩身强度	设计要求		查 28d 试块强度
	4	地基承载力	设计要求		按规定的方法
一般项目	1	桩身完整性	按桩基检测技术规范		按桩基检测技术规范
	2	桩位偏差	满堂布桩 $\leq 0.40D$ 条基布桩 $\leq 0.25D$		用钢尺量，D 为桩径
	3	桩垂直度	%	≤ 1.5	用经纬仪测桩管
	4	桩长	mm	+100	测桩管长度或垂珠测孔深
	5	褥垫层夯填度	≤ 0.9		用钢尺量

注：1. 夯填度指夯实后的褥垫层厚度与虚体厚度的比值。

2. 桩径允许偏差负值是指个别断面。

4.1.14 夯实水泥土桩复合地基

夯实水泥土桩的质量检验标准应符合表 4.1.14 的规定。

夯实水泥土桩复合地基质量检验标准

表 4.1.14

项目	序号	检查项目	允许偏差或允许值		检查方法
			单位	数值	
主控项目	1	桩径	mm	—20	用钢尺量
	2	桩长	mm	+500	测桩孔深度
	3	桩体干密度	设计要求		现场取样检查
	4	地基承载力	设计要求		按规定的方法
一般项目	1	土料有机质含量	%	≤5	焙烧法
	2	含水量（与最优含水量比）	%	±2	烘干法
	3	土料粒径	mm	≤20	筛分法
	4	水泥质量	设计要求		查产品质量合格证书或抽样送检
	5	桩位偏差	满堂布桩≤0.40D 条基布桩≤0.25D		用钢尺量，D 为桩径
	6	桩孔垂直度	%	≤1.5	用经纬仪测桩管
	7	褥垫层夯填度	≤0.9		用钢尺量

注：1. 夯填度指夯实后的褥垫层厚度与虚体厚度的比值。

　　2. 桩径允许偏差负值是指个别断面。

4.1.15 砂桩地基

砂桩地基的质量检验标准应符合表 4.1.15 的规定。

砂桩地基的质量检验标准　　表 4.1.15

| 项目 | 序号 | 检查项目 | 允许偏差或允许值 | | 检查方法 |
			单位	数值	
主控项目	1	灌砂量	%	≥95	实际用砂量与计算体积比
	2	地基强度	设计要求		按规定方法
	3	地基承载力	设计要求		按规定方法
一般项目	1	砂料的含泥量	%	≤3	试验室测定
	2	砂料的有机质含量	%	≤5	焙烧法
	3	桩位	mm	≤50	用钢尺量
	4	砂桩标高	mm	±150	水准仪
	5	垂直度	%	≤1.5	经纬仪检查桩管垂直度

4.2　桩基础

4.2.1　一般规定

1. 桩位的放样允许偏差如下：

群桩　　20mm；

单排桩　10mm。

2. 打（压）入桩（预制混凝土方桩、先张法预应力管桩、钢桩）的桩位偏差，必须符合表 4.2.1-1 的规定。斜桩倾斜度的偏差不得大于倾斜角正切值的 15%（倾斜角系桩的纵向中心线与铅垂线间夹角）。

预制桩（钢桩）桩位的允许偏差（mm）

表 4.2.1-1

1	盖有基础梁的桩： （1）垂直基础梁的中心线 （2）沿基础梁的中心线	$100+0.01H$ $150+0.01H$
2	桩数为 1～3 根桩基中的桩	100
3	桩数为 4～16 根桩基中的桩	1/2 桩径或边长
4	桩数大于 16 根桩基中的桩： （1）最外边的桩 （2）中间桩	1/3 桩径或边长 1/2 桩径或边长

注：H 为施工现场地面标高与桩顶设计标高的距离。

3. 灌注桩的桩位偏差必须符合表 4.2.1-2 的规定，桩顶标高至少要比设计标高高出 0.5m，桩底清孔质量按不同的成桩工艺有不同的要求，应按本章的各节要求执行。每浇筑 $50m^2$ 必须有 1 组试件，小于 $50m^2$ 的桩，每根桩必须有 1 组试件。

灌注桩的平面位置和垂直度的允许偏差　表 4.2.1-2

序号	成孔方法		桩径允许偏差（mm）	垂直度允许偏差（%）	桩位允许偏差（mm）	
					1～3 根、单排桩基垂直于中心线方向和群桩基础的边桩	条形桩基沿中心线方向和群桩基础的中间桩
1	泥浆护壁钻孔桩	$D \leqslant 1000mm$	±50	<1	$D/6$，且不大于 100	$D/4$，且不大于 150
		$D > 1000mm$	±50		$100+0.01H$	$150+0.01H$

序号	成孔方法		桩径允许偏差（mm）	垂直度允许偏差（%）	桩位允许偏差（mm）	
					1～3 根、单排桩基垂直于中心线方向和群桩基础的边桩	条形桩基沿中心线方向和群桩基础的中间桩
2	套管成孔灌注桩	$D\leqslant$ 500mm	−20	<1	70	150
		$D>$ 500mm			100	150
3	干成孔灌注桩		−20	<1	70	150
4	人工挖孔桩	混凝土护壁	+50	<0.5	50	150
		钢套管护壁	+50	<1	100	200

注：1. 桩径允许偏差的负值是指个别断面。

2. 采用复打、反插法施工的桩，其桩径允许偏差不受上表限制。

3. H 为施工现场地面标高与标顶设计标高的距离，D 为设计桩径。

4. 工程桩应进行承载力检验。对于地基基础设计等级为甲级或地质条件复杂，成桩质量可靠性低的灌注桩，应采用静载荷试验的方法进行检验，检验桩数不应少于总数的 1%，且不应少于 2 根，当总桩数少于 50 根时，不应少于 2 根。

5. 桩身质量应进行检验。对设计等级为甲级或地质条件复杂，成检质量可靠性低的灌注桩，抽检数量不应少于总数的 30%，且不应少于 20 根；其他桩基工作的抽检数量不应少于总数的 20%，且不应少于 10 根；对混凝土预制桩及地下水位以上且终孔后经过核验的灌注桩，检验数量不应少于总桩数的 10%，且不得少于 10 根。每个柱子承台下不得少于 1 根。

6. 除规范规定的主控项目外，其他主控项目应全部检查，对一般项目，除已明确规定外，其他可按 20% 抽查，但混凝土灌注桩应全部检查。

4.2.2 静力压桩

1. 施工前应对成品桩（锚杆静压成品桩一般均由工厂制造，运至现场堆放）做外观及强度检验，接桩用焊条或半成品硫磺胶泥应有产品合格证书，或送有关部门检验，压桩用压力表、锚杆规格及质量也应进行检查。硫磺胶泥半成品应第 100kg 做一组试件（3 件）。

2. 压桩过程中应检查压力、桩垂直度、接桩间歇时间、桩的连接质量及压入深度。重要工程应对电焊接桩的接头做 10% 的探伤检查。对承受压力的结构应加强观测。

3. 锚杆静压质量检验标准应符合表 4.2.2 的规定。

静力压桩质量检验标准 表 4.2.2

项目	序号	检查项目	允许偏差或允许值		检查方法
			单位	数值	
主控项目	1	桩体质量检验	按《建筑基桩检测技术规范》		按《建筑基桩检测技术规范》
	2	桩位偏差	见表 4.2.1-1		用钢尺量
	3	承载力	按《建筑基桩检测技术规范》		按《建筑基桩检测技术规范》
一般项目	1	成品桩质量：外观	表面平整，颜色均匀，掉角深度<10mm，蜂窝面积小于总面积0.5%		直观
		外形尺寸 强度	见表 4.2.4-2 满足设计要求		见表 4.2.4-2 查产品合格证书或钻芯试压
	2	硫磺胶泥质量（半成品）	设计要求		查产品合格证书或抽样送检
	3 接桩	电焊接桩：焊缝质量	见表 4.2.5-2		见表 4.2.5-2
		电焊结束后停歇时间	min	>1.0	秒表测定
		硫磺胶泥接桩：胶泥浇注时间	min	<2	秒表测定
		浇注后停歇时间	min	>7	秒表测定
	4	电焊条质量	设计要求		查产品合格证书
	5	压桩压力（设计有要求时）	%	±5	查压力表读数
	6	接桩时上下节平面偏差	mm	<10	用钢尺量
		接桩时节点弯曲矢高		<l/1000	用钢尺量，l为两节桩长
	7	桩顶标高	mm	±50	水准仪

4.2.3 先张法预应力管桩

1. 施工过程中应检查桩的贯入情况、桩顶完整状况、电焊接桩质量、桩体垂直度、电焊后的停歇时间。重要工程应对电焊接头做 10% 的焊缝探伤检查。

2. 先张法预应力管桩的质量检验应符合表 4.2.3 的规定。

先张法预应力管桩质量检验标准　　　　表 4.2.3

项目	序号	检查项目		允许偏差或允许值		检查方法
				单位	数值	
主控项目	1	桩体质量检验		按《建筑基桩检测技术规范》		按《建筑基桩检测技术规范》
	2	桩位偏差		见表 4.2.1-1		用钢尺量
	3	承载力		按《建筑基桩检测技术规范》		按《建筑基桩检测技术规范》
一般项目	1	成品桩质量	外观	无蜂窝、露筋、裂缝、色感均匀、桩顶处无孔隙		直观
			桩径	mm	±5	用钢尺量
			管壁厚度	mm	±5	用钢尺量
			桩尖中心线	mm	<2	用钢尺量
			顶面平整度	mm	10	用水平尺量
			桩体弯曲		<l/1000	用钢尺量，l 为桩长
	2	接桩：焊缝质量		见表 4.2.5-2		见表 4.2.5-2
		电焊结束后停歇时间		min	>1.0	抄表测定
		上下节平面偏差		mm	<10	用钢尺量
		节点弯曲矢高			<l/1000	用钢尺量，l 为两节桩长
	3	停锤标准		设计要求		现场实测或查沉桩记录
	4	桩顶标高		mm	±50	水准仪

4.2.4 混凝土预制桩

1. 桩在现场预制时，应对原材料、钢筋骨架（见表 4.2.4-1）、混凝土强度进行检查；采用工厂生产的成品桩时，桩进场后应进行外观及尺寸检查。

预制桩钢筋骨架质量检验标准（mm）

表 4.2.4-1

项目	序号	检查项目	允许偏差或允许值	检查方法
主控项目	1	主筋距桩顶距离	±5	用钢尺量
	2	多节桩锚固钢筋位置	5	用钢尺量
	3	多节桩预埋铁件	±3	用钢尺量
	4	主筋保护层厚度	±5	用钢尺量
一般项目	1	主筋间距	±5	用钢尺量
	2	桩尖中心线	10	用钢尺量
	3	箍筋间距	±20	用钢尺量
	4	桩顶钢筋网片	±10	用钢尺量
	5	多节桩锚固钢筋长度	±10	用钢尺量

2. 施工中应对桩体垂直度、沉桩情况、桩顶完整状况、接桩质量等进行检查，对电焊接桩，重要工程应做 10% 的焊缝探伤检查。

3. 钢筋混凝土预制桩的质量检验标准应符合表 4.2.4-2 的规定。

钢筋混凝土预制桩的质量检验标准　表 4.2.4-2

项目	序号	检查项目	允许偏差或允许值		检查方法
			单位	数值	
主控项目	1	桩体质量检验	按《建筑基桩检测技术规范》		按《建筑基桩检测技术规范》
	2	桩位偏差	见表 4.2.1-1		用钢尺量
	3	承载力	按《建筑基桩检测技术规范》		按《建筑基桩检测技术规范》
一般项目	1	砂、石、水泥、钢材等原材料（现场预制时）	符合设计要求		查出厂质保文件或抽样送检
	2	混凝土配合比及强度（现场预制时）	符合设计要求		检查称量及查试块记录
	3	成品桩外形	表面平整，颜色均匀，掉角深度<10mm，蜂窝面积小于总面积 0.5%		直观
	4	成品桩裂缝（收缩裂缝或成吊、装运、堆放引起的裂缝）	深度<20mm，宽度<0.25mm，横向裂缝不超过边长的一半		裂缝测定仪，该项在地下水有侵蚀地区及锤击数超过500 击 的 长 桩 不适用
	5	成品桩尺寸：横截面边长	mm	±5	用钢尺量
		桩顶对角线差	mm	<10	用钢尺量
		桩尖中心线	mm	<10	用钢尺量
		桩身弯曲矢高	mm	<l/1000	用钢尺量，l 为桩长
		桩顶平整度		<2	用水平尺量
	6	电焊接桩：焊缝质量	见表 4.2.5-2		见表 4.2.5-2
		电焊结束后停歇时间	min	>1.0	秒表测定
		上下节平面偏差	mm	<10	用钢尺量
		节点弯曲矢高		<l/1000	用钢尺量，l 为两节桩长

项目	序号	检查项目	允许偏差或允许值		检查方法
			单位	数值	
一般项目	7	硫磺胶泥接桩： 胶泥浇注时间 浇注后停歇时间	min min	<2 >7	秒表测定 秒表测定
	8	桩顶标高	mm	±50	水准仪
	9	停锤标准	设计要求		现场实测或查沉桩记录

4.2.5 钢桩

1. 施工前应检查进入现场的成品钢桩，成品钢桩的质量标准应符合表 4.2.5-1 的规定。

成品钢桩质量检验标准 表 4.2.5-1

项目	序号	检查项目	允许偏差或允许值		检查方法
			单位	数值	
主控项目	1	钢桩外径或断面尺寸：桩端 桩身		±0.5%D ±1D	用钢尺量，D为外径或边长
	2	矢高		<l/1000	用钢尺量，l为桩长
一般项目	1	长度	%	≤3	试验室测定
	2	端部平整度	%	≤5	焙烧法
	3	H 钢桩的方正度 $h>300$ $h<300$ 	mm mm	$T+T'≤8$ $T+T'≤6$	用钢尺量，h、T、T'见图示
	4	端部平面与桩中心线的倾斜值	mm	≤2	用水平尺量

2. 施工中应检查钢桩的垂直度、沉入过程、电焊连接质量、电焊后的停歇时间、桩顶锤击后的完整状况。电焊质量除常规检查外，应做10%的焊缝探伤检查。

3. 钢桩施工质量检验标准应符合表 4.2.5-1、表 4.2.5-2 的规定。

钢桩施工质量检验标准 表 4.2.5-2

项目	序号	检查项目	允许偏差或允许值		检查方法
			单位	数值	
主控项目	1	桩位偏差	见表 4.2.1-1		用钢尺量
	2	承载力	按《建筑基桩检测技术规范》		按《建筑基桩检测技术规范》
一般项目	1	电焊接桩焊缝： (1) 上下端部错口 　　(外径≥700mm) 　　(外径<700mm) (2) 焊缝咬边深度 (3) 焊缝加强层高度 (4) 焊缝加强层宽度 (5) 焊缝电焊质量外观 (6) 焊缝探伤检验	 mm mm mm mm mm 无气孔，无焊瘤，无裂缝 满足设计要求	 ≤3 ≤2 ≤0.5 2 2 	 用钢尺量 用钢尺量 焊缝检查仪 焊缝检查仪 焊缝检查仪 直观 按设计要求
	2	电焊结束后停歇时间	min	>1.0	秒表测定
	3	节点弯曲矢高	<l/1000		用钢尺量，l 为两节桩长
	4	桩顶标高	mm	±50	水准仪
	5	停锤标准	设计要求		用钢尺量或沉桩记录

78

4.2.6 混凝土灌注桩

混凝土灌注桩的质量检验标准应符合表
4.2.6-1、表 4.2.6-2 的规定。

混凝土灌注桩钢筋笼质量检验标准（mm）

表 4.2.6-1

项目	序号	检查项目	允许偏差或允许值	检查方法
主控项目	1	主筋间距	±10	用钢尺量
	2	长度	±100	用钢尺量
一般项目	1	钢筋材质检验	设计要求	抽样送检
	2	箍筋间距	±20	用钢尺量
	3	直径	±10	用钢尺量

混凝土灌注桩质量检验标准 表 4.2.6-2

项目	序号	检查项目	允许偏差或允许值		检查方法
			单位	数值	
主控项目	1	桩位	见表 4.2.1-2		基坑开挖前量护筒，开挖后量桩中心
	2	孔深	mm	+300	只深不浅，或测钻杆、套管长度，嵌岩桩应确保进入设计要求的嵌岩深度
	3	桩体质量检验	按《建筑基桩检测技术规范》。如钻芯取样，大直径嵌岩桩应钻至尖下 50cm		按《建筑基桩检测技术规范》
	4	混凝土强度	设计要求		试件报告或钻芯取样送检
	5	承载力	按《建筑基桩检测技术规范》		按《建筑基桩检测技术规范》

项目	序号	检查项目	允许偏差或允许值		检查方法
			单位	数值	
一般项目	1	垂直度	见表 4.2.1-2		测套管或钻杆，或用超声波探测，干施工时吊垂球
	2	桩径	见表 4.2.1-2		井径仪或超声波检测，干施工时用钢尺量，人工挖孔桩不包括内衬厚度
	3	泥浆相对密度（黏土或砂性土中）	1.15～1.20		用比重计测，清孔后在距孔底 50cm 处取样
	4	泥浆面标高（高于地下水位）	m	0.5～1.0	目测
	5	沉渣厚度：端承桩摩擦桩	mm mm	≤50 ≤150	用沉渣仪或重锤测量
	6	混凝土坍落度：水下灌注干施工	mm mm	160～220 70～100	坍落度仪
	7	钢筋笼安装深度	mm	±100	用钢尺量
	8	混凝土充盈系数	>1·		检查每根桩的实际灌注量
	9	桩顶标高	mm	＋30 －50	水准仪，需扣除桩顶浮浆层及劣质桩体

4.3 土方工程

4.3.1 一般规定

平整场地的表面坡度应符合设计要求，如设计无要求时，排水沟方向的坡度不应小于2‰。平整后的场地表面应逐点检查。检查点为每100～400m² 取1点，但不应少于10点；长度、宽度和边坡均为每20m取1点，每边不应少于1点。

4.3.2 土方开挖

1. 临时性挖方的边坡值应符合表 4.3.2-1 的规定。

临时性挖方边坡值 表 4.3.2-1

土的类别		边坡值（高：宽）
砂土（不包括细砂、粉砂）		1：1.25～1：1.50
一般性黏土	硬	1：0.75～1：1.00
	硬、塑	1：1.00～1：1.25
	软	1：1.50 或更缓
碎石类土	充填坚硬、硬塑黏性土	1：0.50～1：1.00
	充填砂土	1：1.00～1：1.50

注：1. 设计有要求时，应符合设计标准。

2. 如采用降水或其他加固措施，可不受本表限制，但应计算复核。

3. 开挖深度，对软土不应超过 4m，对硬土不应超过 8m。

2. 土方开挖工程的质量检验标准应符合表

4.3.2-2 的规定。

土方开挖工程质量检验标准 (mm)

表 4.3.2-2

项目	序号	检查项目	允许偏差或允许值					检验方法
			柱基基坑基槽	挖方场地平整		管沟	地(路)面基层	
				人工	机械			
主控项目	1	标高	−50	±30	±50	−50	−50	水准仪
	2	长度、宽度(由设计中心线向两边量)	+200 −50	+300 −100	+500 −150	+100	—	经纬仪,用钢尺量
	3	边坡	设计要求					观察或用坡度尺检查
一般项目	1	表面平整度	20	20	50	20	20	用2m靠尺和楔形塞尺检查
	2	基底土性	设计要求					观察或土样分析

注:地(路)面基层的偏差只适用于直接在挖、填方上做地
(路)面的基层。

4.3.3 土方回填

1. 填方施工过程中应检查排水措施,每层
填筑厚度、含水量控制、压实程度。填筑厚度及
压实遍数应根据土质,压实系数及所用机具确
定。如无试验依据,应符合表 4.3.3-1 的规定。

2. 填方施工结束后，应检查标高、边坡坡度、压实程度等，检验标准应符合表4.3.3-2的规定。

填土施工时的分层厚度及压实遍数 表 4.3.3-1

压实机具	分层厚度（mm）	每层压实遍数
平碾	250～300	6～8
振动压实机	250～350	3～4
柴油打夯机	200～250	3～4
人工打夯	＜200	3～4

填土工程质量检验标准（mm） 表 4.3.3-2

项目	序号	检查项目	允许偏差或允许值					检查方法
			桩基基坑基槽	场地平整		管沟	地（路）面基础层	
				人工	机械			
主控项目	1	标高	－50	±30	±50	－50	－50	水准仪
	2	分层压实系数	设计要求					按规定方法
一般项目	1	回填土料	设计要求					取样检查或直观鉴别
	2	分层厚度及含水量	设计要求					水准仪及抽样检查
	3	表面平整度	20	20	30	20	20	用靠尺或水准仪

4.4 基坑工程

4.4.1 一般规定

基坑(槽)、管沟土方工程验收必须确保支护结构安全和周围环境安全为前提。当设计有指标时，以设计要求为依据；如无设计指标时，应按表 4.4.1 的规定执行。

基坑变形的监控值(cm)　　　表 4.4.1

基坑类别	围护结构墙顶位移监控值	围护结构墙体最大位移监控值	地面最大沉降监控值
一级基坑	3	5	3
二级基坑	6	8	6
三级基坑	8	10	10

注：1. 符合下列情况之一，为一级基坑：
　　　(1)重要工程或支护结构做主体结构的一部分；
　　　(2)开挖深度大于 10m；
　　　(3)与邻近建筑物，重要设施的距离在开挖深度以内的基坑；
　　　(4)基坑范围内有历史文物、近代优秀建筑、重要管线等需严加保护的基坑。
　　2. 三级基坑为开挖深度小于 7m，且周围环境无特别要求时的基坑。
　　3. 除一级和三级外的基坑属二级基坑。
　　4. 当周围已有设施有特殊要求时，尚应符合这些要求。

4.4.2　排桩墙支护工程

1. 排桩墙支护结构包括灌注桩、预制桩、板桩等类型桩构成的支护结构。

2. 灌注桩、预制桩的检验标准应符合规范的规定。钢板桩均为工厂成品，新桩可按出厂标准检验，重复使用的钢板桩应符合表 4.4.2-1 的规定，混凝土板桩应符合表 4.4.2-2 的规定。

重复使用的钢板桩检验标准　　表 4.4.2-1

序号	检查项目	允许偏差或允许值		检查方法
		单位	数值	
1	桩垂直度	％	＜1	用钢尺量
2	桩身弯曲度		＜2％l	用钢尺量，l 为桩长
3	齿槽平直度及光滑度	无电焊渣或毛刺		用 1m 长的桩段做通过试验
4	桩长度	不小于设计长度		用钢尺量

混凝土板桩制作标准　　表 4.4.2-2

项目	序号	检查项目	允许偏差或允许值		检查方法
			单位	数值	
主控项目	1	桩长度	mm	＋100	用钢尺量
	2	桩身弯曲度		＜0.1％l	用钢尺量，l 为桩长
一般项目	1	保护层厚度	mm	±5	用钢尺量
	2	模截面相对两面之差	mm	5	用钢尺量
	3	桩尖对桩轴线的位移	mm	10	用钢尺量
	4	桩厚度	mm	＋100	用钢尺量
	5	凹凸槽尺寸	mm	±3	用钢尺量

4.4.3　水泥土桩墙支护工程

1. 水泥土墙支护结构指水泥土搅拌桩（包括

加筋水泥土搅拌桩)、高压喷射注浆桩所构成的围护结构。

2. 加筋水泥土桩应符合表 4.4.3 的规定。

加筋水泥土桩质量检验标准　　表 4.4.3

序号	检查项目	允许偏差或允许值		检查方法
		单位	数值	
1	型钢长度	mm	±10	用钢尺量
2	型钢垂直度	％	<1	经纬仪
3	型钢插入标高	mm	±30	水准仪
4	型钢插入平面位置	mm	10	用钢尺量

4.4.4　锚杆及土钉墙支护工程

锚杆及土钉墙支护工程质量检验应符合表 4.4.4 的规定。

锚杆及土钉墙支护工程质量检验标准　　表 4.4.4

项目	序号	检查项目	允许偏差或允许值		检查方法
			单位	数值	
主控项目	1	锚杆土钉长度	mm	±30	用钢尺量
	2	锚杆锁定力	设计要求		现场实测
一般项目	1	锚杆或土钉位置	mm	±100	用钢尺量
	2	钻孔倾斜度	°	±1	测钻机倾角
	3	浆体强度	设计要求		试样送检
	4	注浆量	大于理论计算浆量		检查计量数据
	5	土钉墙面厚度	mm	±10	用钢尺量
	6	墙体强度	设计要求		试样送检

4.4.5 钢或混凝土支撑系统

钢或混凝土支撑系统工程质量检验标准应符合表 4.4.5 的规定。

钢及混凝土支撑系统工程质量检验标准 表 4.4.5

项目	序号	检查项目	允许偏差或允许值		检查方法
			单位	数量	
主控项目	1	支撑位置：标高	mm	30	水准仪
		平面	mm	100	用钢尺量
	2	预加顶力	kN	±50	油泵读数或传感器
一般项目	1	围檩标高	mm	30	水准仪
	2	立柱桩	参见 4.2 桩基础		参见 4.2 桩基础
	3	立柱位置：标高	mm	30	水准仪
		平面	mm	50	用钢尺量
	4	开挖超深（开槽放支撑不在此范围）	mm	＜200	水准仪
	5	支撑安装时间	设计要求		用钟表估测

4.4.6 地下连续墙

1. 地下连续墙应设置导墙，导墙施工有预制及现浇两种，现浇导墙形状有"L"形或倒"L"形，可根据不同土质选用。

2. 地下墙与地下室结构顶板、楼板、底板及梁之间连接可预埋钢筋或接驳器（锥螺纹或直螺纹），对接驳器也应按原材料检验要求，抽样复验，数量每500套为一个检验批，每批应抽查3件，复验内容为外观、尺寸、抗拉试验等。

3. 成槽结束后应对成槽的宽度、深度及倾斜度进行检验，重要结构每段槽段都应检查，一般结构可抽查总槽段数的20%，每槽段应抽查1个段面。

4. 每50m²地下墙应做1组试件，每幅槽段不得少于1组，在强度满足设计要求后方可开挖土方。

5. 地下墙的钢筋笼检验标准应符合表4.4.6的规定。

地下墙质量检验标准　　　　表4.4.6

项目	序号	检查项目		允许偏差或允许值		检查方法
				单位	数值	
主控项目	1	墙体强度		设计要求		查试件记录或取芯试压
	2	垂直度：永久结构 　　　　临时结构			1/300 1/150	测声波测槽仪或成槽机上的监测系统
一般项目	1	导墙尺寸	宽度	mm	$W+40$	用钢尺量，W为地下墙设计厚度
			墙面平整度	mm		
			导墙平面位置	mm	<5 ±10	用钢尺量 用钢尺量

项目	序号	检查项目		允许偏差或允许值		检查方法
				单位	数值	
一般项目	2	沉渣厚度：永久结构 临时结构		mm mm	≤100 ≤200	重锤测或沉积物测定仪测
	3	槽深		mm	+100	重锤测
	4	混凝土坍落度		mm	180～220	坍落度测定器
	5	钢筋笼尺寸		见表4.2.6-1		见表4.2.6-1
	6	地下墙表面平整度	永久结构	mm	<100	此为均匀黏土层，松散及易坍土层由设计决定
			临时结构	mm	<150	
			插入式结构	mm	<20	
	7	永久结构时的预埋件位置	水平向	mm	≤10	用钢尺量 水准仪
			垂直向	mm	≤20	

4.4.7 沉井与沉箱

1. 沉井是下沉结构，必须掌握确凿的地质资料，钻孔可按下述要求进行：

（1）面积在 200m² 以下（包括 200m²）的沉井（箱），应有一个钻孔（可布置在中心位置）。

（2）面积在 200m² 以上的沉井（箱），在四角（圆形为相互垂直的两直径端点）应各布置一个钻孔。

2. 沉井（箱）的质量检验标准应符合表 4.4.7 的要求。

沉井（箱）的质量检验标准　　表 4.4.7

项目	序号	检查项目	允许偏差或允许值		检查方法
			单位	数值	
主控项目	1	混凝土强度	满足设计要求（下沉前必须达到 70% 设计强度）		查试件记录或抽样记录
	2	封底前，沉井（箱）的下沉稳定	mm/8h	<10	水准仪
	3	封底结束后的位置：刃脚平均标高（与设计标高比）	mm	<100	水准仪
		刃脚平面中心线位移		<1%H	经纬仪，H 为下沉总深度，$H<10m$ 时，控制在 100mm 之内
		四角中任何两角的底面高差		<1%l	水准仪，l 为两角的距离，但不超过 300mm，$l<10m$ 时，控制在 100mm 之内

项目	序号	检查项目		允许偏差或允许值		检查方法
				单位	数值	
一般项目	1	钢材、对接钢筋、水泥、骨料等原材料检查		符合设计要求		查出厂质保书或抽样送检
	2	结构体外观		无裂缝，无风窝、空洞，不露筋		直观
	3	平面尺寸：长与宽		％	±0.5	用钢尺量，最大控制在100mm之内
		曲线部分半径		％	±0.5	用钢尺量，最大控制在50mm之内
		两对角线差		％	1.0	用钢尺量
		预埋件		mm	20	用钢尺量
	4	下沉过程中的偏差	高差	％	1.5～2.0	水准仪，但最大不超过1m
			平面轴线		<1.5%H	经纬仪，H为下沉深度，最大应控制在300mm之内，此数值不包括高差引起的中线位移
	5	封底混凝土坍落度		cm	18～22	坍落度测定器

注：主控项目3的三项偏差可同时存在，下沉总深度，系指下沉前后刃脚之高差。

4.4.8 降水与排水

1. 对不同的土质应用不同的降水形式，表4.4.8-1为常用的降水类型及适用条件。

降水类型及适用条件 　表 4.4.8-1

降水类型 ＼ 适用条件	渗透系数（cm/s）	可能降低的水位深度（m）
轻型井点 多级轻型井点	$10^{-2} \sim 10^{-5}$	3～6 6～12
喷射井点	$10^{-3} \sim 10^{-6}$	8～20
电渗井点	$<10^{-6}$	宜配合其他 形式降水使用
深井井管	$\geqslant 10^{-5}$	>10

2. 基坑内明排水应设置排水沟及集水井，排水沟纵坡宜控制在 1‰～2‰。

3. 降水与排水施工的质量检验标准应符合表4.4.8-2的规定。

降水与排水施工质量检验标准 　表 4.4.8-2

序号	检查项目	允许偏差或允许值		检查方法
		单位	数值	
1	排水沟坡度	‰	1～2	目测：坑内不积水，沟内排水畅通
2	井管（点）垂直度	%	1	插管时目测

序	检查项目	允许值或允许偏差		检查方法
		单位	数值	
3	井管（点）间距（与设计相比）	％	≤150	用钢尺量
4	井管（点）插入深度（与设计相比）	mm	≤200	水准仪
5	过滤砂砾料填灌（与计算值相比）	mm	≤5	检查回填料用量
6	井点真空度：轻型井点 喷射井点	kPa kPa	＞60 ＞93	真空度表 真空度表
7	电渗井点阴阳极距离： 轻型井点 喷射井点	mm mm	80～100 120～150	用钢尺量 用钢尺量

4.5 分部（子分部）工程质量验收

主控项目必须符合验收标准规定，发现问题应立即处理直至符合要求，一般项目应有80％合格。混凝土试件强度评定不合格或对试件的代表性有怀疑时，应采用钻芯取样，检测结果符合设计要求可按合格验收。轻型动力触探检验深度及间距表见表4.5。

轻型动力触探检验深度及间距表（m） **表 4.5**

排列方式	基槽宽度	检验深度	检验间距
中心一排	<0.8	1.2	1.0～1.5m 视地层复杂情况定
两排错开	0.8～2.0	1.5	
梅花型	>2.0	2.1	

本章参考文献

《建筑地基基础工程施工质量验收规范》GB 50202—2002

5 砌体结构工程

5.1 基本规定

砌筑基础前，应校核放线尺寸，允许偏差应符合表 5.1 的规定。

放线尺寸的允许偏差 表 5.1

长度 L、宽度 B(m)	允许偏差(mm)
L(或 B)≤30	±5
30<L(或 B)≤60	±10
60<L(或 B)≤90	±15
L(或 B)>90	±20

砌体结构工程检验批验收时，其主控项目应全部符合规范的规定；一般项目应有 80% 及以上的抽检处符合规范的规定；有允许偏差的项目，最大超差值为允许偏差值的 1.5 倍。

5.2 砌筑砂浆

1. 配制砌筑砂浆时，各组分材料应采用质量计量，水泥及各种外加剂配料的允许偏差为±2%；砂、粉煤灰、石灰膏等配料的允许偏差为±5%。

2. 砌筑砂浆试块强度验收时，其强度合格标准应符合下列规定：

（1）同一验收批砂浆试块强度平均值应大于或等于设计强度等级值的1.10倍；

（2）同一验收批砂浆试块抗压强度的最小一组平均值应大于或等于设计强度等级值的85%。

抽检数量：每一检验批且不超过250m³砌体的各类、各强度等级的普通砌筑砂浆，每台搅拌机应至少抽检一次。验收批的预拌砂浆、蒸压加气混凝土砌块专用砂浆，抽检可为3组。

5.3 砖砌体工程

砖砌体尺寸、位置的允许偏差及检验应符合表5.3的规定。

砖砌体尺寸、位置的允许偏差及检验 表5.3

项次	项目	允许偏差（mm）	检验方法	抽检数量
1	轴线位移	10	用经纬仪和尺或用其他测量仪器检查	承重墙、柱全数检查
2	基础、墙、柱顶面标高	±15	用水准仪和尺检查	不应少于5处

96

项次	项目		允许偏差(mm)	检验方法	抽检数量
3	墙面垂直度	每层	5	用2m托线板检查	不应少于5处
		全高 ≤10m	10	用经纬仪、吊线和尺或用其他测量仪器检查	外墙全部阳角
		全高 >10m	20		
4	表面平整度	清水墙、柱	5	用2m靠尺和楔形塞尺检查	不应少于5处
		混水墙、柱	8		
5	水平灰缝平直度	清水墙	7	拉5m线和尺检查	不应少于5处
		混水墙	10		
6	门窗洞口高、宽（后塞口）		±10	用尺检查	不应少于5处
7	外墙上下窗口偏移		20	以底层窗口为准，用经纬仪或吊线检查	不应少于5处
8	清水墙游丁走缝		20	以每层第一皮砖为准，用吊线和尺检查	不应少于5处

5.4 混凝土小型空心砌块砌体工程

5.4.1 墙体节能工程施工

1. 小砌块外墙保温系统施工前，墙体基层或找平层应平整、干净，不得有杂物、油污，其表面平整度的允许偏差应为 4mm，立面垂直度允许偏差应为 5mm。

2. 保温层表面的平整度、垂直度及阴阳角方正的偏差均不超过 4mm 时，方可进行抗裂砂浆或抹面胶浆防护层施工。

3. 抗裂砂浆或抹面胶浆防护层表面的平整度、垂直度及阴阳角方正的偏差均不超过 3mm 时，方可进行饰面层施工。

5.4.2 小砌块砌体工程

小砌块砌体的轴线、垂直度与一般尺寸的允许偏差值以及检验要求应符合表 5.4.2 的规定。

小砌块砌体的轴线、垂直度与一般
尺寸的允许偏差　　　　表 5.4.2

项次	项目			允许偏差(mm)	检验方法	抽检数量
1	轴线位移			10	用经纬仪和尺或用其他测量仪器检查	承重墙、柱全数检查
2	基础、墙、柱顶面标高			±15	用水准仪和尺检查	不应少于5处
3	墙面垂直度	每层		5	用 2m 托线板检查	不应少于5处
		全高	≤10m	10	用经纬仪、吊线和尺或用其他测量仪器检查	外墙全部阳角
			>10m	20		

项次	项目		允许偏差(mm)	检验方法	抽检数量
4	表面平整度	清水墙、柱	5	用2m靠尺和楔形塞尺检查	不应少于5处
		混水墙、柱	8		
5	水平灰缝平直度	清水墙	7	拉5m线和尺检查	不应少于5处
		混水墙	10		
6	门窗洞口高、宽（后塞口）		±10	用尺检查	不应少于5处
7	外墙上下窗口偏移		20	以底层窗口为准，用经纬仪或吊线检查	不应少于5处

5.4.3 配筋小砌块砌体工程

1. 构造柱与小砌块砌体连接处的马牙槎砌筑时，槎口处的拉结钢筋直径、位置与垂直间距应正确，施工中不得随意弯折，且垂直位移不应超过一皮小砌块的高度。每一构造柱的拉结钢筋垂直移位和槎口尺寸偏差不应超过2处。

检查数量：每检验批抽检不得少于5处。

检验方法：观察与测量检查。

2. 构造柱位置及垂直度的允许偏差应符合

表 5.4.3 的规定。

构造柱尺寸允许偏差　　表 5.4.3

项次	项　目		允许偏差 （mm）	检查方法
1	柱中心线位置		10	用经纬仪 和尺量检查
2	柱层间错位		8	用经纬仪 和尺量检查
3	柱垂 直度	每层	5	用吊线法 和尺量检查
		全高　≤10m	10	用经纬仪 或吊线法和 尺量检查
		>10m	20	

检查数量：每检验批抽检不得少于 5 处。

3. 配筋小砌块砌体中的受力钢筋保护层厚度与凹槽中水平钢筋间距的允许偏差值均应为±10mm。

检查数量：每检验批抽检不应少于 5 处。

检验方法：检查保护层厚度应在浇筑灌孔混凝土前进行观察并用尺量；检查水平钢筋间距可用钢尺连续量三档，取最大值。

5.4.4 填充墙小砌块砌体工程

1. 预留或植筋的拉结钢筋均应置于填充墙砌体水平灰缝中，不得露筋。拉结钢筋的直径、数量、竖向间距及墙内的埋设长度应符合设计要求。竖向位置的偏差不得超过一皮小砌块高度。

检查数量：每检验批抽检不应少于5处。

检验方法：观察和尺量检查。

2. 填充墙小砌块砌体一般尺寸的允许偏差和检验方法应符合表5.4.4的规定。

检查数量：每检验批抽检不应少于5处。

填充墙小砌块砌体一般尺寸允许偏差　表5.4.4

项次	项　　　　目		允许偏差（mm）	检验方法
1	轴线位移		10	尺量检查
2	垂直度（每层）	墙高≤3m	5	用2m托线板或吊线、尺量检查
		墙高>3m	10	
3	表面平整度		8	用2m靠尺和楔形塞尺检查
4	门窗洞口高、宽（后塞口）		±10	尺量检查
5	外墙上、下窗口偏移		20	用经纬仪或吊线和尺量检查

5.5　石砌体工程

石砌体尺寸、位置的允许偏差及检验方法应符合表5.5的规定。

抽检数量：每检验批抽查不应少于5处。

石砌体尺寸、位置的允许偏差及检验方法　表5.5

项次	项目		允许偏差（mm）							检验方法
			毛石砌体		料石砌体					
			基础	墙	毛料石		粗料石		细料石	
					基础	墙	基础	墙	墙、柱	
1	轴线位置		20	15	20	15	15	10	10	用经纬仪和尺检查，或用其他测量仪器检查
2	基础和墙砌体顶面标高		±25	±15	±25	±15	±15	±15	±10	用水准仪和尺检查
3	砌体厚度		+30	+20 -10	+30	+20 -10	+15	+10 -5	+10 -5	用尺检查
4	墙面垂直度	每层	—	20	—	20	—	10	7	用经纬仪、吊线和尺检查或用其他测量仪器检查
		全高	—	30	—	30	—	25	10	
5	表面平整度	清水墙、柱	—	—	—	20	—	10	5	细料石用2m靠尺和楔形塞尺检查，其他用两直尺垂直于灰缝拉2m线和尺检查
		混水墙、柱	—	—	—	20	—	15	—	
6	清水墙水平灰缝平直度		—	—	—	—	—	10	5	拉10m线和尺检查

5.6 配筋砌体工程

5.6.1 构造柱一般尺寸允许偏差及检验方法应符合表5.6.1的规定。

构造柱一般尺寸允许偏差及检验方法　　表 5.6.1

项次	项　目			允许偏差（mm）	检　验　方　法
1	中心线位置			10	用经纬仪和尺检查或用其他测量仪器检查
2	层间错位			8	用经纬仪和尺检查或用其他测量仪器检查
3	垂直度	每层		10	用2m托线板检查
		全高	≤10m	15	用经纬仪、吊线和尺检查或用其他测量仪器检查
			>10m	20	

抽检数量：每检验批抽查不应少于5处。

5.6.2 钢筋安装位置的允许偏差及检验方法应符合表5.6.2的规定。

钢筋安装位置的允许偏差和检验方法　　表 5.6.2

项　目		允许偏差（mm）	检　验　方　法
受力钢筋保护层厚度	网状配筋砌体	±10	检查钢筋网成品，钢筋网放置位置局部剔缝观察，或用探针刺入灰缝内检查，或用钢筋位置测定仪测定

项　目		允许偏差（mm）	检　验　方　法
受力钢筋保护层厚度	组合砖砌体	±5	支模前观察与尺量检查
	配筋小砌块砌体	±10	浇筑灌孔混凝土前观察与尺量检查
配筋小砌块砌体墙凹槽中水平钢筋间距		±10	钢尺量连续三档，取最大值

抽检数量：每检验批抽查不应少于 5 处。

5.7　填充墙砌体工程

填充墙砌体工程包括烧结空心砖、蒸压加气混凝土砌块、轻骨料混凝土小型空心砌块等填充墙砌体工程。

5.7.1 填充墙砌体尺寸、位置的允许偏差及检验方法应符合表 5.7.1 的规定。

填充墙砌体尺寸、位置的允许偏差及检验方法

表 5.7.1

项次	项　目		允许偏差（mm）	检　验　方　法
1	轴线位移		10	用尺检查
2	垂直度（每层）	≤3m	5	用 2m 托线板或吊线、尺检查
		>3m	10	
3	表面平整度		8	用 2m 靠尺和楔形尺检查

项次	项 目	允许偏差 (mm)	检 验 方 法
4	门窗洞口高、宽（后塞口）	±10	用尺检查
5	外墙上、下窗口偏移	20	用经纬仪或吊线检查

抽检数量：每检验批抽查不应少于 5 处。

5.7.2 填充墙砌体的砂浆饱满度及检验方法应符合表 5.7.2 的规定。

填充墙砌体的砂浆饱满度及检验方法

表 5.7.2

砌体分类	灰缝	饱满度及要求	检验方法
空心砖砌体	水平	≥80%	采用百格网检查块体底面或侧面砂浆的粘结痕迹面积
	垂直	填满砂浆，不得有透明缝、瞎缝、假缝	
蒸压加气混凝土砌块、轻骨料混凝土小型空心砌块砌体	水平	≥80%	
	垂直	≥80%	

抽检数量：每检验批抽查不应少于 5 处。

5.8 冬期施工

在暖棚内的砌体养护时间，应根据暖棚内温度，按表 5.8 确定。

暖棚法砌体的养护时间　　　表 5.8

暖棚的温度（℃）	5	10	15	20
养护时间（d）	≥6	≥5	≥4	≥3

5.9　石膏砌块

石膏砌块是以建筑石膏为主要原料，经加水搅拌、浇注成型和干燥制成的轻质块状建筑石膏制品。生产中允许加入纤维增强材料、轻骨料、发泡剂等辅助材料。

石膏砌块砌体尺寸的允许偏差应符合表 5.9 的规定。

抽检数量：在检验批的标准间中抽查 10%，且不应少于 3 间；大面积房间和楼道按两个轴线或每 10 延长米按一标准间计数。每间检验不应少于 3 处。

石膏砌块砌体尺寸的允许偏差　　　表 5.9

项　　目	允许偏差（mm）	检验方法
轴线位移	5	用尺量检查
立面垂直度	4	用 2m 托线板检查
表面平整度	4	用 2m 靠尺和楔形塞尺检查
阴阳角方正	4	用直角检测尺检查
门窗洞口高、宽	±5	用尺量检查
水平灰缝平直度	7	拉 10m 线和尺量检查

5.10 自承重砌体墙

自承重墙为不承受其他构件传来的荷载，承受墙体自重、风荷载以及地震作用的墙体，如填充墙、隔墙、女儿墙、阳台栏板、围墙等。自承重墙砌体的尺寸、位置允许偏差和检验方法应符合表5.10的规定。

砌体尺寸和位置允许偏差　　　表 5.10

项　目	允许偏差（mm）	检验方法
轴线位置偏移	10	用经纬仪或拉线和尺量检查
墙面垂直度	5	用线坠和2m托线板检查
表面平整度	8	用2m靠尺和楔形塞尺检查
水平灰缝平直度 10m 以内	10	拉10m线和尺检查
门窗洞口高、宽（后塞口）	±5	用尺检查
水平灰缝厚度（10皮砖块累计数）	±10	与皮数杆比较，用尺检查
外墙上下窗口偏移	20	以底层窗口为准，用经纬仪或吊线检查

5.11 纤维石膏空心大板复合墙体

纤维石膏空心大板是用玻璃纤维、石膏粉、水、添加剂等材料在工厂由专用设备生产的具有空腔的大板，可按设计要求切割成不同规格的构件。

纤维石膏空心大板复合墙体结构为由纤维石

膏空心大板空腔内全部填充自密实混凝土形成的复合墙体的承重结构。纤维石膏空心大板工程的检查数量每个检验批应至少抽查 10%，并不得少于 3 间；不足 3 间时应全数检查。

5.11.1　墙体工程

墙板的几何尺寸允许偏差应符合表 5.11.1 的规定。

检验数量：按同种规格每 100 件为一批，随机抽取三件进行检查。

检验方法：量测。

纤维石膏空心墙板几何尺寸允许偏差　　表 5.11.1

项次	项	目	允许偏差（mm）
1	截面尺寸	长度	0，－10
2		高度	0，－10
3		厚度	±3
4	侧向弯曲		$1.5L/1000$ 且≤12，L 为单块板长度

5.11.2　钢筋工程

1. 钢筋安装位置允许偏差应符合表 5.11.2 的规定。

钢筋安装位置允许偏差　　表 5.11.2

项 目	允许偏差（mm）	检验方法
长	±10	钢尺检查
钢筋骨架宽、高	＋3，－5	钢尺检查
间距	±10	钢尺检查

项　　目	允许偏差（mm）	检验方法
保护层厚度	±5	钢尺检查
箍筋间距	±20	钢尺检查，连续三档取最大值

检验数量：抽查有代表性自然间总数的10%，且不应少于3间。

检验方法：钢尺量测。

2. 竖向单根钢筋宜按空腔中心位置敷设，其允许偏差应为15mm。

检验数量：全数检查。

检验方法：观察。

5.11.3　模板工程

1. 固定在模板上的预埋件、预留孔和预留洞均不得遗漏，且应安装牢固，其允许偏差应符合表5.11.3-1的规定。

检查数量：对墙和板，应按有代表性的自然间抽查10%，且不应少于3间；对大空间结构，墙可按相邻轴线间高度5m左右划分检查面，板可按纵横轴线划分检查面，抽查10%，均不应少于3面。

检验方法：钢尺检查。

2. 现浇结构模板安装的允许偏差及检验方法应符合表5.11.3-2的规定。

检查数量：对墙和板，应按代表性的自然间

抽查 10%，且不应少于 3 间；对大空间结构，墙可按相邻轴线间高度 5m 左右划分检查面，板可按纵横轴线划分检查面，应抽查 10%，均不应少于 3 面。

预埋件和预留孔、洞的允许偏差   表 5.11.3-1

项　　　　目		允许偏差（mm）
预埋钢板中心线位置		3
预埋管、预留孔中心线位置		3
插　　筋	中心线位置	5
	外露长度	+10，0
预留洞	中心线位置	10
	尺寸	+10，0

注：检查中心线位置时，应沿纵、横两个方向量测，并取其中的较大值。

现浇结构模板安装的允许偏差及检验方法   表 5.11.3-2

项　　　目		允许偏差(mm)	检　验　方　法
轴线位置		5	钢尺检查
底模上表面标高		±5	水准仪或拉线、钢尺检查
截面内部尺寸	基础	±10	钢尺检查
	柱、墙、梁	+4，−5	钢尺检查
层高垂直度	不大于 5m	6	经纬仪或吊线、钢尺检查
	大于 5m	8	经纬仪或吊线、钢尺检查
相邻两板高低差		2	钢尺检查
表面平整度		5	2m 靠尺和塞尺检查

注：检查中心线位置时，应沿纵、横两个方向量测，并取其中的较大值。

5.11.4 普通混凝土工程

纤维石膏空心大板复合墙体工程结构尺寸允许偏差和检验方法应符合表 5.11.4 的规定。

纤维石膏空心大板复台墙体工程结构
尺寸允许偏差和检验方法　　表 5.11.4

序号	项目名称		允许偏差（mm）	检查方法
1	轴线位置		5	经纬仪、钢尺
2	垂直度	每层	5	经纬仪或拉线、钢尺
		全高 H	($H/1000$,且≤30mm)	经纬仪或拉线、钢尺
3	楼层高度	每层	±10	水准仪或拉线、钢尺
		全高	±30	水准仪、钢尺
4	表面平整度		5	2m靠尺、塞尺
5	相邻纤维石膏空心大板表面高差		5	钢尺
6	上、下窗口偏移		±15	经纬仪、钢尺
7	门窗洞口宽度		±10	钢尺
8	门窗洞口高度		+15，−5	钢尺

注：检查轴线位置时，应沿纵、横两个方向量测，取其中较大值。

5.12　建筑轻质条板隔墙

轻质条板隔墙是用轻质条板组装的非承重内

隔墙。轻质条板为面密度不大于 110kg/m²，长宽比不小于 2.5，采用轻质材料或大孔洞轻型构造制作成的，用于非承重内隔墙的预制条板。

条板隔墙的检验批应以同一品种的轻质隔墙工程每 50 间（大面积房间和走廊按轻质隔墙的墙面 30m² 为一间）划分为一个检验批，不足 50 间也应划分为一个检验批。

条板隔墙安装的允许偏差和检验方法应符合表 5.12 的规定。

条板隔墙安装的允许偏差和检验方法　　表 5.12

项　　目	允许偏差（mm）	检验方法
墙体轴线位移	5	用经纬仪或拉线和尺检查
表面平整度	3	用 2m 靠尺和楔形塞尺检查
立面垂直度	3	用 2m 垂直检测尺检查
接缝高低	2	用直尺和楔形塞尺检查
阴阳角方正	3	用方尺及楔形塞尺检查

5.13　框架填充轻集料砌块墙结构

此处内容适用于抗震设防烈度为 7 度（0.15g）和 8 度（0.20g）的民用建筑钢筋混凝土框架、框架-剪力墙、剪力墙、筒体结构填充轻集料混凝土砌块及填充轻集料混凝土保温砌块内外墙的设计、施工和质量验收。

轻集料保温砌块墙体一般尺寸的

允许偏差及检验方法　　表 5.13

项　　目		允许偏差(mm)	检验方法
轴线位置		10	用尺量检查
墙面平整度		6	用2m靠尺和楔形塞尺检查
垂直度	≤3m	5	用2m托线板或吊线尺量检查
	>3m	10	
门窗洞口高、宽(后塞口)		±5	用尺量检查
外墙上、下窗口偏移		20	以底层为基准用经纬仪或吊线检查

本章参考文献

1.《砌体结构工程施工质量验收规范》GB 50203—2011

2.《自承重砌体墙技术规程》CECS 281：2010

3.《纤维石膏空心大板复合墙体结构技术规程》JGJ 217—2010

4.《建筑轻质条板隔墙技术规程》JGJ/T 157—2008

5.《混凝土小型空心砌块建筑技术规程》JGJ/T 14—2011

6.《框架填充墙（轻集料砌块）设计及施工技术规程》DB11/T 742—2010

6 建筑桩基工程

6.1 灌注桩施工

6.1.1 灌注桩成孔施工的允许偏差应满足表 6.1.1 的要求。

灌注桩成孔施工允许偏差 　表 6.1.1

成 孔 方 法		桩径允许偏差(mm)	垂直度允许偏差(%)	桩位允许偏差(mm)	
				1～3根桩、条形桩基沿垂直轴线方向和群桩基础中的边桩	条形桩基沿轴线方向和群桩基础的中间桩
泥浆护壁钻、挖、冲孔桩	$d{\leqslant}1000mm$	±50	1	$d/6$ 且不大于 100	$d/4$ 且不大于 150
	$d{>}1000mm$	±50		$100+0.01H$	$150+0.01H$
锤击(振动)沉管振动冲击沉管成孔	$d{\leqslant}500mm$	−20	1	70	150
	$d{>}500mm$			100	150
螺旋钻、机动洛阳铲干作业成孔		−20	1	70	150
人工挖孔桩	现浇混凝土护壁	±50	0.5	50	150
	长钢套管护壁	±20	1	100	200

注：1. 桩径允许偏差的负值是指个别断面。
　　2. H 为施工现场地面标高与桩顶设计标高的距离；d 为设计桩径。

6.1.2 钢筋笼制作、安装的质量应符合下列要求：

钢筋笼的材质、尺寸应符合设计要求，制作允许偏差应符合表 6.1.2 的规定。

钢筋笼制作允许偏差　　　　表 6.1.2

项　　目	允许偏差（mm）
主筋间距	±10
箍筋间距	±20
钢筋笼直径	±10
钢筋笼长度	±100

6.2　正、反循环钻孔灌注桩的施工

6.2.1 钻孔达到设计深度，灌注混凝土之前，孔底沉渣厚度指标应符合表 6.2.1 的规定。

孔底沉渣厚度指标　　　　表 6.2.1

桩　　型	孔底沉渣厚度要求
端承型桩	≤50mm
摩擦型桩	≤100mm
抗拔、抗水平力桩	≤200mm

6.2.2 冲击成孔操作要点见表 6.2.2。

冲击成孔操作要点　　　　表 6.2.2

项　　目	操　作　要　点
在护筒刃脚以下 2m 范围内	小冲程 1m 左右，泥浆相对密度 1.2～1.5，软弱土层投入黏土块夹小片石

项 目	操 作 要 点
黏性土层	中、小冲程 1～2m，泵入清水或稀泥浆，经常清除钻头上的泥块
粉砂或中粗砂层	中冲程 2～3m，泥浆相对密度 1.2～1.5，投入黏土块，勤冲、勤掏渣
砂卵石层	中、高冲程 3～4m，泥浆相对密度 1.3 左右，勤掏渣
软弱土层或塌孔回填重钻	小冲程反复冲击，加黏土块夹小片石，泥浆相对密度 1.3～1.5

注：1. 土层不好时提高泥浆相对密度或加黏土块。
   2. 防粘钻可投入碎砖石。

6.3 混凝土预制桩与钢桩施工

6.3.1 混凝土预制桩的制作

1. 预制桩钢筋骨架的允许偏差应符合表 6.3.1-1 的规定。

预制桩钢筋骨架的允许偏差 表 6.3.1-1

项 次	项 目	允许偏差（mm）
1	主筋间距	±5
2	桩尖中心线	10
3	箍筋间距或螺旋筋的螺距	±20
4	吊环沿纵轴线方向	±20
5	吊环沿垂直于纵轴线方向	±20
6	吊环露出桩表面的高度	±10
7	主筋距桩顶距离	±5
8	桩顶钢筋网片位置	±10
9	多节桩桩顶预埋件位置	±3

2. 混凝土预制桩的表面应平整、密实，制作允许偏差应符合表 6.3.1-2 的规定。

混凝土预制桩制作允许偏差 表 6.3.1-2

桩 型	项 目	允许偏差（mm）
钢筋混凝土实心桩	横截面边长	±5
	桩顶对角线之差	≤5
	保护层厚度	±5
	桩身弯曲矢高	不大于 1‰桩长且不大于 20
	桩尖偏心	≤10
	桩端面倾斜	≤0.005
	桩节长度	±20
钢筋混凝土管桩	直径	±5
	长度	±0.5%桩长
	管壁厚度	—5
	保护层厚度	+10，—5
	桩身弯曲(度)矢高	1‰桩长
	桩尖偏心	≤10
	桩头板平整度	≤2
	桩头板偏心	≤2

6.3.2 锤击沉桩

打入桩（预制混凝土方桩、预应力混凝土空心桩、钢桩）的桩位偏差，应符合表 6.3.2 的规定。斜桩倾斜度的偏差不得大于倾斜角正切值的 15%（倾斜角系桩的纵向中心线与铅垂线间夹角）。

打入桩桩位的允许偏差 表 6.3.2

项　　　　目	允许偏差（mm）
带有基础梁的桩：(1)垂直基础梁的中心线	$100+0.01H$
(2)沿基础梁的中心线	$150+0.01H$
桩数为 1～3 根桩基中的桩	100
桩数为 4～16 根桩基中的桩	1/2 桩径或边长
桩数大于 16 根桩基中的桩：(1)最外边的桩	1/3 桩径或边长
(2)中间桩	1/2 桩径或边长

注：H 为施工现场地面标高与桩顶设计标高的距离。

6.4　钢桩（钢管桩、H 型桩及其他异形钢桩）施工

6.4.1　钢桩的制作

钢桩制作的允许偏差应符合表 6.4.1 的规定，钢桩的分段长度应满足桩基规范的规定，且不宜大于 15m。

钢桩制作的允许偏差 表 6.4.1

项　　　目		允许偏差（mm）
外径或断面尺寸	桩端部	±0.5%外径或边长
	桩　身	±0.1%外径或边长
长　　　度		＞0
矢　　　高		≤1‰桩长
端部平整度		≤2（H 型桩≤1）
端部平面与桩身中心线的倾斜值		≤2

6.4.2　钢桩的焊接

钢桩的焊接质量应符合国家现行标准《钢结构工程施工质量验收规范》GB 50205 和《建筑钢结构焊接技术规程》JGJ 81 的规定，每个接头除应按表 6.4.2 规定进行外观检查外，还应按接头总数的 5% 进行超声或 2% 进行 X 射线拍片检查，对于同一工程，探伤抽样检验不得少于 3 个接头。

接桩焊缝外观允许偏差　　　表 6.4.2

项　　　目	允许偏差（mm）
上下节桩错口：	
①钢管桩外径≥700mm	3
②钢管桩外径<700mm	2
H 型钢桩	1
咬边深度（焊缝）	0.5
加强层高度（焊缝）	2
加强层宽度（焊缝）	3

6.5　桩型与成桩工艺选择

桩型与成桩工艺应根据建筑结构类型、荷载性质、桩的使用功能、穿越土层、桩端持力层、地下水位、施工设备、施工环境、施工经验、制桩材料供应等条件选择。可按表 6.5 进行。

表 6.5

桩型与成桩工艺选择

桩类		桩径 桩身(mm)	桩径 扩底端(mm)	最大桩长(m)	穿越土层 一般黏性土及填土	淤泥和淤泥质土	粉土	砂土	碎石土	季节性冻土膨胀土	黄土 非自重湿陷性黄土	黄土 自重湿陷性黄土	中间有硬夹层	中间有砂夹层	中间有砾石夹层	桩端进入持力层 硬黏性土	密实砂类土	碎石土	软质岩和风化岩	地下水位 以上	地下水位 以下	对环境影响 振动和噪声	排浆	孔底虚土较密
干作业法	长螺旋钻孔灌注桩	300~800	—	28	○	×	○	△	×	○	○	△	×	×	×	○	○	×	△	○	×	无	无	无
干作业法	短螺旋钻孔灌注桩	300~800	—	20	○	×	○	△	×	○	○	△	×	×	×	○	○	×	△	○	×	无	无	无
干作业法	钻孔扩底灌注桩	300~600	800~1200	30	○	×	○	△	×	○	○	△	△	△	△	○	○	△	△	○	×	无	无	无
干作业法	机动洛阳铲挤扩成孔灌注桩	300~500	—	20	○	×	○	×	×	○	○	△	×	×	×	○	○	×	△	○	×	无	无	无
干作业法	人工挖孔扩底灌注桩	800~2000	1600~3000	30	○	△	△	△	△	○	○	△	△	△	△	○	○	△	△	○	×	无	无	无
泥浆护壁法	潜水钻孔成孔灌注桩	500~800	—	50	○	△	○	○	△	△	○	△	△	△	△	○	○	△	△	○	○	无	有	无
泥浆护壁法	反循环钻成孔灌注桩	600~1200	—	80	○	△	○	○	△	△	○	△	△	△	△	○	○	△	△	○	○	无	有	无
泥浆护壁法	正循环钻成孔灌注桩	600~1200	—	80	○	△	○	○	△	△	○	△	△	△	△	○	○	△	△	○	○	无	有	无
泥浆护壁法	旋挖成孔灌注桩	600~1200	—	60	○	△	○	○	△	△	○	△	○	△	△	○	○	○	△	○	○	无	有	无
泥浆护壁法	钻孔扩底灌注桩	600~1200	1000~1600	30	○	○	○	○	△	○	○	△	△	△	△	○	○	△	△	○	○	无	有	无

120

	桩类	桩径		最大桩长(m)	穿越土层											桩端进入持力层				地下水位		对环境影响		
		桩身(mm)	扩底端(mm)		一般粘性土及素填土	淤泥和淤泥质土	粉土	砂土	碎石土	季节性冻土膨胀土	非自重湿陷性黄土	自重湿陷性黄土	中间有硬夹层	中间有砂夹层	中间有砾石夹层	硬粘性土	密实砂土砾石土	碎石土	软质岩石强风化岩石	以上	以下	振动和噪声	排浆	孔壁挤密
非挤土成桩 灌注桩	贝诺托灌注桩	800~1600	—	50	○	○	○	○	○	△	△	△	○	○	○	○	○	○	○	○	○	无	无	无
	短螺旋钻孔灌注桩	300~800	—	20	○	○	○	○	△	×	×	×	△	△	△	○	○	○	○	○	○	无	无	无
	冲击成孔灌注桩	600~1200	—	50	○	○	○	○	○	×	○	○	○	○	○	○	○	○	○	○	○	有	有	无
	长螺旋钻孔压灌桩	300~800	—	25	○	△	○	○	△	△	○	○	△	△	△	△	△	○	△	○	×	无	无	无
	钻孔扩孔多支盘桩	700~900	1200~1600	40	○	○	○	○	△	○	○	○	○	△	△	△	△	○	△	○	○	无	有	无
部分挤土成桩 预制桩	预钻孔打入式预制桩	500	—	50	○	○	○	○	×	○	×	×	△	△	△	○	×	○	○	○	○	有	有	有
	静压混凝土(预应力混凝土)敞口管桩	800	—	60	○	○	○	○	△	○	△	△	△	△	△	△	○	○	△	○	○	无	无	有
	H型钢桩	规格		80	○	○	○	○	△	△	○	○	△	△	△	△	△	○	△	○	○	有	无	无

桩类		桩径		最大桩长 (m)	穿越土层											桩端进入持力层				地下水位		对环境影响		
		桩身 (mm)	扩底端 (mm)		一般粘性土及填土	淤泥和淤泥质土	粉土	砂土	碎石土	季节性冻土膨胀土	非自重湿陷性黄土	自重湿陷性黄土	中间有硬夹层	中间有砾石夹层	中间有砂夹层	硬粘性土	密实砂土	碎石土	风化岩	以上	以下	振动和噪声	排浆	挤土
部分挤土灌注桩	敞口钢管桩	600~900	—	80	○	○	○	○	○	△	△	△	△	○	○	○	○	○	△	○	○	有	无	有
	内夯沉管灌注桩	325,377	460~700	25	○	○	○	△	×	△	○	△	△	×	△	○	△	×	△	○	○	有	无	有
挤土预制桩	打入式混凝土预制桩,闭口钢混凝土管桩	500×500 1000	—	60	○	○	○	△	×	△	○	△	△	×	△	○	△	×	△	○	○	有	无	有
	静压桩	1000	—	60	○	○	○	△	×	△	○	△	△	×	△	○	△	×	△	○	无	无	无	有

注:表中符号○表示比较合适;△表示有可能采用;×表示不宜采用。

122

6.6 锤击沉桩锤重的选用

锤击沉桩的锤重可根据表6.6选用。

锤重选择表 表6.6

锤 型			柴 油 锤 （t）						
			D25	D35	D45	D60	D72	D80	D100
锤的动力性能		冲击部分质量（t）	2.5	3.5	4.5	6.0	7.2	8.0	10.0
		总质量（t）	6.5	7.2	9.6	15.0	18.0	17.0	20.0
		冲击力（kN）	2000～2500	2500～4000	4000～5000	5000～7000	7000～10000	>10000	>12000
		常用冲程（m）	1.8～2.3						
		预制方桩、预应力管桩的边长或直径（mm）	350～400	400～450	450～500	500～550	550～600	600以上	600以上
		钢管桩直径（mm）	400		600	900	900～1000	900以上	900以上
持力层	黏性土粉土	一般进入深度（mm）	1.5～2.5	2.0～3.0	2.5～3.5	3.0～4.0	3.0～5.0		
		静力触探比贯入阻力 P_s 平均值（MPa）	4	5	>5	>5	>5		
	砂土	一般进入深度（m）	0.5～1.5	1.0～2.0	1.5～2.5	2.0～3.0	2.5～3.5	4.0～5.0	5.0～6.0
		标准贯入击数 $N_{63.5}$（未修正）	20～30	30～40	40～45	45～50	50	>50	>50

锤　　型	柴　油　锤　（t）						
	D25	D35	D45	D60	D72	D80	D100
锤的常用控制贯入度（cm/10击）	2～3		3～5	4～8		5～10	7～12
设计单桩极限承载力（kN）	800～1600	2500～4000	3000～5000	5000～7000	7000～10000	＞10000	＞10000

注：1. 本表仅供选锤用。

　　2. 本表适用于桩端进入硬土层一定深度的长度为 20～60m 的钢筋混凝土预制桩及长度为 40～60m 的钢管桩。

本章参考文献

《建筑桩基技术规范》JGJ 94—2008

7 钢结构工程

7.1 钢零件及钢部件加工工程

7.1.1 切割

1. 气割的允许偏差应符合表 7.1.1-1 的规定。

气割的允许偏差（mm）　　表 7.1.1-1

项　目	允许偏差	检查数量	检验方法
零件宽度、长度	±3.0	按切割面数抽查 10%，且不应少于 3 个	观察检查或用钢尺、塞尺检查
切割面平面度	0.05t，且不应大于 2.0		
割纹深度	0.3		
局部缺口深度	1.0		

注：t 为切割面厚度。

2. 机械剪切的允许偏差应符合表 7.1.1-2 的规定。

机械剪切的允许偏差（mm）　表 7.1.1-2

项　目	允许偏差	检查数量	检验方法
零件宽度、长度	±3.0	按切割面数抽查 10%，且不应少于 3 个	观察检查或用钢尺、塞尺检查
边缘缺棱	1.0		
型钢端部垂直度	2.0		

7.1.2 矫正和成型

1. 冷矫正和冷弯曲的最小曲率半径和最大弯曲矢高应符合表 7.1.2-1 的规定。

检查数量：按冷矫正和冷弯曲的件数抽查 10%，且不应少于 3 个。

检验方法：观察检查和实测检查。

冷矫正和冷弯曲的是小曲率半径和最大弯曲矢高（mm）

表 7.1.2-1

钢材类别	图例	对应轴	矫正		弯曲	
			r	f	r	f
钢板扁钢		$x-x$	$50t$	$\dfrac{l^2}{400t}$	$25t$	$\dfrac{l^2}{200t}$
		$y-y$（仅对扁钢轴线）	$100b$	$\dfrac{l^2}{800b}$	$50b$	$\dfrac{l^2}{400b}$
角钢		$x-x$	$90b$	$\dfrac{l^2}{720b}$	$45b$	$\dfrac{l^2}{360b}$
槽钢		$x-x$	$50h$	$\dfrac{l^2}{400h}$	$25h$	$\dfrac{l^2}{200h}$
		$y-y$	$90b$	$\dfrac{l^2}{720b}$	$45b$	$\dfrac{l^2}{360b}$

钢材类别	图例	对应轴	矫正		弯曲	
			r	f	r	f
工字钢		$x-x$	$50h$	$\dfrac{l^2}{400h}$	$25h$	$\dfrac{l^2}{200h}$
		$y-y$	$50b$	$\dfrac{l^2}{400b}$	$25b$	$\dfrac{l^2}{200b}$

注：r 为曲率半径；f 为弯曲矢高；l 为弯曲弦长；t 为钢板厚度。

2. 钢材矫正后的允许偏差，应符合表 7.1.2-2 的规定。

检查数量：按矫正件数抽查 10%，且不应少于 3 件。

检验方法：观察检查和实测检查。

钢材矫正后的允许偏差（mm） 表 7.1.2-2

项 目		允许偏差	图 例
钢板的局部平面度	$t \leqslant 14$	1.5	
	$t > 14$	1.0	
型钢弯曲矢高		$l/1000$ 且不应大于 5.0	
角钢肢的垂直度		$b/100$ 双肢栓接角钢的角度不得大于 90°	

127

项　目	允许偏差	图　例
槽钢翼缘对腹板的垂直度	$b/80$	
工字钢、H型钢翼缘对腹板的垂直度	$b/100$ 且不大于 2.0	

7.1.3　边缘加工

边缘加工允许偏差应符合表 7.1.3 的规定。

边缘加工的允许偏差（mm）　表 7.1.3

项　目	允许偏差	检验方法	检查数量
零件宽度、长度	±1.0	观察检查和实测检查	按加工面数抽查 10%，且不应少于 3 件
加工边直线度	$l/3000$，且不应大于 2.0		
相邻两边夹角	±6′		
加工面垂直度	$0.025t$，且不应大于 0.5		
加工面表面粗糙度	50		

7.1.4　管、球加工

1. 螺栓球加工的允许偏差应符合表 7.1.4-1 的规定。

螺栓球加工的允许偏差（mm）　**表 7.1.4-1**

项目		允许偏差	检验方法	检查数量
圆度	$d \leqslant 120$	1.5	用卡尺和游标卡尺检查	每种规格抽查 10%，且不应少于 5 个
	$d > 120$	2.5		
同一轴线上两铣平面平行度	$d \leqslant 120$	0.2	用百分表 V 形块检查	
	$d > 120$	0.3		
铣平面距球中心距离		±0.2	用游标卡尺检查	
相邻两螺栓孔中心线夹角		±30′	用分度头检查	
两铣平面与螺栓孔轴线垂直度		0.005r	用百分表检查	
球毛坯直径	$d \leqslant 120$	+2.0 −1.0	用卡尺和游标卡尺检查	
	$d > 120$	+3.0 −1.5		

2. 焊接球加工的允许偏差应符合表 7.1.4-2 的规定。

焊接球加工的允许偏差（mm）　**表 7.1.4-2**

项　目	允许偏差	检验方法	检查数量
直径	±0.005d ±2.5	用卡尺和游标卡尺检查	每种规格抽查 10%，且不应少于 5 个
圆度	2.5	用卡尺和游标卡尺检查	
壁厚减薄量	0.13t，且不应大于 1.5	用卡尺和测厚仪检查	
两半球对口错边	1.0	用套模和游标卡尺检查	

3. 钢网架（桁架）用钢管杆件加工的允许偏差应符合表 7.1.4-3 的规定。

钢网架（桁架）用钢管杆件

项目	允许偏差	检验方法	检查数量
长度	±1.0	用钢尺和百分表检查	每种规格抽查 10%，且不应少于5个
端面对管轴的垂直度	0.005r	用百分表V形块检查	
管口曲线	1.0	用套模和游标卡尺检查	

7.1.5 制孔

1. A、B 级螺栓孔（Ⅰ类孔）应具有 H12 的精度，孔壁表面粗糙度 Ra 不应大于 12.5μm。其孔径的允许偏差应符合表 7.1.5-1 的规定。

A、B 级螺栓孔径的允许偏差（mm） **表 7.1.5-1**

序号	螺栓公称直径、螺栓孔直径	螺栓公称直径允许偏差	螺栓孔直径允许偏差	检验方法	检查数量
1	10~18	0.00 −0.21	+0.18 0.00	用游标卡尺或孔径量规检查	按钢构件数量抽查 10%，且不应少于3件
2	18~30	0.00 −0.21	+0.21 0.00		
3	30~50	0.00 −0.25	+0.25 0.00		

2. C级螺栓孔（Ⅱ类孔），孔壁表面粗糙度 Ra 不应大于 $25\mu m$。其允许偏差应符合表 7.1.5-2 的规定。

C级螺栓孔的允许偏差（mm） 表 7.1.5-2

项目	允许偏差	检验方法	检查数量
直径	+1.0 0.0	用游标卡尺或孔径量规检查	按钢构件数量抽查 10%，且不应少于 3 件
圆度	2.0		
垂直度	0.03t，且不应大于 2.0		

3. 螺栓孔孔距的允许偏差应符合表 7.1.5-3 的规定。

螺栓孔距允许偏差（mm） 表 7.1.5-3

螺栓孔距范围	≤500	501～1200	1201～3000	>3000	检验方法	检查数量
同一组内任意两孔间距离	±1.0	±1.5	—	—	用钢尺检查	按钢构件数量抽查 10%，且不应少于 3 件
相邻两组的端孔间距离	±1.5	±2.0	±2.5	±3.0		

注：1. 在节点中连接板与一根杆件相连的所有螺栓孔为一组。

2. 对接接头在拼接板一侧的螺栓孔为一组。

3. 在两相邻节点或接头间的螺栓孔为一组，但不包括上述两款所规定的螺栓孔。

4. 受弯构件翼缘上的连接螺栓孔，每米长度范围内的螺栓孔为一组。

7.2 钢构件组装工程

7.2.1 端部铣平及安装焊缝坡口

1. 端部铣平的允许偏差应符合表 7.2.1-1 的规定。

端部铣平的允许偏差　　表 7.2.1-1

项目	允许偏差	检验方法	检查数量
两端铣平时构件长度	±2.0	用钢尺、角尺、塞尺等检查	按铣平面数量抽查 10%，且不应少于 3 个
两端铣平时零件长度	±0.5		
铣平面的平面度	0.3		
铣平面对轴线的垂直度	$l/1500$		

2. 安装焊缝坡口的允许偏差应符合表 7.2.1-2 的规定。

安装焊缝坡口的允许偏差　　表 7.2.1-2

项　目	允许偏差	检验方法	检查数量
坡口角度	±5°	用焊缝量规检查	按坡口数量抽查 10%，且不应少于 3 条
钝边	±1.0mm		

7.2.2 钢构件外形尺寸

钢构件外形尺寸主控项目的允许偏差应符合表 7.2.2 的规定。

132

钢构件外形尺寸主控项目的允许偏差（mm）

表 7.2.2

项 目	允许偏差	检验方法	检查数量
单层柱、梁、桥架受力支托 （支承面）表面至 第一个安装孔距离	±1.0	用钢尺 检查	全数检查
多节柱铣平面至第一个安装孔距离	±1.0		
实腹梁两端最外侧安装孔距离	±1.0		
构件连接处的截面几何尺寸	±3.0		
柱、梁连接处的腹板中心线偏移	2.0		
受压构件（杆件）弯曲矢高	$l/1000$， 且不应大于 10.0		

7.3 单层钢结构安装工程

7.3.1 基础和支承面

1. 基础顶面直接作为柱的支承面和基础顶面预埋钢板或支座作为柱的支承面时，其支承面、地脚螺栓（锚栓）位置的允许偏差应符合表 7.3.1-1 的规定。

支承面、地脚螺栓（锚栓）位置的允许偏差（mm）

表 7.3.1-1

项目		允许偏差	检验方法	检查数量
支承面	标高	±3.0	用经纬仪、 水准仪、全站 仪、水平尺和 钢尺实测	按柱基 数抽查 10%，且 不应少于 3 个
	水平度	$l/1000$		
地脚螺栓 （锚栓）	螺栓中心偏移	5.0		
	预留孔中心偏移	10.0		

2. 采用坐浆垫板时，坐浆垫板的允许偏差应符合表 7.3.1-2 的规定。

坐浆垫板的允许偏差（mm） 表 7.3.1-2

项目	允许偏差	检验方法	检查数量
顶面标高	0.0 −3.0	用水准仪、全站仪、水平尺和钢尺现场实测	资料全数检查。按柱基数抽查 10%，且不应少于 3 个
水平度	$l/1000$		
位置	20.0		

3. 采用杯口基础时，杯口尺寸的允许偏差应符合表 7.3.1-3 的规定。

杯口尺寸的允许偏差（mm） 表 7.3.1-3

项目	允许偏差	检验方法	检查数量
底面标高	0.0 −5.0	观察及尺量检查	按基础数抽查 10%，且不应少于 4 处
杯口深度 H	±5.0		
杯口垂直度	$H/100$，且不应大于 10.0		
位置	10.0		

4. 地脚螺栓（锚栓）尺寸的偏差应符合表 7.3.1-4 的规定。地脚螺栓（锚栓）的螺纹应受到保护。

地脚螺栓（螺栓）尺寸的允许偏差（mm）

表 7.3.1-4

项目	允许偏差	检验方法	检查数量
螺栓（锚栓）露出长度	＋30.0 0.0	用钢尺现场实测	按柱基数抽查 10％，且不应少于 3 个
螺纹长度	＋30.0		

7.3.2 安装和校正

1. 钢屋（托）架、桁架、梁及受压杆件的垂直度和侧向弯曲矢高的允许偏差应符合表 7.3.2-1 的规定。

检查数量：按同类构件数抽查 10％，且不应少于 3 个。

检验方法：用吊线、拉线、经纬仪和钢尺现场实测。

钢屋（托）架、桁架、梁及受压杆件垂直度和
侧向弯曲矢高的允许偏差（mm）

表 7.3.2-1

项目	允许偏差	图 例
跨中的垂直度	$h/250$，且不应大于 15.0	

135

项目	允许偏差		图 例
侧向弯曲矢高 f	$l \leqslant 30m$	$l/1000$，且不应大于 10.0	
	$30m < l \leqslant 60m$	$l/1000$，且不应大于 30.0	
	$l > 60m$	$l/1000$，且不应大于 50.0	

2. 单层钢结构主体结构的整体垂直度和整体平面弯曲的允许偏差应符合表 7.3.2-2 的规定。

检查数量：对主要立面全部检查。对每个所检查的立面，除两列角柱外，尚应至少选取一列中间柱。

检验方法：采用经纬仪、全站仪等测量。

整体垂直度和整体平面弯曲的允许偏差（mm）　　表 7.3.2-2

项 目	允许偏差	图 例
主体结构的整体垂直度	$H/1000$，且不应大于 25.0	

136

项 目	允许偏差	图 例
主体结构的整体 平面弯曲	$l/1500$， 且不应大于 25.0	

3. 现场焊缝组对间隙的允许偏差应符合表 7.3.2-3 的规定。

现场焊缝组对间隙的允许偏差（mm）

表 7.3.2-3

项目	允许偏差	检验方法	检查数量
无垫板间隙	$^{+3.0}_{0.0}$	尺量检查	按同类节点数 抽查 10%，且不 应少于 3 个
有垫板间隙	$^{+3.0}_{-2.0}$		

7.4 多层及高层钢结构安装工程

7.4.1 基础和支承面

建筑物的定位轴线、基础上柱的定位轴线和标高、地脚螺栓（锚栓）的规格和位置、地脚螺栓（锚栓）紧固应符合设计要求。当设计无要求时，应符合表 7.4.1 的规定。

检查数量：按柱基数抽查 10%，且不应少于 3 个。

检验方法：采用经纬仪、水准仪、全站仪和钢尺实测。

建筑物定位轴线、基础上柱的定位轴线和标高、地脚螺栓（锚栓）的允许偏差（mm）

表 7.4.1

项　目	允许偏差	图　　例
建筑物定位轴线	$l/20000$，且不应大于 3.0	
基础上柱的定位轴线	1.0	
基础上柱底标高	±2.0	
地脚螺栓（锚栓）位移	2.0	

7.4.2 安装和校正

1. 柱子安装的允许偏差应符合表 7.4.2-1 的规定。

检查数量：标准柱全部检查；非标准柱抽查 10%，且不应少于 3 根。

检验方法：用全站仪或激光经纬仪和钢尺实测。

柱子安装的允许偏差（mm）   表 7.4.2-1

项　目	允许偏差	图　例
底层柱柱底轴线对定位轴线偏移	3.0	
柱子定位轴线	1.0	
单节柱的垂直度	$h/1000$，且不应大于 10.0	

2. 多层及高层钢结构主体结构的整体垂直度和整体平面弯曲的允许偏差应符合表 7.4.2-2 的规定。

检查数量：对主要立面全部检查。对每个所检查的立面，除两列角柱外，尚应至少选取一列中间柱。

检验方法：对于整体垂直度，可采用激光经纬仪、全站仪测量，也可根据各节柱的垂直度允许偏差累计（代数和）计算。对于整体平面弯曲，可按产生的允许偏差累计（代数和）计算。

整体垂直度和整体平面
弯曲的允许偏差（mm）   表 7.4.2-2

项　目	允许偏差	图　例
主体结构的整体垂直度	$(H/2500+10.0)$，且不应大于 50.0	
主体结构的整体平面弯曲	$l/1500$，且不应大于 25.0	

7.5 钢网架结构安装工程

7.5.1 支承面顶板和支承垫块

140

支承面顶板的位置、标高、水平度以及支座锚栓位置的允许偏差应符合表 7.5.1 的规定。

支承面顶板、支座锚栓位置的允许偏差（mm）

表 7.5.1

项目		允许偏差	检验方法	检查数量
支承面顶板	位置	15.0	用经纬仪、水准仪、水平尺和钢尺实测	按支座数抽查 10%，且不应少于 4 处
	顶面标高	0 −3.0		
	顶面水平度	$l/1000$		
支座锚栓	中心偏移	±5.0		

7.5.2 总拼与安装

1. 小拼单元的允许偏差应符合表 7.5.2-1 的规定。

小拼单元的允许偏差（mm）　表 7.5.2-1

项目		允许偏差	检验方法	检查数量
节点中心偏移		2.0	用钢尺和拉线等辅助量具实测	按单元数抽查 5%，且不应少于 5 个
焊接球节点与钢管中心的偏移		1.0		
杆件轴线的弯曲矢高		$L_1/1000$，且不应大于 5.0		
锥体型小拼单元	弦杆长度	±2.0		
	锥体高度	±2.0		
	上弦杆对角线长度	±3.0		

项目		允许偏差	检验方法	检查数量
平面桁架型小拼单元	跨长 ≤24m	+3.0 −7.0	用钢尺和拉线等辅助量具实测	按单元数抽查5%，且不应少于5个
	跨长 >24m	+5.0 −10.0		
	跨中高度	±3.0		
	跨中拱度 设计要求起拱	±L/5000		
	跨中拱度 设计未要求起拱	+10.0		

注：1. L_1 为杆件长度。

2. L 为跨长。

2. 中拼单元的允许偏差应符合表 7.5.2-2 的规定。

中拼单元的允许偏差（mm）　　表 7.5.2-2

项　目		允许偏差	检验方法	检查数量
单元长度≤20m，拼接长度	单跨	±10.0	用钢尺和辅助量具实测	全数检查
	多跨连续	±5.0		
单元长度>20m，拼接长度	单跨	±20.0		
	多跨连续	±10.0		

3. 钢网架结构安装完成后，其安装的允许偏差应符合表 7.5.2-3 的规定。

钢网架结构安装的允许偏差（mm） 表 7.5.2-3

项目	允许偏差	检验方法	检查数量
纵向、横向长度	$L/2000$，且不应大于 30.0 $-L/2000$，且不应小于 -30.0	用钢尺实测	除杆件弯曲矢高按杆件数抽查 5% 外，其余全数检查
支座中心偏移	$L/3000$，且不应大于 30.0	用钢尺和经纬仪实测	
周边支承网架相邻支座高差	$L/400$，且不应大于 15.0		
支座最大高差	30.0	用钢尺和水准仪实测	
多点支承网架相邻支座高差	$L_1/800$，且不应大于 30.0		

注：1. L 为纵向、横向长度。

2. L_1 为相邻支座间距。

7.6 压型金属板工程

7.6.1 压型金属板制作

1. 压型金属板的尺寸允许偏差应符合表 7.6.1-1 的规定。

压型金属板的尺寸允许偏差（mm）　　表 7.6.1-1

项　目		允许偏差	检验方法	检查数量
波距		±2.0		
波高	压型钢板 截面高度 ≤70	±1.5	用拉线和钢尺检查	按计件数抽查 5%，且不应少于 10 件
	压型钢板 截面高度 >70	±2.0		
侧向弯曲	在测量长度 L_1 的范围内	20.0		

注：L_1 为测量长度，指板长扣除两端各 0.5m 后的实际长度
（小于 10m）或扣除后任选的 10m 长度。

2. 压型金属板施工现场制作的允许偏差应符合表 7.6.1-2 的规定。

检查数量：按计件数抽查 5%，且不应少于 10 件。

检验方法：用钢尺、角尺检查。

压型金属板施工现场制作的
允许偏差（mm）　　表 7.6.1-2

项目		允许偏差	检验方法	检查数量
压型金属板的覆盖宽度	截面高度 ≤70	+10.0, −2.0	用钢尺、角尺检查	按计件数抽查 5%，且不应少于 10 件
	截面高度 >70	+6.0, −2.0		

项目		允许偏差	检验方法	检查数量
板长		±9.0	用钢尺、角尺检查	按计件数抽查 5%，且不应少于 10 件
横向剪切偏差		6.0		
泛水板、包角板尺寸	板长	±6.0		
	折弯面宽度	±3.0		
	折弯面夹角	2°		

7.6.2 压型金属板安装

1. 压型金属板应在支承构件上可靠搭接，搭接长度应符合设计要求，且不应小于表 7.6.2-1 所规定的数值。

压型金属板在支承构件上的搭接长度（mm）

表 7.6.2-1

项　目		搭接长度	检验方法	检查数量
截面高度＞70		375	观察和用钢尺检查	按搭接部位总长度抽查 10%，且不应少于 10m
截面高度≤70	屋面坡度＜1/10	250		
	屋面坡度≥1/10	200		
墙面		120		

2. 压型金属板安装的允许偏差应符合表 7.6.2-2 的规定。

压型金属板安装的允许偏差（mm）

表 7.6.2-2

	项 目	允许偏差	检验方法	检查数量
屋面	檐口与屋脊的平行度	12.0	用拉线、吊线和钢尺检查	檐口与屋脊的平行度：按长度抽查10%，且不应大于10m。其他项目：每20m长度应抽查1处，不应少于2处
	压型金属板波纹线对屋脊的垂直度	L/800，且不应大于25.0		
	檐口相邻两块压型金属板端部错位	6.0		
	压型金属板卷边板件最大波浪高	4.0		
墙面	墙板波纹线的垂直度	H/800，且不应大于25.0		
	墙板包角板的垂直度	H/800，且不应大于25.0		
	相邻两块压型金属板的下端错位	6.0		

注：1. L 为屋面半坡或单坡长度。
   2. H 为墙面高度。

7.7 钢结构涂装工程

7.7.1 涂装前钢材表面除锈应符合设计要求和国家现行有关标准的规定。处理后的钢材表面不应有焊渣、焊疤、灰尘、油污、水和毛刺等。当设计无要求时，钢材表面除锈等级应符合表7.7.1的规定。

检查数量：按构件数抽查10%，且同类构件不应少于3件。

检验方法：用铲刀检查和用现行国家标准《涂装前钢材表面锈蚀等级和除锈等级》GB 8923规定的图片对照观察检查。

各种底漆或防锈漆要求最低的
除锈等级 表7.7.1

涂料品种	除锈等级
油性酚醛、醇酸等底漆或防锈漆	St2
高氯化聚乙烯、氯化橡胶、氯磺化聚乙烯、环氧树脂、聚氨酯等底漆或防锈漆	Sa2
无机富锌、有机硅、过氯乙烯等底漆	Sa2 $\frac{1}{2}$

7.7.2 涂料、涂装遍数、涂层厚度均应符合设计要求。当设计对涂层厚度无要求时，涂层干露膜总厚度：室外应为150μm，室内应为125μm，其允许偏差为$-25\mu m$。每遍涂层干漆膜厚度的允许偏差为$-5\mu m$。

检查数量：按构件数抽查10%，且同类构件不应少于3件。

检验方法：用干漆膜测厚仪检查。每个构件

检测 5 处，每处的数值为 3 个相距 50mm 测点涂层干漆膜厚度的平均值。

7.8 焊缝外观质量

7.8.1 二级、三级焊缝外观质量标准应符合表7.8.1的规定。

二级、三级焊缝外观质量标准（mm）

表 7.8.1

项目	允许偏差	
缺陷类型	二级	三级
未焊满（指不足设计要求）	≤0.2+0.02t，且≤1.0	≤0.2+0.04t，且≤2.0
	每 100.0 焊缝内缺陷总长≤25.0	
根部收缩	≤0.2+0.02t，且≤1.0	≤0.2+0.04t，且≤2.0
	长度不限	
咬边	≤0.05t，且≤0.5；连续长度≤100.0，且焊缝两侧咬边总长≤10%焊缝全长	≤0.1t 且≤1.0，长度不限
弧坑裂纹	—	允许存在个别长度≤5.0 的弧坑裂纹
电弧擦伤	—	允许存在个别电弧擦伤
接头不良	缺口深度 0.05t，且≤0.5	缺口深度 0.1t，且≤1.0
	每 1000.0 焊缝不应超过 1 处	
表面夹渣	—	深≤0.2t，长≤0.5t，且≤20.0
表面气孔	—	每 50.0 焊缝长度内允许直径≤0.4t，且≤3.0 的气孔 2 个，孔距≥6 倍孔径

注：表内 t 为连接处较薄的板厚。

148

7.8.2 对接焊缝及完全熔透组合焊缝尺寸允许偏差应符合表 7.8.2 的规定。

对接焊缝及完全熔透组合焊缝尺寸允许偏差（mm）

表 7.8.2

序号	项目	图　例	允许偏差	
			一、二级	三级
1	对接焊缝余高 C		$B<20$： $0\sim3.0$ $B\geqslant20$： $0\sim4.0$	$B<20$： $0\sim4.0$ $B\geqslant20$： $0\sim5.0$
2	对接焊缝错边 d		$d<0.15t$ 且 $\leqslant2.0$	$d<0.15t$ 且 $\leqslant3.0$

7.8.3 部分焊透组合焊缝和角焊缝外形尺寸允许偏差应符合表 7.8.3 的规定。

部分焊透组合焊缝和角焊缝外形尺寸允许偏差（mm）

表 7.8.3

序号	项目	图　例	允许偏差
1	焊脚尺寸 h_f		$h_f\leqslant6$：$0\sim1.5$ $h_f>6$：$0\sim3.0$
2	角焊缝余高 C		$h_f\leqslant6$：$0\sim1.5$ $h_f>6$：$0\sim3.0$

注：1. $h_f>8.0$mm 的角焊缝，其局部焊脚尺寸允许低于设计要求值 1.0mm，但总长度不得超过焊缝长度 10%。

　　2. 焊接 H 形梁腹板与翼缘板的焊缝两端在其两倍翼缘板宽度范围内，焊缝的焊脚尺寸不得低于设计值。

7.9 紧固件连接工程检验

复验螺栓连接副的预拉力平均值和标准偏差应符合表 7.9 的规定。

扭剪型高强度螺栓紧固预拉力

和标准偏差（kN）　　表 7.9

螺栓直径（mm）	16	20	(22)	24
紧固预拉力的平均值 $\overline{P}$	99～120	154～186	191～231	222～270
标准偏差 σ_p	10.1	15.7	19.5	22.7

7.10 钢构件组装的允许偏差

7.10.1 焊接 H 型钢的允许偏差应符合表 7.10.1 的规定。

焊接 H 型钢的允许偏差（mm）　　表 7.10.1

项 目		允许偏差	图　例
截面高度 h	$h < 500$	±2.0	
	$500 < h$ < 1000	±3.0	
	$H > 1000$	±4.0	
截面宽度 b		±3.0	

项 目		允许偏差	图 例
腹板中心偏移		2.0	
翼缘板垂直度 △		b/100，且不应大于 3.0	
弯曲矢高（受压构件除外）		L/1000，且不应大于 10.0	
扭曲		h/250，且不应大于 5.0	
腹板局部平面度 f	t<14	3.0	
	t≥14	2.0	

7.10.2 焊接连接制作组装的允许偏差应符合表 7.10.2 的规定。

焊接连接制作组装的允许偏差（mm）　表 7.10.2

项　目		允许偏差	图　例
对口错边 Δ		$t/10$，且不应大于 3.0	
间隙 a		± 1.0	
搭接长度 a		± 5.0	
缝隙 Δ		1.5	
高度 h		± 2.0	
垂直度 Δ		$b/100$，且不应大于 3.0	
中心偏移 e		± 2.0	
型钢错位	连接处	1.0	
	其他处	2.0	
箱形截面高度 h		± 2.0	
宽度 b		± 2.0	
垂直度 Δ		$b/200$，且不应大于 3.0	

7.10.3 单层钢柱外形尺寸的允许偏差应符合表 7.10.3 的规定。

单层钢柱外形尺寸的允许偏差（mm）　表 7.10.3

项　目	允许偏差		检验方法	图　例
柱底面到柱端与桁架连接的最上一个安装孔距离 l	$\pm l/1500$ ± 15.0		用钢尺检查	
柱底面到牛腿支承面距离 l_1	$\pm l_1/2000$ ± 8.0			
牛腿面的翘曲 $\triangle$	2.0		用拉线、直角尺和钢尺检查	
柱身弯曲矢高	$H/1200$，且不应大于 12.0			
柱身扭曲	牛腿处	3.0	用拉线、吊线和钢尺检查	
	其他处	8.0		
柱截面几何尺寸	连接处	± 3.0	用钢尺检查	
	非连接处	± 4.0		

153

项　目	允许偏差		检验方法	图　　例
翼缘对腹板的垂直度	连接处	1.5	用直角尺和钢尺检查	
	其他处	$b/100$，且不应大于5.0		
柱脚底板平面度	5.0		用 1m 直尺和塞尺检查	
柱脚螺栓孔中心对柱轴线的距离	3.0		用钢尺检查	

7.10.4　多节钢柱外形尺寸的允许偏差应符合表 7.10.4 的规定。

154

多节钢柱外形尺寸的允许偏差（mm）　　　　表 7.10.4

项　目		允许偏差	检验方法	图　例
一节柱高度 H		±3.0	用钢尺检查	
两端最外侧安装孔距离 l_3		±2.0		
铣平面到第一个安装距离 a		±1.0		
柱身弯曲矢高 f		$H/1500$，且不应大于 5.0	用拉线和钢尺检查	
一节柱的柱身扭曲		$h/250$，且不应大于 5.0	用拉线、吊线和钢尺检查	
牛腿端孔到柱轴线距离 l_2		±3.0	用钢尺检查	
牛腿的翘曲或扭曲 Δ	$l_2 \leqslant$ 1000	2.0	用拉线、直角尺和钢尺检查	
	$l_2 >$ 1000	3.0		
柱截面尺寸	连接处	±3.0	用钢尺检查	
	非连接处	±4.0		
柱脚底板平面度		5.0	用直尺和塞尺检查	

项　目		允许偏差	检验方法	图　　例
翼缘板对腹板的垂直度	连接处	1.5	用直角尺和钢尺检查	
	其他处	$b/100$，且不应大于5.0		
柱脚螺栓孔对柱轴线的距离 a		3.0	用钢尺检查	
箱形截面连接处对角线差		3.0		
箱形柱身板垂直度		$h(b)/150$，且不应大于5.0	用直角尺和钢尺检查	

7.10.5 焊接实腹钢梁外形尺寸的允许偏差应符合表 7.10.5 的规定。

焊接实腹钢梁外形尺寸的允许偏差（mm） 表 7.10.5

项 目		允许偏差	检验方法	图 例
梁长度 l	端部有凸缘支座板	0 −5.0	用钢尺检查	
	其他形式	±l/2500 ±10.0		
端部高度 h	h≤2000	±2.0		
	h>2000	±3.0		
拱度	设计要求起拱	±l/5000	用拉线和钢尺检查	
	设计未要求起拱	10.0 −5.0		
侧弯矢高		l/2000，且不应大于10.0		
扭曲		h/250，且不应大于10.0	用拉线、吊线和钢尺检查	
腹板局部平面度	t≤14	5.0	用1m直尺和塞尺检查	
	t>14	4.0		

157

项 目		允许偏差	检验方法	图 例
翼缘板对腹板的垂直度		$b/100$，且不应大于3.0	用直角尺和钢尺检查	
吊车梁上翼缘与轨道接触面平面度		1.0	用200mm、1m直尺和塞尺检查	
箱形截面对角线差		5.0	用钢尺检查	
箱形截面两腹板至翼缘板中心线距离a	连接处	1.0		
	其他处	1.5		
梁端板的平面度（只允许凹进）		$h/500$，且不应大于2.0	用直角尺和钢尺检查	
梁端板与腹板的垂直度		$h/500$，且不应大于2.0	用直角尺和钢尺检查	

7.10.6 钢桁架外形尺寸的允许偏差应符合表 7.10.6 的规定。

钢桁架外形尺寸的允许偏差（mm）

表 7.10.6

项　　目		允许偏差	检验方法	图　　例
桁架最外端两个孔或两端支承面最外侧距离	$l{\leqslant}24\mathrm{m}$	$+3.0$ -7.0	用钢尺检查	
	$l{>}24\mathrm{m}$	$+5.0$ -10.0		
桁架跨中高度		±10.0		
桁架跨中拱度	设计要求起拱	$\pm l/5000$		
	设计未要求起拱	10.0 -5.0		
相邻节间弦杆弯曲（受压除外）		$l/1000$		
支承面到第一个安装孔距离 a		±1.0	用钢尺检查	
檩条连接支座间距		±5.0		

159

7.10.7 钢管构件外形尺寸的允许偏差应符合表7.10.7的规定。

钢管构件外形尺寸的允许偏差（mm）

表 7.10.7

项 目	允许偏差	检验方法	图 例
直径 d	$\pm d/500$ ± 5.0	用钢尺检查	
构件长度 l	± 3.0		
管口圆度	$d/500$， 且不应大于 5.0		
管面对管轴的垂直度	$d/500$， 且不应大于 3.0	用焊缝量规检查	
弯曲矢高	$l/1500$， 且不应大于 5.0	用拉线、吊线和钢尺检查	
对口错边	$t/10$， 且不应大于 3.0	用拉线和钢尺检查	

注：对方矩形管，d 为长边尺寸。

7.10.8 墙架、檩条、支撑系统钢构件外形尺寸的允许偏差应符合表7.10.8的规定。

墙架、檩条、支撑系统钢构件外形尺寸的
允许偏差（mm）　　表 7.10.8

项 目	允许偏差	检验方法
构件长度 l	± 4.0	
构件两端最外侧安装孔距离 l_1	± 3.0	用钢尺检查

项　　目	允许偏差	检验方法
构件弯曲矢高	$l/1000$， 且不应大于 10.0	用拉线和 钢尺检查
截面尺寸	$+5.0$ -2.0	用钢尺检查

7.10.9 钢平台、钢梯和防护钢栏杆外形尺寸的允许偏差应符合表 7.10.9 的规定。

钢平台、钢梯和防护钢栏杆外形尺寸的允许偏差（mm）

表 7.10.9

项　　目	允许偏差	检验方法	图　　例
平台长度和宽度	±5.0	用钢尺 检查	
平台两对角线差 $|l_1 - l_2|$	6.0		
平台支柱高度	±3.0		
平台支柱弯 曲矢高	5.0	用拉线和 钢尺检查	
平台表面平面度 （1m 范围内）	6.0	用1m 直 尺和塞尺 检查	

161

项　目	允许偏差	检验方法	图　例
梯梁长度 l	±5.0	用钢尺检查	
钢梯宽度 b	±5.0		
钢梯安装孔距离 a	±3.0		
钢梯纵向挠曲矢高	$l/1000$	用拉线和钢尺检查	
踏步（棍）间距	±5.0	用钢尺检查	
栏杆高度	±5.0		
栏杆立柱间距	±10.0		

7.11　钢构件预拼装的允许偏差

钢构件预拼装的允许偏差应符合表 7.11 的规定。

钢构件预拼装的允许偏差（mm）　表 7.11

构件类型	项　目	允许偏差	检验方法
多节柱	预拼装单元总长	±5.0	用钢尺检查
	预拼装单元弯曲矢高	$l/1500$，且不应大于 10.0	用拉线和钢尺检查

构件类型	项　目		允许偏差	检验方法
多节柱	接口错边		2.0	用焊缝量规检查
	预拼装单元柱身扭曲		$h/200$，且不应大于 5.0	用拉线、吊线和钢尺检查
	顶紧面至任一牛腿距离		±2.0	
梁、桁架	跨度最外两端安装孔或两端支承面最外侧距离		+5.0 −10.0	用钢尺检查
	接口截面错位		2.0	用焊缝量规检查
	拱度	设计要求起拱	±$l/5000$	用拉线和钢尺检查
		设计未要求起拱	$l/2000$	
	节点处杆件轴线错位		4.0	画线后用钢尺检查
管构件	预拼装单元总长		±5.0	用钢尺检查
	预拼装单元弯曲矢高		$l/1500$，且不应大于 10.0	用拉线和钢尺检查
	对口错边		$t/10$，且不应大于 3.0	用焊缝量规检查
	坡口间隙		+2.0 −1.0	

构件类型	项 目	允许偏差	检验方法
构件平面总体预拼装	各楼层柱距	±4.0	用钢尺检查
	相邻楼层梁与梁之间距离	±3.0	
	各层间框架两对角线之差	$H/2000$，且不应大于 5.0	
	任意两对角线之差	$\Sigma H/2000$，且不应大于 8.0	

7.12 钢结构安装的允许偏差

7.12.1 单层钢结构中柱子安装的允许偏差应符合表 7.12.1 的规定。

单层钢结构中柱子安装的允许偏差（mm）

表 7.12.1

项 目	允许偏差	图 例	检验方法
柱脚底座中心线对定位轴线的偏移	5.0		用吊线和钢尺检查

项　　目		允许偏差	图　　例	检验方法
柱基准点标高	有吊车梁的柱	+3.0 −5.0		用水准仪检查
	无吊车梁的柱	+5.0 −8.0		
弯曲矢高		$H/1200$，且不应大于 15.0		用经纬仪或拉线和钢尺检查
柱轴线垂直度	单层柱 $H{\leqslant}10m$	$H/1000$		用经纬仪或吊线和钢尺检查
	单层柱 $H{>}10m$	$H/1000$，且不应大于 25.0		
	多节柱 单节柱	$H/1000$，且不应大于 10.0		
	多节柱 柱全高	35.0		

7.12.2 钢吊车梁安装的允许偏差应符合表 7.12.2 的规定。

钢吊车梁安装的允许偏差（mm）

表 7.12.2

项　目	允许偏差	图　　例	检验方法
梁的跨中垂直度 △	$H/500$		用吊线和钢尺检查
侧向弯曲矢高	$l/1500$，且不应大于 10.0		用拉线和钢尺检查
垂直上拱矢高	10.0		
两端支座中心位移 △	安装在钢柱上时，对牛腿中心的偏移	5.0		用拉线和钢尺检查
	安装在混凝土柱上时，对定位轴线的偏移	5.0		
吊车梁支座加劲板中心与柱子承压加劲板中心的偏移 △₁	$t/2$		用吊线和钢尺检查

166

项　目		允许偏差	图　　例	检验方法
同跨间内同一横截面吊车梁顶面高差 Δ	支座处	10.0		用经纬仪、水准仪和钢尺检查
	其他处	15.0		
同跨间内同一横截面下挂式吊车梁底面高差 Δ		10.0		
同列相邻两柱间吊车梁顶面高差 Δ		$l/1500$，且不应大于 10.0		用水准仪和钢尺检查
相邻两吊车梁接头部位 Δ	中心错位	3.0		用钢尺检查
	上承式顶面高差	1.0		
	下承式底面高差	1.0		
同跨间任一截面的吊车梁中心跨距 Δ		±10.0		用经纬仪和光电测距仪检查，跨度小时，可用钢尺检查

项　目	允许偏差	图　例	检验方法
轨道中心对吊车梁腹板轴线的偏移 △	$t/2$		用吊线和钢尺检查

7.12.3 墙架、檩条等次要构件安装的允许偏差应符合表 7.12.3 的规定。

墙架、檩条等次要构件安装的允许偏差（mm）

表 7.12.3

项　目		允许偏差	检验方法
墙架立柱	中心线对定位轴线的偏移	10.0	用钢尺检查
	垂直度	$H/1000$，且不应大于 10.0	用经纬仪或吊线和钢尺检查
	弯曲矢高	$H/1000$，且不应大于 15.0	用经纬仪或吊线和钢尺检查
抗风桁架的垂直度		$h/250$，且不应大于 15.0	用吊线和钢尺检查
檩条、墙梁的间距		±5.0	用钢尺检查

项 目	允许偏差	检验方法
檩条的弯曲矢高	$l/750$，且不应大于 12.0	用拉线和钢尺检查
墙梁的弯曲矢高	$l/750$，且不应大于 10.0	用拉线和钢尺检查

注：1. H 为墙架立柱的高度。

2. h 为抗风桁架的高度。

3. l 为檩条或墙梁的长度。

7.12.4 钢平台、钢梯和防护栏杆安装的允许偏差应符合表 7.12.4 的规定。

钢平台、钢梯和防护栏杆安装的允许偏差（mm）

表 7.12.4

项 目	允许偏差	检验方法
平台高度	±15.0	用水准仪检查
平台梁水平度	$l/1000$，且不应大于 20.0	用水准仪检查
平台支柱垂直度	$H/1000$，且不应大于 15.0	用经纬仪或吊线和钢尺检查
承重平台梁侧向弯曲	$l/1000$，且不应大于 10.0	用拉线和钢尺检查
承重平台梁垂直度	$h/250$，且不应大于 15.0	用吊线和钢尺检查
直梯垂直度	$l/1000$，且不应大于 15.0	用吊线和钢尺检查
栏杆高度	±15.0	用钢尺检查
栏杆立柱间距	±15.0	用钢尺检查

7.12.5 多层及高层钢结构中构件安装的允许偏差应符合表 7.12.5 的规定。

多层及高层钢结构中构件安装的允许偏差（mm）

表 7.12.5

项 目	允许偏差	图 例	检验方法
上、下柱连接处的错口 Δ	3.0		用钢尺检查
同一层柱的备柱顶高度差 Δ	5.0		用水准仪检查
同一根梁两端顶面的高差 Δ	$l/1000$，且不应大于 10.0		用水准仪检查
主梁与次梁表面的高差 Δ	±2.0		用直尺和钢尺检查

170

项 目	允许偏差	图 例	检验方法
压型金属板在钢梁上相邻列的错位 Δ	15.00		用直尺和钢尺检查

7.12.6 多层及高层钢结构主体结构总高度的允许偏差应符合表 7.12.6 的规定。

多层及高层钢结构主体结构总高度的允许偏差（mm）

表 7.12.6

项 目	允许偏差	图 例
用相对标高控制安装	$\pm\Sigma(\Delta_h + \Delta_z + \Delta_w)$	
用设计标高控制安装	$H/1000$，且不应大于 30.0 $-H/1000$，且不应小于 -30.0	

注：1. Δ_h 为每节柱子长度的制造允许偏差。
　　2. Δ_z 为每节柱子长度受荷载后的压缩值。
　　3. Δ_w 为每节柱子接头焊缝的收缩值。

7.13　高强度螺栓连接施工

7.13.1　连接构件的制作

1. 高强度螺栓连接构件的栓孔孔径应符合设计要求。高强度螺栓连接构件制孔允许偏差应符合表 7.13.1-1 的规定。

高强度螺栓连接构件制孔允许偏差（mm）

表 7.13.1-1

公称直径		M12	M16	M20	M22	M24	M27	M30
孔型	标准圆孔 直径	13.5	17.5	22.0	24.0	26.0	30.0	33.0
	允许偏差	+0.430	+0.430	+0.520	+0.520	+0.520	+0.840	+0.840
	圆度	1.00			1.50			
	大圆孔 直径	16.0	20.0	24.0	28.0	30.0	35.0	38.0
	允许偏差	+0.430	+0.430	+0.520	+0.520	+0.520	+0.840	+0.840
	圆度	1.00			1.50			
	槽孔 长度 短向	13.5	17.5	22.0	24.0	26.0	30.0	33.0
	长向	22.0	30.0	37.0	40.0	45.0	50.0	55.0
	允许偏差 短向	+0.430	+0.430	+0.520	+0.520	+0.520	+0.840	+0.840
	长向	+0.840	+0.840	+1.000	+1.000	+1.000	+1.000	+1.000
中心线倾斜度		应为板厚的 3%，且单层板应为 2.0mm，多层板叠组合应为 3.0mm						

2. 高强度螺栓连接构件的栓孔孔距允许偏差应符合表 7.13.1-2 的规定。

高强度螺栓连接构件孔距允许偏差（mm）

表 7.13.1-2

孔距范围	<500	501～1200	1201～3000	>3000
同一组内任意两孔间	±1.0	±1.5	—	—
相邻两组的端孔间	±1.5	±2.0	±2.5	±3.0

注：孔的分组规定：

　1. 在节点中连接板与一根杆件相连的所有螺栓孔为一组。

　2. 对接接头在拼接板一侧的螺栓孔为一组。

　3. 在两相邻节点或接头间的螺栓孔为一组，但不包括上述 1、2 两款所规定的孔。

　4. 受弯构件翼缘上的孔，每米长度范围内的螺栓孔为一组。

7.13.2 高强度螺栓连接副和摩擦面抗滑移系数检验

1. 高强度大六角头螺栓连接副应进行扭矩系数、螺栓楔负载、螺母保证载荷检验，其检验方法和结果应符合现行国家标准《钢结构用高强度大六角头螺栓、大六角螺母、垫圈技术条件》GB/T 1231 规定。高强度大六角头螺栓连接副扭矩系数的平均值及标准偏差应符合表 7.13.2-1 的要求。

高强度大六角头螺栓连接副扭矩系数平均值
及标准偏差值　　　　　表 7.13.2-1

连接副表面状态	扭矩系数平均值	扭矩系数标准偏差
符合现行国家标准《钢结构用高强度大六角头螺栓、大六角螺母、垫圈技术条件》GB/T 1231 的要求	0.110～0.150	≤0.0100

注：每套连接副只做一次试验，不得重复使用。试验时，垫圈发生转动，试验无效。

2. 扭剪型高强度螺栓连接副应进行紧固轴力、螺栓楔负载、螺母保证载荷检验，检验方法和结果应符合现行国家标准《钢结构用扭剪型高强度螺栓连接副》GB/T 3632 规定。扭剪型高强度螺栓连接副的紧固轴力平均值及标准偏差应符合表 7.13.2-2 的要求。

平均值及标准偏差值 表 7.13.2-2

螺栓公称直径		M16	M20	M22	M24	M27	M30
紧固轴力值（kN）	最小值	100	155	190	225	290	355
	最大值	121	187	231	270	351	430
标准偏差（kN）		≤10.0	≤15.4	≤19.0	≤22.5	≤29.0	≤35.4

注：每套连接副只做一次试验，不得重复使用。试验时，垫
圈发生转动，试验无效。

7.13.3 安装

大六角头高强度螺栓施工所用的扭矩扳手，
班前必须校正，其扭矩相对误差应为±5%，合
格后方准使用。校正用的扭矩扳手，其扭矩相对
误差应为±3%。

7.14 门式刚架轻型房屋钢结构安装

7.14.1 支承面、地脚螺栓（锚栓）的允许偏差
应符合表 7.14.1 的规定。

支承面、地脚螺栓（锚栓）的允许偏差
表 7.14.1

项　　　目		允许偏差（mm）
支承面	标高	±3.0
	水平度	$l/1000$

项　　目		允许偏差（mm）
地脚螺栓（锚栓）	螺栓中心偏移	5.0
	螺栓露出长度	+10.0 0
	螺纹长度	+20.0 0
预留孔中心偏移		10.0

注：l 为锚栓总长度。

7.14.2 刚架柱安装的允许偏差应符合表 7.14.2 的规定。

刚架柱安装的允许偏差　　表 7.14.2

项　目		允许偏差 （mm）	图　　示
柱脚底座中心线对定位轴线的偏移 △		5.0	
柱基准点标高	有吊车梁的柱	+3.0 -5.0	
	无吊车梁的柱	+5.0 -8.0	

175

项 目		允许偏差（mm）	图 示
挠曲矢高		H/1000 10.0	
柱轴线垂直度 Δ	单层柱 H≤10m	10.0	
	单层柱 H>10m	20.0	
	多层柱 底层柱	10.0	
	多层柱 栓全高	25.0	
标顶标高 Δ		≤±10.0	

7.14.3 刚架斜梁安装的允许偏差应符合表 7.14.3 的规定。

刚架斜梁安装的允许偏差 表 7.14.3

项 目		允许偏差（mm）
梁跨中垂直度		H/500
梁挠曲	侧向	L/1000
	垂直方向	+10.0，-5.0
相邻梁接头部位	中心错位	3.0
	顶面高差	2.0
相邻梁顶面高差	支承处	10.0
	其他处	L/500

7.14.4 吊车梁安装的允许偏差应符合表 7.14.4 的规定。

吊车梁安装的允许偏差　　表 7.14.4

项目	允许偏差 a（mm）		图　　例
轨距	10		
直线度	3		
竖向偏差	10 梁跨的 1/1500		
上承时梁顶高差	支座处	10	
	其他处	15	
下挂时梁底高差	10		
相邻梁高差	1.0		

注：本表未规定者，应符合现行国家标准《钢结构工程施工质量验收规范》GB 50205 的规定。

7.14.5 压型钢板安装的允许偏差应符合表 7.14.5的规定

压型钢板安装的允许偏差 表 7.14.5

项 目	允许偏差（mm）
在梁上压型钢板相邻列的错位	10.0
檐口处相邻两块压型钢板端部的错位	5.0
压型钢板波纹线对屋脊的垂直度	$L/1000$
墙面板波纹线的垂直度	$H/1000$
墙面包角板的垂直度	$H/1000$
墙面相邻两块压型钢板下端的错位	5.0

本章参考文献

1. 《钢结构工程施工质量验收规范》GB 50205—2001

2. 《钢结构高强度螺栓连接技术规程》JGJ 82—2011

3. 《门式刚架轻型房屋钢结构技术规程》CECS 102：2002（2012 年版）

4. 《钢结构工程施工规范》GB 50755—2012

5. 《钢结构焊接规范》GB 50661—2011

6. 《建筑钢结构焊接技术规程》JGJ 81—2002

7. 《建筑钢结构防腐蚀技术规程》JGJ/T 251—2011

8. 《拱形钢结构技术规程》JGJ/T 249—2011

9. 《轻型钢结构住宅技术规程》JGJ 209—2010

10. 《高层民用建筑钢结构技术规程》JGJ 99—1998

8 装饰装修工程

8.1 抹灰工程

8.1.1 一般抹灰工程质量的允许偏差和检验方法应符合表 8.1.1 的规定。

一般抹灰的允许偏差和检验方法 **表 8.1.1**

项次	项目	允许偏差		检验方法
		普通抹灰	高级抹灰	
1	立面垂直度	4	3	用 2m 垂直检测尺检查
2	表面平整度	4	3	用 2m 靠尺和塞尺检查
3	阴阳角方正	4	3	用直角检测尺检查
4	分格条(缝)直线度	4	3	用 5m 线,不足 5m 拉通线,用钢直尺检查
5	墙裙、勒脚上口直线度	4	3	拉 5m 线,不足 5m 拉通线,用钢直尺检查

注: 1. 普通抹灰,本表第 3 项阴角方正可不检查。
   2. 顶棚抹灰,本表第 2 项表面平整度可不检查,但应平顺。

8.1.2 装饰抹灰工程质量的允许偏差和检验方法应符合表 8.1.2 的规定。

装饰抹灰的允许偏差和检验方法 表8.1.2

项次	项目	允许偏差（mm）				检验方法
		水刷石	斩假石	干粘石	假面砖	
1	立面垂直度	5	4	5	5	用2m垂直检测尺检查
2	表面平整度	3	3	5	4	用2m靠尺和塞尺检查
3	阳角方正	3	3	4	4	用直角检测尺检查
4	分格条（缝）直线度	3	3	3	3	用5m线，不足5m拉通线，用钢直尺检查
5	墙裙、勒脚上口直线度	3	3	—	—	用5m线，不足5m拉通线，用钢直尺检查

8.2 门窗工程

8.2.1 各分项工程的检验批应按下列规定划分：

1. 同一品种、类型和规格的木门窗、金属门窗、塑料门窗及门窗玻璃每100樘应划分为一个检验批，不足100樘也应划分为一个检验批。

2. 同一品种、类型和规格的特种门每50樘应划分为一个检验批，不足50樘也应划分为一个检验批。

8.2.2 检查数量应符合下列规定：

1. 木门窗、金属门窗、塑料门窗及门窗玻璃，每个检验批应至少抽查 5%，并不得少于 3 樘，不足 3 樘时应全数检查；高层建筑的外窗，每个检验批应至少抽查 10%，并不得少于 6 樘，不足 6 樘时应全数检查。

2. 特种门每个检验批应至少抽查 50%，并不得少于 10 樘，不足 10 樘时应全数检查。

8.2.3 木门窗制作的允许偏差和检验方法应符合表 8.2.3 的规定。

木门窗制作的允许偏差和检验方法

表 8.2.3

项次	项目	构件名称	允许偏差		检验方法
			普通	高级	
1	翘曲	框	3	2	将框、扇平放在检查平台上，用塞尺检查
		扇	2	2	
2	对角线长度差	框、扇	3	2	用钢尺检查，框量裁口里角，扇量外角
3	表面平整度	扇	2	2	用 1m 靠尺和塞尺检查
4	高度、宽度	框	0；−2	0；−1	用钢尺检查，框量裁口里角，扇量外角
		扇	+2；0	+1；0	
5	裁口、线条结合处高低差	框、扇	1	0.5	用钢直尺和塞尺检查
6	相邻棂子两端间距	扇	2	1	用钢直尺检查

8.2.4 木门窗安装的留缝限值、允许偏差和检验方法应符合表8.2.4的规定。

木门窗安装的留缝限值、允许偏差和检验方法

表 8.2.4

项次	项　目	留缝限值（mm）		允许偏差（mm）		检验方法
		普通	高级	普通	高级	
1	门窗槽口对角线长度差	—	—	3	2	用钢尺检查
2	门窗框的正、侧面垂直度	—	—	2	1	用1m垂直检测尺检查
3	框与扇、扇与扇接缝高低差	—	—	2	1	用钢直尺和塞尺检查
4	门窗扇对口缝	1～2.5	1.5～2	—	—	用塞尺检查
5	工业厂房双扇大门对口缝	2～5		—	—	
6	门窗扇与上框间留缝	1～2	1～1.5	—	—	
7	门窗扇与侧框间留缝	1～2.5	1～1.5	—	—	
8	窗扇与下框间留缝	2～3	2～2.5	—	—	
9	门扇与下框间留缝	3～5	3～4	—	—	

项次	项目		留缝限值 （mm）		允许偏差 （mm）		检验方法
			普通	高级	普通	高级	
10	双层门窗内外 框间距		—	—	4	3	用钢尺 检查
11	无下框 时门扇 与地面 间留缝	外门	4～7	5～6	—		用塞尺 检查
		内门	5～8	6～7	—		
		卫生间门	8～12	8～10	—		
		厂房大门	10～20	—	—		

8.2.5 钢门窗安装的留缝限值、允许偏差和检验方法应符合表 8.2.5 的规定。

钢门窗安装的留缝限值、允许偏差和检验方法

表 8.2.5

项次	项目		留缝 限值 （mm）	允许 偏差 （mm）	检验方法
1	门窗槽口宽 度、高度	≤1500mm	—	2.5	用钢尺检查
		>1500mm	—	3.5	
2	门窗槽口对 角线长度差	≤2000mm	—	5	用钢尺检查
		>2000mm	—	6	
3	门窗框的正、侧面 垂直度		—	3	用 1m 垂直 检测尺检查
4	门窗横框的 水平度		—	3	用 1m 水平尺 和塞尺检查

项次	项　　目	留缝限值（mm）	允许偏差（mm）	检验方法
5	门窗横框标高	—	5	用钢尺检查
6	门窗竖向偏离中心	—	4	用钢尺检查
7	双层门窗内外框间距	—	5	用钢尺检查
8	门窗框、扇配合间隙	≤2	—	用塞尺检查
9	无下框时门扇与地面间留缝	4～8	—	用塞尺检查

8.2.6 铝合金门窗安装的允许偏差和检验方法应符合表 8.2.6 的规定。

铝合金门窗安装的允许偏差和检验方法

表 8.2.6

项次	项　　目		允许偏差（mm）	检验方法
1	门窗槽口宽度、高度	≤1500mm	1.5	用钢尺检查
		>1500mm	2	
2	门窗槽口对角线长度差	≤2000mm	3	用钢尺检查
		>2000mm	4	
3	门窗框的正、侧面垂直度		2.5	用垂直检测尺检查
4	门窗横框的水平度		2	用 1m 水平尺和塞尺检查
5	门窗横框标高		5	用钢尺检查
6	门窗竖向偏离中心		5	用钢尺检查
7	双层门窗内外框间距		4	用钢尺检查
8	推拉门窗扇与框搭接量		1.5	用钢直尺检查

184

8.2.7 涂色镀锌钢板门窗安装的允许偏差和检验方法应符合表8.2.7的规定。

涂色镀锌钢板门窗安装的允许偏差和检验方法

表 8.2.7

项次	项　目		允许偏差（mm）	检验方法
1	门窗槽口宽度、高度	≤1500mm	2	用钢尺检查
		>1500mm	3	
2	门窗槽口对角线长度差	≤2000mm	4	用钢尺检查
		>2000mm	5	
3	门窗框的正、侧面垂直度		3	用垂直检测尺检查
4	门窗横框的水平度		3	用1m水平尺和塞尺检查
5	门窗横框标高		5	用钢尺检查
6	门窗竖向偏离中心		5	用钢尺检查
7	双层门窗内外框间距		4	用钢尺检查
8	推拉门窗扇与框搭接量		2	用钢直尺检查

8.2.8 塑料门窗安装的允许偏差和检验方法应符合表8.2.8的规定。

塑料门窗安装的允许偏差和检验方法

表 8.2.8

项次	项　目		允许偏差（mm）	检验方法
1	门窗槽口宽度、高度	≤1500mm	2	用钢尺检查
		>1500mm	3	

项次	项 目		允许偏差（mm）	检验方法
2	门窗槽口对角线长度差	≤2000mm	3	用钢尺检查
		>2000mm	5	
3	门窗框的正、侧面垂直度		3	用1m垂直检测尺检查
4	门窗横框的水平度		3	用1m水平尺和塞尺检查
5	门窗横框标高		5	用钢尺检查
6	门窗竖向偏离中心		5	用钢直尺检查
7	双层门窗内外框间距		4	用钢尺检查
8	同樘平开门窗相邻扇高度差		2	用钢直尺检查
9	平开门窗铰链部位配合间隙		+2；−1	用塞尺检查
10	推拉门窗扇与框搭接量		+1.5；−2.5	用钢尺检查
11	推拉门窗扇与竖框平行度		2	用1m水平尺和塞尺检查

8.2.9 推拉自动门安装的留缝限值、允许偏差和检验方法应符合表 8.2.9 的规定。

推拉自动门安装的留缝限值、允许偏差和检验方法

表 8.2.9

项次	项目		留缝限值（mm）	允许偏差（mm）	检验方法
1	门槽口宽度、高度	≤1500mm	—	1.5	用钢尺检查
		>1500mm	—	2	
2	门槽口对角线长度差	≤2000mm	—	2	用钢尺检查
		>2000mm	—	2.5	
3	门框的正、侧面垂直度		—	1	用1m垂直检测尺检查
4	门构件装配间隙		—	0.3	用塞尺检查
5	门梁导轨水平度		—	1	用1m水平尺和塞尺检查
6	下导轨与门梁导轨平行度		—	1.5	用钢尺检查
7	门扇与侧框间留缝		1.2～1.8	—	用塞尺检查
8	门扇对口缝		1.2～1.8	—	用塞尺检查

8.2.10 推拉自动门的感应时间限值和检验方法应符合表 8.2.10 的规定。

推拉自动门的感应时间限值和检验方法

表 8.2.10

项次	项目	感应时间限值（s）	检验方法
1	开门响应时间	≤0.5	用秒表检查
2	堵门保护延时	16～20	用秒表检查
3	门扇全开启后保持时间	13～17	用秒表检查

8.2.11 旋转门安装的允许偏差和检验方法应符合表 8.2.11 的规定。

旋转门安装的允许偏差和检验方法

表 8.2.11

项次	项　　目	允许偏差（mm）		检验方法
		金属框架玻璃旋转门	木质旋转门	
1	门扇正、侧面垂直度	1.5	1.5	用 1m 垂直检测尺检查
2	门扇对角线长度差	1.5	1.5	用钢尺检查
3	相邻扇高度差	1	1	用钢尺检查
4	扇与圆弧边留缝	1.5	2	用塞尺检查
5	扇与上顶间留缝	2	2.5	用塞尺检查
6	扇与地面间留缝	2	2.5	用塞尺检查

8.3　吊顶工程

8.3.1　一般规定

1. 各分项工程的检验批应按下列规定划分：

同一品种的吊顶工程每 50 间（大面积房间和走廊按吊顶面积 $30m^2$ 为一间）应划分为一个检验批，不足 50 间也应划分为一个检验批。

2. 检查数量应符合下列规定：

每个检验批应至少抽查 10%，并不得少于 3 间；不足 3 间时应全数检查。

8.3.2　暗龙骨吊顶工程安装的允许偏差和检验

方法应符合表 8.3.2 的规定。

暗龙骨吊顶工程安装的允许偏差（mm）

表 8.3.2

项次	项目	允许偏差（mm）				检验方法
		纸面石膏板	金属板	矿棉板	木板、塑料板、格栅	
1	表面平整度	3	2	2	3	用 2m 靠尺和塞尺检查
2	接缝直线度	3	1.5	3	3	拉 5m 线，不足 5m 拉通线，用钢直尺检查
3	接缝高低差	1	1	1.5	1	用钢直尺和塞尺检查

8.3.3 明龙骨吊顶工程安装的允许偏差和检验方法应符合表 8.3.3 的规定。

明龙骨吊顶工程安装的允许偏差和检验方法

表 8.3.3

项次	项目	允许偏差（mm）				检验方法
		石膏板	金属板	矿棉板	塑料板、玻璃板	
1	表面平整度	3	2	3	2	用 2m 靠尺和塞尺检查
2	接缝直线度	3	2	3	3	拉 5m 线，不足 5m 拉通线，用钢直尺检查
3	接缝高低差	1	1	2	1	用钢直尺和塞尺检查

8.4 轻质隔墙工程

8.4.1 一般规定

各分项工程的检验批应按下列规定划分：

同一品种的轻质隔墙工程每 50 间（大面积房间和走廊按轻质隔墙的墙面 30m² 为一间）应划分为一个检验批，不足 50 间也应划分为一个检验批。

8.4.2 板材隔墙工程

1. 板材隔墙工程的检查数量应符合下列规定：

每个检验批应至少抽查 10%，并不得少于 3 间；不足 3 间时应全数检查。

2. 板材隔墙安装的允许偏差和检验方法应符合表 8.4.2 的规定。

板材隔墙安装的允许偏差和检验方法　表 8.4.2

| 项次 | 项　目 | 允许偏差（mm） | | | | 检验方法 |
| | | 复合轻质墙板 | | 石膏空心板 | 钢丝网水泥板 | |
		金属夹芯板	其他复合板			
1	立面垂直度	2	3	3	3	用 2m 垂直检测尺检查
2	表面平整度	2	3	3	3	用 2m 靠尺和塞尺检查
3	阴阳角方正	3	3	3	4	用直角检测尺检查
4	接缝高低差	1	2	2	3	用钢直尺和塞尺检查

8.4.3 骨架隔墙工程

1. 骨架隔墙工程的检查数量应符合下列规定：

每个检验批应至少抽查 10%，并不得少于 3 间；不足 3 间时应全数检查。

2. 骨架隔墙安装的允许偏差和检验方法应符合表 8.4.3 的规定。

骨架隔墙安装的允许偏差和检验方法　　表 8.4.3

项次	项　　目	允许偏差（mm）		检验方法
		纸面石膏板	人造木板、水泥纤维板	
1	立面垂直度	3	4	用 2m 垂直检测尺检查
2	表面平整度	3	3	用 2m 靠尺和塞尺检查
3	阴阳角方正	3	3	用直角检测尺检查
4	接缝直线度	—	3	拉 5m 线，不足 5m 拉通线，用钢直尺检查
5	压条直线度	—	3	拉 5m 线，不足 5m 拉通线，用钢直尺检查
6	接缝高低差	1	1	用钢直尺和塞尺检查

8.4.4 活动隔墙工程

1. 活动隔墙工程的检查数量应符合下列规定：

每个检验批应至少抽查 20%，并不得少于 6 间；不足 6 间时应全数检查。

2. 活动隔墙安装的允许偏差和检验方法应符合表 8.4.4 的规定。

活动隔墙安装的允许偏差和检验方法　表 8.4.4

项次	项　目	允许偏差(mm)	检验方法
1	立面垂直度	3	用 2m 垂直检测尺检查
2	表面平整度	2	用 2m 靠尺和塞尺检查
3	接缝直线度	3	拉 5m 线，不足 5m 拉通线，用钢直尺检查
4	接缝高低差	2	用钢直尺和塞尺检查
5	接缝宽度	2	用钢直尺检查

8.4.5　玻璃隔墙工程

1. 玻璃隔墙工程的检查数量应符合下列规定：

每个检验批应至少抽查 20%，并不得少于 6间；不足 6 间时应全数检查。

2. 玻璃隔墙安装的允许偏差和检验方法应符合表 8.4.5 的规定。

玻璃隔墙安装的允许偏差和检验方法　表 8.4.5

项次	项　目	允许偏差(mm)		检验方法
		玻璃砖	玻璃板	
1	立面垂直度	3	2	用 2m 垂直检测尺检查
2	表面平整度	3	—	用 2m 靠尺和塞尺检查
3	阴阳角方正	—	2	用直角检测尺检查
4	接缝直线度	—	2	拉 5m 线，不足 5m 拉通线，用钢直尺检查
5	接缝高低差	3	2	用钢直尺和塞尺检查
6	接缝宽度	—	1	用钢直尺检查

8.5　饰面板(砖)工程

8.5.1　一般规定

1. 各分项工程的检验批应按下列规定划分：

(1)相同材料、工艺和施工条件的室内饰面板(砖)工程每50间(大面积房间和走廊按施工面积30m² 为一间)应划分为一个检验批，不足50间也应划分为一个检验批。

(2)相同材料、工艺和施工条件的室外饰面板(砖)工程每500～1000m² 应划分为一个检验批，不足500m² 也应划分为一个检验批。

2. 检查数量应符合下列规定：

(1)室内每个检验批应至少抽查10%，并不得少于3间；不足3间时应全数检查。

(2)室外每个检验批每100m² 应至少抽查一处，每处不得小于10m²。

8.5.2 饰面板安装的允许偏差和检验方法应符合表8.5.2的规定。

饰面板安装的允许偏差和检验方法　　表8.5.2

项次	项　目	允许偏差(mm)						检验方法
		石　材			瓷板	木材	塑料	金属	
		光面	剁斧石	蘑菇石					
1	立面垂直度	2	3	3	2	1.5	2	2	用2m垂直检测尺检查
2	表面平整度	2	3	—	1.5	1	3	3	用2m靠尺和塞尺检查

项次	项目	允许偏差（mm）							检验方法
		石材			瓷板	木材	塑料	金属	
		光面	剁斧石	蘑菇石					
3	阴阳角方正	2	4	4	2	1.5	3	3	用直角检测尺检查
4	接缝直线度	2	4	4	2	1	1	1	拉5m线，不足5m拉通线，用钢直尺检查
5	墙裙、勒脚上口直线度	2	3	3	2	2	2	2	拉5m线，不足5m拉通线，用钢直尺检查
6	接缝高低差	0.5	3	—	0.5	0.5	1	1	用钢直尺和塞尺检查
7	接缝宽度	1	2	2	1	1	1	1	用钢直尺检查

8.5.3 饰面砖粘贴的允许偏差和检验方法应符合表 8.5.3 的规定。

饰面砖粘贴的允许偏差和检验方法　　表 8.5.3

项次	项目	允许偏差（mm）		检验方法
		外墙面砖	内墙面砖	
1	立面垂直度	3	2	用2m垂直检测尺检查
2	表面平整度	4	3	用2m靠尺和塞尺检查

项次	项目	允许偏差（mm）		检验方法
		外墙面砖	内墙面砖	
3	阴阳角方正	3	3	用直角检测尺检查
4	接缝直线度	3	2	拉 5m 线，不足 5m 拉通线，用钢直尺检查
5	接缝高低差	1	0.5	用钢直尺和塞尺检查
6	接缝宽度	1	1	用钢直尺检查

8.6 幕墙工程

8.6.1 一般规定

1. 各分项工程的检验批应按下列规定划分：

（1）相同设计、材料、工艺和施工条件的幕墙工程每 500～1000m² 应划分为一个检验批，不足 500m² 也应划分为一个检验批。

（2）同一单位工程的不连续的幕墙工程应单独划分检验批。

（3）对于异形或有特殊要求的幕墙，检验批的划分应根据幕墙的结构、工艺特点及幕墙工程规模，由监理单位（或建设单位）和施工单位协商确定。

2. 检查数量应符合下列规定：

（1）每个检验批每 100m² 应至少抽查一处，每处不得小于 10m²。

（2）对于异形或有特殊要求的幕墙工程，应根据幕墙的结构和工艺特点，由监理单位（或建设单位）和施工单位协商确定。

8.6.2 玻璃幕墙工程

1. 每平方米玻璃的表面质量和检验方法应符合表8.6.2-1的规定。

每平方米玻璃的表面质量
和检验方法

表8.6.2-1

项次	项目	质量要求	检验方法
1	明显划伤和长度<100mm的轻微划伤	不允许	观察
2	长度≤100mm的轻微划伤	≤8条	用钢尺检查
3	擦伤总面积	≤500mm²	用钢尺检查

2. 一个分格铝合金型材的表面质量和检验方法应符合表8.6.2-2的规定。

一个分格铝合金型材的表面质量和检验方法

表8.6.2-2

项次	项目	质量要求	检验方法
1	明显划伤和长度>100mm的轻微划伤	不允许	观察
2	长度≤100mm的轻微划伤	≤2条	用钢尺检查
3	擦伤总面积	≤500mm²	用钢尺检查

3. 明框玻璃幕墙安装的允许偏差和检验方法应符合表8.6.2-3的规定。

明框玻璃幕墙安装的允许偏差
和检验方法　表 8.6.2-3

项次	项　目		允许偏差（mm）	检验方法
1	幕墙垂直度	幕墙高度≤30m	10	用经纬仪检查
		30m＜幕墙高度≤60m	15	
		60m＜幕墙高度≤90m	20	
		幕墙高度＞90m	25	
2	幕墙水平度	幕墙幅宽≤35m	5	用水平仪检查
		幕墙幅宽＞35m	7	
3	构件直线度		2	用 2m 靠尺和塞尺检查
4	构件水平度	构件长度≤2m	2	用水平仪检查
		构件长度＞2m	3	
5	相邻构件错位		1	用钢直尺检查
6	分格框对角线长度差	对角线长度≤2m	3	用钢尺检查
		对角线长度＞2m	4	

4. 隐框、半隐框玻璃幕墙安装的允许偏差和检验方法应符合表 8.6.2-4 的规定。

197

隐框、半隐框玻璃幕墙安装的
允许偏差和检验方法　表 8.6.2-4

项次	项　　目		允许偏差（mm）	检验方法
1	幕墙垂直度	幕墙高度≤30m	10	用经纬仪检查
		30m＜幕墙高度≤60m	15	
		60m＜幕墙高度≤90m	20	
		幕墙高度＞90m	25	
2	幕墙水平度	层高≤3m	3	用水平仪检查
		层高＞3m	5	
3	幕墙表面平整度		2	用2m靠尺和塞尺检查
4	板材立面垂直度		2	用垂直检测尺检查
5	板材上沿水平度		2	用1m水平尺和钢直尺检查
6	相邻板材板角错位		1	用钢直尺检查
7	阳角方正		2	用直角检测尺检查
8	接缝直线度		3	拉5m线，不足5m拉通线，用钢直尺检查
9	接缝高低差		1	用钢直尺和塞尺检查
10	接缝宽度		1	用钢直尺检查

198

8.6.3 金属幕墙工程

1. 每平方米金属板的表面质量和检验方法应符合表 8.6.3-1 的规定。

每平方米金属板的表面质量和检验方法 表 8.6.3-1

项次	项目	质量要求	检验方法
1	明显划伤和长度>100mm 的轻微划伤	不允许	观察
2	长度≤100mm 的轻微划伤	≤8 条	用钢尺检查
3	擦伤总面积	≤500mm²	用钢尺检查

2. 金属幕墙安装的允许偏差和检验方法应符合表 8.6.3-2 的规定。

金属幕墙安装的允许偏差和检验方法 表 8.6.3-2

项次	项目		允许偏差（mm）	检验方法
1	幕墙垂直度	幕墙高度≤30m	10	用经纬仪检查
		30m<幕墙高度≤60m	15	
		60m<幕墙高度≤90m	20	
		幕墙高度>90m	25	
2	幕墙水平度	层高≤3m	3	用水平仪检查
		层高>3m	5	

项次	项　　目	允许偏差（mm）	检验方法
3	幕墙表面平整度	2	用 2m 靠尺和塞尺检查
4	板材立面垂直度	3	用垂直检测尺检查
5	板材上沿水平度	2	用 1m 水平尺和钢直尺检查
6	相邻板材板角错位	1	用钢直尺检查
7	阳角方正	2	用直角检测尺检查
8	接缝直线度	3	拉 5m 线，不足 5m 拉通线，用钢直尺检查
9	接缝高低差	1	用钢直尺和塞尺检查
10	接缝宽度	1	用钢直尺检查

8.6.4 石材幕墙工程

1. 每平方米石材的表面质量和检验方法应符合表 8.6.4-1 的规定。

每平方米石材的表面质量和检验方法　表 8.6.4-1

项次	项　　目	质量要求	检验方法
1	裂痕、明显划伤和长度＞100mm的轻微划伤	不允许	观察
2	长度≤100mm 的轻微划伤	≤8 条	用钢尺检查
3	擦伤总面积	≤500mm²	用钢尺检查

　　2. 石材幕墙安装的允许偏差和检验方法应符合表 8.6.4-2 的规定。

石材幕墙安装的允许偏差和检验方法　表 8.6.4-2

项次	项　　目		允许偏差（mm）		检验方法
			光面	麻面	
1	幕墙垂直度	幕墙高度≤30m	10		用经纬仪检查
		30m＜幕墙高度≤60m	15		
		60m＜幕墙高度≤90m	20		
		幕墙高度＞90m	25		
2	幕墙水平度		3		用水平仪检查
3	板材立面垂直度		3		用垂直检测尺检查
4	板材上沿水平度		2		用 1m 水平尺和钢直尺检查

项次	项　目	允许偏差 (mm)		检验方法
		光面	麻面	
5	相邻板材板角错位	1		用钢直尺检查
6	幕墙表面平整度	2	3	用垂直检测尺检查
7	阳角方正	2	4	用直角检测尺检查
8	接缝直线度	3	4	拉 5m 线，不足 5m 拉通线，用钢直尺检查
9	接缝高低差	1	—	用钢直尺和塞尺检查
10	接缝宽度	1	2	用钢直尺检查

8.7　涂饰工程

8.7.1　一般规定

1. 各分项工程的检验批应按下列规定划分：

（1）室外涂饰工程每一栋楼的同类涂料涂饰的墙面每 500～1000m² 应划分为一个检验批，不足 500m² 也应划分为一个检验批。

（2）室内涂饰工程同类涂料涂饰墙面每50间（大面积房间和走廊按涂饰面积 30m² 为一间）应划分为一个检验批，不足 50 间也应划分为一个检验批。

2. 检查数量应符合下列规定：

（1）室外涂饰工程每 100m² 应至少检查一处，每处不得小于 10m²。

（2）室内涂饰工程每个检验批应至少抽查10%，并不得少于 3 间；不足 3 间时应全数检查。

8.7.2 水性涂料涂饰工程

1. 薄涂料的涂饰质量和检验方法应符合表 8.7.2-1 的规定

薄涂料的涂饰质量和检验方法 表 8.7.2-1

项次	项　目	普通涂饰	高级涂饰	检验方法
1	颜色	均匀一致	均匀一致	观察
2	泛碱、咬色	允许少量轻微	不允许	
3	流坠、疙瘩	允许少量轻微	不允许	
4	砂眼、刷纹	允许少量轻微砂眼，刷纹通顺	无砂眼，无刷纹	
5	装饰线、分色线直线度允许偏差（mm）	2	1	拉 5m 线，不足 5m 拉通线，用钢直尺检查

2. 厚涂料的涂饰质量和检验方法应符合表 8.7.2-2 的规定。

厚涂料的涂饰质量和检验方法　　表 8.7.2-2

项次	项　目	普通涂饰	高级涂饰	检验方法
1	颜色	均匀一致	均匀一致	观察
2	泛碱、咬色	允许少量轻微	不允许	
3	点状分布	—	疏密均匀	

3. 复层涂料的涂饰质量和检验方法应符合表 8.7.2-3 的规定。

复层涂料的涂饰质量和检验方法　　表 8.7.2-3

项次	项　目	质量要求	检验方法
1	颜色	均匀一致	观察
2	泛碱、咬色	不允许	
3	喷点疏密程度	均匀，不允许连片	

8.7.3 溶剂型涂料涂饰工程

1. 色漆的涂饰质量和检验方法应符合表 8.7.3-1 的规定。

色漆的涂饰质量和检验方法　　表 8.7.3-1

项次	项　目	普通涂饰	高级涂饰	检验方法
1	颜色	均匀一致	均匀一致	观察
2	光泽、光滑	光泽基本均匀 光滑、无挡手感	光泽均匀一致 光滑	观察、手摸检查
3	刷纹	刷纹通顺	无刷纹	观察

项次	项　目	普通涂饰	高级涂饰	检验方法
4	裹棱、流坠、皱皮	明显处不允许	不允许	观察
5	装饰线、分色线直线度允许偏差（mm）	2	1	拉 5m 线，不足 5m 拉通线，用钢直尺检查

注：无光色漆不检查光泽。

2. 清漆的涂饰质量和检验方法应符合表 8.7.3-2 的规定。

清漆的涂饰质量和检验方法　　表 8.7.3-2

项次	项　目	普通涂饰	高级涂饰	检验方法
1	颜色	基本一致	均匀一致	观察
2	木纹	棕眼刮平、木纹清楚	棕眼刮平、木纹清楚	观察
3	光泽、光滑	光泽基本均匀 光滑、无挡手感	光泽均匀一致 光滑	观察、手摸检查
4	刷纹	无刷纹	无刷纹	观察
5	裹棱、流坠、皱皮	明显处不允许	不允许	观察

8.8　裱糊与软包工程

8.8.1　各分项工程的检验批应按下列规定划分：

同一品种的裱糊或软包工程每 50 间（大面积房间和走廊按施工面积 30m² 为一间）应划分为一个检验批，不足 50 间也应划分为一个检验批。

8.8.2　检查数量应符合下列规定：

1. 裱糊工程每个检验批应至少抽查 10%，并不得少于 3 间，不足 3 间时应全数检查。

2. 软包工程每个检验批应至少抽查 20%，并不得少于 6 间，不足 6 间时应全数检查。

8.8.3　软包工程安装的允许偏差和检验方法应符合表 8.8.3 的规定。

软包工程安装的允许偏差和检验方法　　表 8.8.3

项次	项　　　目	允许偏差(mm)	检验方法
1	垂直度	3	用 1m 垂直检测尺检查
2	边框宽度、高度	0；－2	用钢尺检查
3	对角线长度差	3	用钢尺检查
4	裁口、线条接缝高低差	1	用钢直尺和塞尺检查

8.9 细部工程

8.9.1 一般规定

各分项工程的检验批应按下列规定划分：

1. 同类制品每 50 间（处）应划分为一个检验批，不足 50 间（处）也应划分为一个检验批。

2. 每部楼梯应划分为一个检验批。

8.9.2 橱柜制作与安装工程

1. 检查数量应符合下列规定：

每个检验批至少抽查 3 间（处），不足 3 间（处）时应全数检查。

2. 橱柜安装的允许偏差和检验方法应符合表 8.9.2 的规定。

橱柜安装的允许偏差和检验方法　　　表 8.9.2

项次	项　　　目	允许偏差(mm)	检验方法
1	外形尺寸	3	用钢尺检查
2	立面垂直度	2	用 1m 垂直检测尺检查
3	门与框架的平行度	2	用钢尺检查

8.9.3 窗帘盒、窗台板和散热器罩制作与安装工程

1. 检查数量应符合下列规定：

每个检验批应至少抽查 3 间(处)，不足 3 间

(处)时应全数检查。

2. 窗帘盒、窗台板和散热器罩安装的允许偏差和检验方法应符合表 8.9.3 的规定。

窗帘盒、窗台板和散热器罩安装的
允许偏差和检验方法　　　表 8.9.3

项次	项　目	允许偏差(mm)	检验方法
1	水平度	2	用 1m 水平尺和塞尺检查
2	上口、下口直线度	3	拉 5m 线，不足 5m 拉通线，用钢直尺检查
3	两端距窗洞口长度差	2	用钢直尺检查
4	两端出墙厚度差	3	用钢直尺检查

8.9.4 门窗套制作与安装工程

1. 检查数量应符合下列规定：

每个检验批应至少抽查 3 间（处），不足 3 间（处）时应全数检查。

2. 门窗套安装的允许偏差和检验方法应符合表 8.9.4 的规定。

门窗套安装的允许偏差和检验方法　　　表 8.9.4

项次	项　目	允许偏差（mm）	检验方法
1	正、侧面垂直度	3	用 1m 垂直检测尺检查

项次	项　目	允许偏差（mm）	检验方法
2	门窗套上口水平度	1	用 1m 水平检测尺和塞尺检查
3	门窗套上口直线度	3	拉 5m 线，不足 5m 拉通线，用钢直尺检查

8.9.5 护栏和扶手制作与安装工程

1. 检查数量应符合下列规定：

每个检验批的护栏和扶手应全部检查。

2. 护栏和扶手安装的允许偏差和检验方法应符合表 8.9.5 的规定。

护栏和扶手安装的允许偏差和检验方法　表 8.9.5

项次	项　目	允许偏差（mm）	检验方法
1	护栏垂直度	3	用 1m 垂直检测尺检查
2	栏杆间距	3	用钢尺检查
3	扶手直线度	4	拉通线，用钢直尺检查
4	扶手高度	3	用钢尺检查

8.9.6 花饰制作与安装工程

1. 检查数量应符合下列规定：

(1) 室外每个检验批全部检查。

(2) 室内每个检验批应至少抽查 3 间（处）；不足 3 间（处）时应全数检查。

2. 花饰安装的允许偏差和检验方法应符合表 8.9.6 的规定。

花饰安装的允许偏差和检验方法　　表 8.9.6

项次	项　目		允许偏差 （mm）		检验方法
			室内	室外	
1	条形花饰的水平度 或垂直度	每米	1	3	拉线和用 1m 垂直检测 尺检查
		全长	3	6	
2	单独花饰中心位置偏移		10	15	拉线和用 钢直尺检查

8.10　木门窗用木材的质量要求

8.10.1 制作普通木门窗所用木材的质量应符合表 8.10.1 的规定。

普通木门窗所用木材的质量要求　　表 8.10.1

木材缺陷		门窗扇的立梃、冒头，中冒头	窗棂、压条、门窗及气窗的线脚、通风窗立梃	门心板	门窗框
活节	不计个数，直径（mm）	＜15	＜15	＜15	＜15
	计算个数，直径	≤材宽的 1/3	≤材宽的 1/3	≤30mm	≤材宽的 1/3
	任 1 延米个数	≤3	≤2	≤3	≤5
死　节		允许，计入活节总数	不允许	允许，计入活节总数	
髓　心		不露出表面的，允许	不允许	不露出表面的，允许	
裂　缝		深度及长度≤厚度及材长的 1/5	不允许	允许可见裂缝	深度及长度≤厚度及材长的 1/4
斜纹的斜率（%）		≤7	≤5	不限	≤12
油　眼		非正面，允许			
其　他		浪形纹理、圆形纹理、偏心及化学变色，允许			

8.10.2 制作高级木门所用木材的质量应符合表 8.10.2 的规定。

木材缺陷		门窗扇的立梃、冒头、中冒头	窗棂、压条、门窗及气窗的线脚、通风窗立梃	门心板	门窗框
节	不计个数，直径(mm)	<10	<5	<10	<10
	计算个数，直径	≤材宽的 1/4	≤材宽的 1/4	≤20mm	≤材宽的 1/3
	任 1 延米个数	≤2	0	≤2	≤3
死　节		允许，包括在活节总数中	不允许	允许，包括在活节总数中	不允许
髓　心		不露出表面的，允许	不允许	不露出表面的，允许	
裂　缝		深度及长度≤厚度及材长的 1/6	不允许	允许可见裂缝	深度及长度≤厚度及材长的 1/5
斜纹的斜率(%)		≤6	≤4	≤15	≤10
油　眼		非正面，允许			
其　他		浪形纹理、圆形纹理、偏心及化学变色，允许			

8.11 子分部工程及其分项工程划分表

子分部工程及其分项工程划分表　　　表 8.11

项次	子分部工程	分 项 工 程
1	抹灰工程	一般抹灰，装饰抹灰，清水砌体勾缝
2	门窗工程	木门窗制作与安装，金属门窗安装，塑料门窗安装，特种门安装，门窗玻璃安装
3	吊顶工程	暗龙骨吊顶，明龙骨吊顶
4	轻质隔墙工程	板材隔墙，骨架隔墙，活动隔墙，玻璃隔墙
5	饰面板（砖）工程	饰面板安装，饰面砖粘贴
6	幕墙工程	玻璃幕墙，金属幕墙，石材幕墙
7	涂饰工程	水性涂料涂饰，溶剂型涂料涂饰，美术涂饰
8	裱糊与软包工程	裱糊，软包
9	细部工程	橱柜制作与安装，窗帘盒、窗台板和散热器罩制作与安装，门窗套制作与安装，护栏和扶手制作与安装，花饰制作与安装
10	建筑地面工程	基层，整体面层，板块面层，竹木面层

8.12 陶瓷薄板

8.12.1 陶瓷薄板粘贴工程

1. 基层的施工质量检验数量，每 200m² 施工面积应抽查一处，且不得少于三处。

2. 室内地面饰面工程应按每一层次或每一施工段作为检验批。每一检验批应按自然间或标准间检验，抽查数量不应少于三间，不足三间时应全部检查。走廊过道应以 10m 长度为一间，礼堂、门厅应以两个轴线之间的面积为一间。

3. 相同材料、工艺和施工条件的室内墙面饰面工程应按每 50 间划分为一个检验批，不足 50 间也应划分为一个检验批。大面积房间和走廊，宜按施工面积 30m² 为一间。室内每个检验批应抽查 10% 以上，并不得少于三间，不足三间时应全部检查。

4. 室外墙面饰面工程宜按建筑物层高或 4m 高度为一个检查层，每 20m 长度应抽查一处，每处宜为 3m 长。每一检查层应检查三处以上。

5. 基层的平整度每 2 延米不应大于 3mm。

检验方法：用 2m 靠尺和楔形塞尺检查。

8.12.2 陶瓷薄板幕墙工程

1. 陶瓷薄板幕墙工程应进行观感检验和抽样检验，每幅陶瓷薄板幕墙均应检验。检验批的划分应符合下列规定：

（1）设计、材料、工艺和施工条件相同的幕墙工程，每 50～100m² 为一个检验批，不足

$50m^2$ 应划分为一个独立检验批。每个检验批每 $100m^2$ 应至少抽查一处，每处不得少于 $10m^2$。

（2）同一单位工程中不连续的幕墙工程应单独划分检验批。

（3）对于异形或有特殊要求的幕墙，检验批的划分应根据幕墙的结构、工艺特点及幕墙工程的规模，宜由监理单位、建设单位和施工单位协商确定。

2. 陶瓷薄板幕墙面板表面质量应符合表 8.12.2-1 的规定。

陶瓷薄板幕墙面板的表面质量　　表 8.12.2-1

序号	项　　　目	质量要求	检查方法
		建筑陶瓷薄板	
1	缺棱：长 × 宽不大于 10mm×1mm（长度小于 5mm 不计）周边允许（个）	1	钢直尺
2	缺角：面积不大于 5mm× 2mm（面积小于 2mm×2mm 不计）（处）	1	钢直尺
3	裂纹（包括隐裂、釉面龟裂）	不允许	目测观察
4	窝坑（毛面除外）	不明显	目测观察
5	明显擦伤、划伤	不允许	目测观察
6	单条长度不大于 100mm 的轻微划伤	不多于 2 条	钢直尺
7	轻微擦伤总面积	≤300mm²（面积小于 100mm² 不计）	钢直尺

注：表中规定的质量指标是指对单块面板的质量要求；目测检查，是指距板面 3m 处肉眼观察。

3. 陶瓷薄板幕墙的安装质量测量检查应在风力小于4级时进行，并应符合表8.12.2-2、表8.12.2-3的规定。

构件式陶瓷薄板幕墙安装质量　　表8.12.2-2

序号	项　目	尺寸范围	允许偏差（mm）	检查方法
1	相邻立柱间距尺寸（固定端）	—	±2.0	钢直尺
2	相邻两横梁间距尺寸	不大于2m	±1.5	钢直尺
		大于2m	±2.0	钢直尺
3	单个分格对角线长度差	长边边长不大于2m	≤3.0	钢直尺或伸缩尺
		长边边长大于2m	≤3.5	钢直尺或伸缩尺
4	立柱、竖缝及墙面的垂直度	幕墙总高度不大于30m	≤10.0	激光仪或经纬仪
		幕墙总高度不大于60m	≤15.0	
		幕墙总高度不大于90m	≤20.0	
		幕墙总高度不大于150m	≤25.0	
		幕墙总高度大于150m	≤30.0	
5	立柱、竖缝直线度	—	≤2.0	2.0m靠尺、塞尺
6	立柱、墙面的平面度	相邻两墙面	≤2.0	激光仪或经纬仪
		一幅幕墙总宽度不大于20m	≤5.0	
		一幅幕墙总宽度不大于40m	≤7.0	
		一幅幕墙总宽度不大于60m	≤9.0	
		一幅幕墙总宽度大于80m	≤10.0	

216

序号	项 目	尺寸范围	允许偏差（mm）	检查方法
7	横梁水平度	横梁长度不大于2m	≤1.0	水平仪或水平尺
		横梁长度大于2m	≤2.0	
8	同一标高横梁、横缝的高度差	相邻两横梁、面板	≤1.0	钢直尺、塞尺或水平仪
		一幅幕墙幅宽不大于35m	≤5.0	
		一幅幕墙幅宽大于35m	≤7.0	
9	缝宽度（与设计值比较）	—	±2.0	游标卡尺

注：一幅幕墙是指立面位置或平面位置不在一条直线或连续
　　弧线上的幕墙。

单元式陶瓷薄板幕墙安装质量　　表 8.12.2-3

序号	项 目	尺寸范围	允许偏差（mm）	检查方法
1	竖缝及墙面的垂直度	幕墙高度 H 不大于 30m	≤10	激光经纬仪或经纬仪
		幕墙高度 H 不大于 60m	≤15	
		幕墙高度 H 不大于 90m	≤20	
		幕墙高度 H 不大于 150m	≤25	
		幕墙高度 H 大于 150m	≤30	
2	幕墙平面度		≤2.5	2m靠尺、钢直尺
3	竖缝直线度		≤2.5	2m靠尺、钢直尺

序号	项　目	尺寸范围	允许偏差（mm）	检查方法
4	横缝直线度		≤2.5	2m靠尺、钢直尺
5	缝宽度（与设计值比较）		±2.0	游标卡尺
6	单元间接缝宽度（与设计值比较）		±2.0	钢直尺
7	相邻两组件面板表面高低差		≤1.0	深度尺
8	同层单元组件标高	宽度不大于35m	≤3.0	激光经纬仪或经纬仪
		宽度大于35m	≤5.0	
9	两组件对插件接缝搭接长度（与设计值比较）		±2.0	游标卡尺
10	两组件对插件距离槽底距离（与设计值比较）		±2.0	游标卡尺

8.13 陶瓷墙地砖

陶瓷墙地砖面砖粘贴的允许偏差应符合表8.13的规定。

陶瓷墙地砖面砖粘贴的允许偏差和检验方法　表8.13

序号	项　目	允许偏差	检验方法
1	立面垂直度	2mm	用2m靠尺和塞尺
2	表面平整度	3mm	用2m靠尺和塞尺

序号	项目	允许偏差	检验方法
3	阴阳角方正	3mm	用直角测量尺
4	接缝直线度	2mm	拉 5m 线，用钢尺查
5	接缝宽度	1mm	用钢直尺
6	接缝高低差	0.5mm	用钢直尺、塞尺

8.14 腻子

8.14.1 腻子基层要求

腻子基层的允许偏差和检验方法见表 8.14.1。

腻子基层的允许偏差和检验方法　　表 8.14.1

序号	项目	允许偏差（mm）		检验方法
		普通涂饰	高级涂饰	
1	立面垂直度	4	3	用 2m 垂直检测尺检测
2	表面平整度	4	3	用 2m 靠尺和塞尺检测
3	阴、阳角方正	—	3	用直角检测尺检测
4	分格条（缝）直线度	4	3	拉 5m 线，不足 5m 拉通线，用钢直尺检测
5	墙裙、勒脚直线度	4	3	拉 5m 线，不足 5m 拉通线，用钢直尺检测

8.14.2 工程质量检验

1. 腻子施工工程的检验批按下列要求进行：

（1）室外工程每一栋楼同类腻子施工每1000m²的墙面划分为一个检验批，不足1000m²也划分为一个检验批；

（2）室内工程同类腻子施工的每50自然间（大面积房间和走廊按10延长米为一间）的墙面划分为一个检验批，不足50自然间也划分为一个检验批。

2. 每个检验批的检查数量按下列要求进行：

（1）室外工程每300m²应检查一处，每处检查10m²；

（2）室内按有代表性的自然间（大面积房间和走廊按10延长米为一间）抽查10%，但不应少于5间。

3. 腻子面层允许偏差应符合表8.14.2的规定。

腻子面层允许偏差　　　　表8.14.2

序号	项　目	允许偏差（mm）		检验方法
		普通涂饰	高级涂饰	
1	立面垂直度	3	2	用2m垂直检测尺检验
2	表面平整度	3	2	用2m靠尺和塞尺检验
3	阴、阳角方正	3	2	用直角检测尺检验

8.15　轻钢龙骨石膏板隔墙工程

8.15.1　各分项工程的检验批及检查数量应按下列规定划分：

1. 同一品种的轻质隔墙工程每 50 间（大面积房间和走廊按轻质隔墙的墙面 $30m^2$ 为一间）应划分为一个检验批，不足 50 间也应划分为一个检验批。

2. 每个检验批应至少抽查 1000，并不得少于 3 间；不足 3 间时应全数检查。

8.15.2 隔墙安装的允许偏差和检验方法应符合表 8.15.2 的规定。

隔墙安装尺寸允许偏差及验收方法   表 8.15.2

项　　目	允许偏差 (mm)	验　收　方　法	
		量　具	测量方法
立面垂直度	≤3	2m 垂直检测尺	随机测一处垂直的两个方向，取最大值
表面平整度	≤3	2m 靠尺和塞尺	随机测一处垂直的两个方向，取最大值
阴阳角方正	≤3	直角检测尺	随机测量不少于二处，取最大值
板接缝	≤1	钢直尺、楔形塞尺	随机测量不少于二处，取最大值

8.16 轻钢龙骨石膏板吊顶工程

8.16.1 各分项工程的检验批及检查数量应按下列规定划分：

1. 同一品种的吊顶工程每 50 间（大面积房

间和走廊按吊顶面积 30m² 为一间）应划分为一个检验批，不足 50 间也应划分为一个检验批。

2. 每个检验批应至少抽查 10%，并不得少于 3 间；不足 3 间时应全数检查。

8.16.2 吊顶的安装尺寸偏差及验收方法应符合表 8.16.2 的规定。

吊顶安装尺寸允许偏差及验收方法　　表 8.16.2

项　目	允许偏差（mm）	验　收　方　法	
		量　具	测量方法
表面平整	≤3	1m 钢直尺、楔形塞尺	随机测一处垂直的两个方向，取最大值
接缝直线度	≤3	5m 托线、钢直尺	拉线检查，不足 5m 拉一次，超过 5m 拉两次，随机测至少二次，取最大值
接缝高度	≤1	钢直尺、楔形塞尺	随机测量不少于二处，取最大值
吊顶水平	±5		

8.17　木质门安装

8.17.1　安装条件的要求

木质门的安装应在墙体湿作业后以及隐蔽工程、吊顶工程、墙面工程、水电工程完成后进行，当需要在湿作业前进行时，应采取保护措施。当产品到达安装现场后，应按表 8.17.1 的安装条件要求进行核对。

安装条件要求　　　表 8.17.1

检测项目	允许偏差
洞口墙体平面垂直度	≤2mm
洞口墙体侧面垂直度	≤10mm
洞口墙体水平度	≤5mm
洞口地面水平度	≤2mm
安装环境的温度	不宜低于 5℃

8.17.2 木质门安装允许偏差见表 8.17.2。

木质门安装允许偏差（mm）　表 8.17.2

项　目	允许偏差	检验工具
门套内径的高度	≤3.0	钢尺
门套内径的宽度	≤2.0	钢尺
门套与扇截口处高低差	≤1.0	钢尺
门套正、侧面安装垂直度	≤1.0	1m 垂直检测尺，线坠＋钢尺
门套与扇、扇与扇接缝高低差	≤1.0	钢直尺＋塞尺
直角门套线立套线与横套线平面误差	立套线平面高出横套线平面 2～3	钢直尺
直角门套线中套线与套线之间的缝隙	≤0.5	塞尺
直角门套线中门套线与门套之间的插槽缝	≤0.2	塞尺
45°角门套线	套线接缝处要严密、平整无错位	观察

本章参考文献

1. 《建筑装饰装修工程质量验收规范》GB 50210—2001

2. 《建筑陶瓷薄板应用技术规程》JGJ/T 172—2012

3. 《建筑墙体用腻子应用技术规程》DB11/T 850—2011

4. 《陶瓷墙地砖胶粘剂应用技术规程》DB11/T 344—2006

5. 《轻钢龙骨石膏板隔墙、吊顶应用技术规程》DG/TJ 08—2098—2012

6. 《木质门安装规范》WB/T 1047—2012

9 建筑电气工程

9.1 主要设备、材料、半成品进场验收

钢制灯柱外观检查应符合：涂层完整，根部接线盒盒盖紧固件和内置熔断器、开关等器件齐全，盒盖密封垫片完整。钢柱内设有专用接地螺栓，地脚螺孔位置按提供的附图尺寸，允许偏差为+2mm。

9.2 架空线路及杆上电气设备安装

9.2.1 电杆、电杆坑、拉线坑的深度允许偏差，应不深于设计坑深 100mm、不浅于设计坑深 50mm。

9.2.2 架空导线的弧垂值，允许偏差为设计弧垂值的 5%，水平排列的同档导线间弧垂值偏差为±50mm。

9.3 成套配电柜、控制柜(屏、台)和动力、照明配电箱(盘)安装

9.3.1 基础型钢安装应符合表9.3.1的规定。

基础型钢安装允许偏差　　　　表9.3.1

项　　目	允许偏差	
	(mm/m)	(mm/全长)
不直度	1	5
水平度	1	5
不平行度	/	5

9.3.2 柜、屏、台、箱、盘安装垂直度允许偏差为1.5‰，相互间接缝不应大于2mm，成列盘面偏差不应大于5mm。

9.3.3 照明配电箱（盘）安装应符合：箱（盘）安装牢固，垂直度允许偏差为1.5‰；底边距地面为1.5m，照明配电板底边距地面不小于1.8m。

9.4 不间断电源安装

安放不间断电源的机架组装应横平竖直，水平度、垂直度允许偏差不应大于1.5‰，紧固件

齐全。

9.5 裸母线、封闭母线、插接式母线安装

　　封闭、插接式母线安装应符合的规定为：母线与外壳同心，允许偏差为±5mm。

本章参考文献

《建筑电气工程施工质量验收规范》GB 50303—2002

10　建筑防腐蚀工程

10.1　分项工程的划分

分项工程应根据防腐蚀材料、施工工艺等，按基层处理工程、块材防腐蚀工程、水玻璃类防腐蚀工程、树脂类防腐蚀工程、沥青类防腐蚀工程、聚合物水泥砂浆防腐蚀工程、涂料类防腐蚀工程、聚氯乙烯塑料板防腐蚀工程划分。基层处理也可不单独构成分项工程。

10.2　施工质量验收的一般规定

检验批质量验收合格应符合下列规定：一般项目中每项抽检的处（点）均应符合规范的规定；有允许偏差要求的项目，每项抽检的点数中，不低于80%的实测值在规范规定的允许偏差范围内。

10.3 基层处理工程

10.3.1 一般规定

1. 适用于混凝土基层、钢结构基层和木质结构基层处理的质量验收。

检验方法：检查混凝土强度试验报告、现场采用仪器测试。

2. 基层处理工程的检查数量应符合下列规定：

(1) 当混凝土基层为水平面时，基层处理面积小于或等于 100m² 时，应抽查 3 处；当基层处理面积大于 100m² 时，每增加 50m²，应多抽查 1 处，不足 50m² 时，按 50m² 计，每处测点不得少于 3 个。当混凝土基层为垂直面时，基层处理面积小于或等于 50m² 时，应抽查 3 处；当基层处理面积大于 50m² 时，每增加 50m²，应多抽查 1 处，不足 30m² 时，按 30m² 计，每处测点不得少于 3 个。

(2) 当钢结构基层处理钢材重量小于或等于 2t 时，应抽查 4 处；当基层处理钢材重量大于 2t 时，每增加 1t，应多抽查 2 处，不足 1t 时，按 1t 计，每处测点不得少于 3 个。当钢结构构造复杂、重量统计困难时，可按构件件数抽查

10%，但不得少于 3 件，每件应抽查 3 点。重要构件、难维修构件，按构件件数抽查 50%，每件测点不得少于 5 个。

（3）木质结构基层应按构件件数抽查 10%，但不得少于 3 件，每件应抽查 3 点。重要构件、难维修构件，按构件件数抽查 50%，每件测点不得少于 5 个。

（4）设备基础、沟、槽等节点部位的基层处理，应加倍检查。

10.3.2 基层坡度应符合设计规定。其允许偏差应为坡长的 ±0.2%，最大偏差应小于 30mm。

10.4 沥青类防腐蚀工程

沥青玻璃布卷材隔离层施工搭接缝宽度允许最大负偏差为 10～20mm。

检验方法：观察检查和尺量检查。

本章参考文献

1.《建筑防腐蚀工程施工质量验收规范》GB 50224—2010

2.《建筑防腐蚀工程施工及验收规范》GB 50212—2002

11 建筑节能工程

11.1 建筑节能分项工程划分

建筑节能分项工程应按照表 11.1 划分。

建筑节能分项工程划分　　　表 11.1

序号	分项工程	主要验收内容
1	墙体节能工程	主体结构基层；保温材料；饰面层等
2	幕墙节能工程	主体结构基层；隔热材料；保温材料；隔汽层；幕墙玻璃；单元式幕墙板块；通风换气系统；遮阳设施；冷凝水收集排放系统等
3	门窗节能工程	门；窗；玻璃；遮阳设施等
4	屋面节能工程	基层；保温隔热层；保护层；防水层；面层等
5	地面节能工程	基层；保温层；保护层；面层等
6	采暖节能工程	系统制式；散热器；阀门与仪表；热力入口装置；保温材料；调试等
7	通风与空气调节节能工程	系统制式；通风与空调设备；阀门与仪表；绝热材料；调试等

序号	分项工程	主要验收内容
8	空调与采暖系统的冷热源及管网节能工程	系统制式；冷热源设备、辅助设备；管网；阀门与仪表；绝热、保温材料；调试等
9	配电与照明节能工程	低压配电电源；照明光源、灯具；附属装置；控制功能；调试等
10	监测与控制节能工程	冷、热源系统的监测控制系统；空调水系统的监测控制系统；通风与空调系统的监测控制系统；监测与计量装置；供配电的监测控制系统；照明自动控制系统；综合控制系统等

11.2 通风与空调节能工程

11.2.1 空调风管系统及部件的绝热层和防潮层施工应符合下列规定：

绝热层表面应平整，当采用卷材或板材时，其厚度允许偏差为 5mm；采用涂抹或其他方式时，其厚度允许偏差为 10mm。

11.2.2 通风与空调系统安装完毕，应进行通风机和空调机组等设备的单机试运转和调试，并应进行系统的风量平衡调试。单机试运转和调试结果应符合设计要求；系统的总风量与设计风量的允许偏差不应大于 10%，风口的风量与设计风量的允许偏差不应大于 15%。

检验方法：观察检查；核查试运转和调试

记录。

检验数量：全数检查。

11.2.3 空气风幕机的规格、数量、安装位置和方向应正确，纵向垂直度和横向水平度的偏差均不应大于 2/1000。

检验方法：观察检查。

检查数量：按总数量抽查 10%，且不得少于1台。

11.3 空调与采暖系统冷热源及管网节能工程

联合试运转及调试结果应符合设计要求，且允许偏差或规定值应符合表 11.3 的有关规定。当联合试运转及调试不在制冷期或采暖期时，应先对表 11.3 中序号 2、3、5、6 四个项目进行检测，并在第一个制冷期或采暖期内，带冷（热）源补做序号 1、4 两个项目的检测。

联合试运转及调试检测项目与

允许偏差或规定值 表 11.3

序号	检测项目	允许偏差或规定值
1	室内温度	冬季不得低于设计计算温度2℃，且不应高于1℃； 夏季不得高于设计计算温度2℃，且不应低于1℃

序号	检测项目	允许偏差或规定值
2	供热系统室外管网的水力平衡度	0.9～1.2
3	供热系统的补水率	≤0.5%
4	室外管网的热输送效率	≥0.92
5	空调机组的水流量	≤20%
6	空调系统冷热水、冷却水总流量	≤10%

检验方法：观察检查；核查试运转和调试记录。

检验数量：全数检查。

11.4 配电与照明节能工程

工程安装完成后应对低压配电系统进行调试，调试合格后应对低压配电电源质量进行检测。其中，供电电压允许偏差：三相供电电压允许偏差为标称系统电压的 17%；单相 220V 为＋7%、－10%。

本章参考文献

《建筑节能工程施工质量验收规范》GB 50911—2007

12 给水排水及采暖工程

12.1 室内给水系统安装

12.1.1 给水管道及配件安装

1. 给水管道和阀门安装的允许偏差应符合表 12.1.1 的规定。

管道和阀门安装的允许偏差和检验方法 表 12.1.1

项次	项	目		允许偏差（mm）	检验方法
1	水平管道纵横方向弯曲	钢管	每米 全长 25m 以上	1 ≤25	用水平尺、直尺、拉线和尺量检查
		塑料管复合管	每米 全长 25m 以上	1.5 ≤25	
		铸铁管	每米 全长 25m 以上	2 ≤25	
2	立管垂直度	钢管	每米 5m 以上	3 ≤8	吊线和尺量检查
		塑料管复合管	每米 5m 以上	2 ≤8	
		铸铁管	每米 5m 以上	3 ≤10	
3	成排管段和成排阀门	在同一平面上间距		3	尺量检查

2. 水表应安装在便于检修、不受暴晒、污染和冻结的地方。安装螺翼式水表，表前与阀门应有不小于 8 倍水表接口直径的直线管段。表外壳距墙表面净距为 10～30mm；水表进水口中心标高按设计要求，允许偏差为±10mm。

检验方法：观察和尺量检查。

12.1.2 室内消火栓系统安装

箱式消火栓的安装应符合下列规定：

1. 栓口中心距地面为 1.1m，允许偏差±20mm。

2. 阀门中心距箱侧面为 140mm，距箱后内表面为 100mm，允许偏差±5mm。

3. 消火栓箱体安装的垂直度允许偏差为 3mm。

检验方法：观察和尺量检查。

12.1.3 给水设备安装

1. 室内给水设备安装的允许偏差应符合表 12.1.3-1 的规定。

室内给水设备安装的允许
偏差和检验方法　　　表 12.1.3-1

项次	项　　　目		允许偏差 (mm)	检验方法
1	静置设备	坐　标	15	经纬仪或拉线、尺量
		标　高	±5	用水准仪、拉线和尺量检查
		垂直度（每米）	5	吊线和尺量检查

项次	项 目		允许偏差（mm）	检 验 方 法
2	离心式水泵	立式泵体垂直度（每米）	0.1	水平尺和塞尺检查
		卧式泵体水平度（每米）	0.1	水平尺和塞尺检查
		联轴器同心度　轴向倾斜（每米）	0.8	在联轴器互相垂直的四个位置上用水准仪、百分表或测微螺钉和塞尺检查
		联轴器同心度　径向位移	0.1	

2. 管道及设备保温层的厚度和平整度的允许偏差应符合表 12.1.3-2 的规定。

管道及设备保温层的允许偏差和检验方法 表 12.1.3-2

项次	项 目		允许偏差（mm）	检 验 方 法
1	厚 度		$+0.1\delta$ -0.05δ	用钢针刺入
2	表 面平整度	卷 材	5	用 2m 靠尺和楔形塞尺检查
		涂 抹	10	

注：δ 为保温层厚度。

12.2 室内排水系统安装

12.2.1 排水管道及配件安装

室内排水管道安装的允许偏差应符合表12.2.1的相关规定。

室内排水和雨水管道安装的允许偏差和检验方法　　表 12.2.1

项次	项　　目			允许偏差（mm）	检验方法
1	坐　　标			15	
2	标　　高			±15	
3	横管纵横方向弯曲	铸铁管	每1m	≤1	用水准仪（水平尺）、直尺、拉线和尺量检查
			全长（25m以上）	≤25	
		钢　管	每1m	管径小于或等于100mm	1	
				管径大于100mm	1.5	
			全长（25m以上）	管径小于或等于100mm	≤25	
				管径大于100mm	≤38	
		塑料管	每1m	1.5	
			全长（25m以上）	≤38	
		钢筋混凝土管、混凝土管	每1m	3	
			全长（25m以上）	≤75	
4	立管垂直度	铸铁管	每1m	3	吊线和尺量检查
			全长（5m以上）	≤15	
		钢　管	每1m	3	
			全长（5m以上）	≤10	
		塑料管	每1m	3	
			全长（5m以上）	≤15	

12.2.2 雨水管道及配件安装

1. 悬吊式雨水管道的检查口或带法兰堵口的三通的间距不得大于表 12.2.2-1 的规定。

悬吊管检查口间距　　表 12.2.2-1

项　次	悬吊管直径（mm）	悬吊管检查口间距（m）
1	≤150	≤15
2	≥200	≤20

检验方法：拉线、尺量检查。

2. 雨水管道安装的允许偏差应符合表 12.2.1 的规定。

3. 雨水钢管管道焊接的焊口允许偏差应符合表 12.2.2-2 的规定。

钢管管道焊口允许偏差和检验方法

表 12.2.2-2

项次	项　目			允许偏差	检验方法
1	焊口平直度	管壁厚 10mm 以内		管壁厚 1/4	焊接检验尺和游标卡尺检查
2	焊缝加强面	高　度		+1mm	
		宽　度			
3	咬边	深　度		小于 0.5mm	直尺检查
		长度	连续长度	25mm	
			总长度（两侧）	小于焊缝长度的 10%	

12.3 室内热水供应系统安装

12.3.1 管道及配件安装

1. 热水供应管道和阀门安装的允许偏差应符合表 12.1.1 的规定。

2. 热水供应系统管道应保温（浴室内明装管道除外），保温材料、厚度、保护壳等应符合设计规定。保温层厚度和平整度的允许偏差应符合表 12.1.3-2 的规定。

12.3.2 辅助设备安装

1. 热水供应辅助设备安装的允许偏差应符合表 12.1.3-1 的规定。

2. 太阳能热水器安装的允许偏差应符合表 12.3.2 的规定。

太阳能热水器安装的允许偏差和检验方法　　表 12.3.2

项　目			允许偏差	检验方法
板式直管太阳能热水器	标　高	中心线距地面（mm）	±20	尺　量
	固定安装朝向	最大偏移角	不大于 15°	分度仪检查

12.4 卫生器具安装

12.4.1 卫生器具安装

卫生器具安装的允许偏差应符合表 12.4.1

的规定。

卫生器具安装的允许偏差和检验方法　表 12.4.1

项次	项　　目		允许偏差 （mm）	检验方法
1	坐标	单独器具	10	拉线、吊线和尺量检查
		成排器具	5	
2	标高	单独器具	±15	
		成排器具	±10	
3	器具水平度		2	用水平尺和尺量检查
4	器具垂直度		3	吊线和尺量检查

12.4.2　卫生器具给水配件安装

卫生器具给水配件安装标高的允许偏差应符合表 12.4.2 的规定。

**卫生器具给水配件安装标高的允许偏差
和检验方法　　　　表 12.4.2**

项次	项　　目	允许偏差 （mm）	检验方法
1	大便器高、低水箱角阀及截止阀	±10	尺量检查
2	水嘴	±10	
3	淋浴器喷头下沿	±15	
4	浴盆软管淋浴器挂钩	±20	

12.4.3　卫生器具排水管道安装

卫生器具排水管道安装的允许偏差应符合表

12.4.3 的规定。

卫生器具排水管道安装的允许偏差
及检验方法　　　表 12.4.3

项次	检查项目		允许偏差（mm）	检验方法
1	横管弯曲度	每 1m 长	2	用水平尺量检查
		横管长度≤10m，全长	<8	
		横管长度>10m，全长	10	
2	卫生器具的排水管口及横支管的纵横坐标	单独器具	10	用尺量检查
		成排器具	5	
3	卫生器具的接口标高	单独器具	±10	用水平尺和尺量检查
		成排器具	±5	

12.5　室内采暖系统安装

12.5.1　管道及配件安装

1. 管道和设备保温的允许偏差应符合表 12.1.3-2 的规定。

2. 采暖管道安装的允许偏差应符合表 12.5.1 的规定。

采暖管道安装的允许偏差和检验方法　表 12.5.1

项次	项　目		允许偏差	检验方法
1	横管道纵、横方向弯曲（mm）	每 1m 管径≤100mm	1	用水平尺、直尺、拉线和尺量检查
		每 1m 管径>100mm	1.5	
		全长（25m 以上）管径≤100mm	≤13	
		全长（25m 以上）管径>100mm	≤25	
2	立管垂直度（mm）	每 1m	2	吊线和尺量检查
		全长（5m 以上）	≤10	
3	弯管	椭圆率 $\dfrac{D_{max}-D_{min}}{D_{max}}$ 管径≤100mm	10%	用外卡钳和尺量检查
		椭圆率 $\dfrac{D_{max}-D_{min}}{D_{max}}$ 管径>100mm	8%	
		折皱不平度（mm）管径≤100mm	4	
		折皱不平度（mm）管径>100mm	5	

注：D_{max}、D_{min} 分别为管子最大外径及最小外径。

12.5.2　辅助设备及散热器安装

1. 散热器组对应平直紧密，组对后的平直度应符合表 12.5.2-1 的规定。

组对后的散热器平直度允许偏差　表 12.5.2-1

项次	散热器类型	片　数	允许偏差（mm）
1	长　翼　型	2~4	4
		5~7	6
2	铸铁片式钢制片式	3~15	4
		16~25	6

检验方法：拉线和尺量。

2. 散热器支架、托架安装，位置应准确，埋设牢固。散热器支架、托架数量，应符合设计或产品说明书要求。如设计未注明，则应符合表12.5.2-2的规定。

散热器支架、托架数量 表12.5.2-2

项次	散热器形式	安装方式	每组片数	上部托钩或卡架数	下部托钩或卡架数	合计
1	长翼形	挂墙	2～4	1	2	3
			5	2	2	4
			6	2	3	5
			7	2	4	6
2	柱形柱翼形	挂墙	3～8	1	2	3
			9～12	1	3	4
			13～16	2	4	6
			17～20	2	5	7
			21～25	2	6	8
3	柱形柱翼形	带足落地	3～8	1	—	1
			8～12	1	—	1
			13～16	2	—	2
			17～20	2	—	2
			21～25	2	—	2

检验方法：现场清点检查。

3. 散热器安装允许偏差应符合表12.5.2-3的规定。

散热器安装允许偏差和检验方法 表 12.5.2-3

项次	项　目	允许偏差（mm）	检验方法
1	散热器背面与墙内表面距离	3	尺　量
2	与窗中心线或设计定位尺寸	20	
3	散热器垂直度	3	吊线和尺量

12.6　室外给水管网安装

12.6.1　给水管道安装

1. 管道的坐标、标高、坡度应符合设计要求，管道安装的允许偏差应符合表 12.6.1-1 的规定。

室外给水管道安装的允许偏差和检验方法 表 12.6.1-1

项次	项　目			允许偏差（mm）	检验方法
1	坐标	铸铁管	埋地	100	拉线和尺量检查
			敷设在沟槽内	50	
		钢管、塑料管、复合管	埋地	100	
			敷设在沟槽内或架空	40	
2	标高	铸铁管	埋地	±50	拉线和尺量检查
			敷设在地沟内	±30	
		钢管、塑料管、复合管	埋地	±50	
			敷设在地沟内或架空	±30	
3	水平管纵横向弯曲	铸铁管	直段（25m 以上）起点～终点	40	拉线和尺量检查
		钢管、塑料管、复合管	直段（25m 以上）起点～终点	30	

2. 铸铁管承插捻口连接的对口间隙应不小于 3mm，最大间隙不得大于表 12.6.1-2 的规定。

铸铁管承插捻口的对口最大间隙　　表 12.6.1-2

管径（mm）	沿直线敷设（mm）	沿曲线敷设（mm）
75	4	5
100～250	5	7～13
300～500	6	14～22

检验方法：尺量检查。

3. 铸铁管沿直线敷设，承插捻口连接的环形间隙应符合表 12.6.1-3 的规定；沿曲线敷设，每个接口允许有 2°转角。

铸铁管承插捻口的环形间隙　　表 12.6.1-3

管径（mm）	标准环形间隙（mm）	允许偏差（mm）
75～200	10	+3 −2
250～450	11	+4 −2
500	12	+4 −2

检验方法：尺量检查。

4. 采用橡胶圈接口的埋地给水管道，在土壤或地下水对橡胶圈有腐蚀的地段，在回填土前应用沥青胶泥、沥青麻丝或沥青锯末等材料封闭橡胶圈接口。橡胶圈接口的管道，每个接口的最大偏转角不得超过表 12.6.1-4 的规定。

公称直径(mm)	100	125	150	200	250	300	350	400
允许偏转角度	5°	5°	5°	5°	4°	4°	4°	3°

检验方法：观察和尺量检查。

12.6.2 消防水泵接合器及室外消火栓安装

室外消火栓和消防水泵接合器的各项安装尺寸应符合设计要求，栓口安装高度允许偏差为±20mm。

检验方法：尺量检查。

12.6.3 管沟及井室

设在通车路面下或小区道路下的各种井室，必须使用重型井圈和井盖，井盖上表面应与路面相平，允许偏差为±5mm。绿化带上和不通车的地方可采用轻型井圈和井盖，井盖的上表面应高出地坪50mm，并在井口周围以2%的坡度向外做水泥砂浆护坡。

检验方法：观察和尺量检查。

12.7 室外排水管网安装

12.7.1 排水管道安装

管道的坐标和标高应符合设计要求，安装的允许偏差应符合表12.7.1的规定。

室外排水管道安装的允许偏差和检验方法

表 12.7.1

项次	项　　目		允许偏差（mm）	检验方法
1	坐标	埋地	100	拉线尺量
		敷设在沟槽内	50	
2	标高	埋地	±20	用水平仪、拉线和尺量
		敷设在沟槽内	±20	
3	水平管道纵横向弯曲	每 5m 长	10	拉线尺量
		全长（两井间）	30	

12.7.2　排水管沟及井池

排水检查井、化粪池的底板及进、出水管的标高，必须符合设计，其允许偏差为±15mm。

检验方法：用水准仪及尺量检查。

12.8　室外供热管网安装

12.8.1　管道及配件安装中，室外供热管道安装的允许偏差应符合表 12.8.1 的规定。

室外供热管道安装的允许偏差和检验方法

表 12.8.1

项次	项　　目		允许偏差	检验方法
1	坐标（mm）	敷设在沟槽内及架空	20	用水准仪（水平尺）、直尺、拉线
		埋　地	50	

项次	项 目			允许偏差	检验方法
2	标 高 (mm)		敷设在沟槽内及架空	±10	尺量检查
			埋 地	±15	
3	水平管道纵、横方向弯曲 (mm)	每 1m	管径≤100mm	1	用水准仪（水平尺）、直尺、拉线和尺量检查
			管径>100mm	1.5	
		全长 (25m 以上)	管径≤100mm	≤13	
			管径>100mm	≤25	
4	弯管	椭圆率 $\dfrac{D_{max}-D_{min}}{D_{max}}$	管径≤100mm	8%	用外卡钳和尺量检查
			管径>100mm	5%	
		折皱不平度 (mm)	管径≤100mm	4	
			管径 125～200mm	5	
			管径 250～400mm	7	

12.8.2 管道焊口的允许偏差应符合表 12.2.2-2 的规定。

12.8.3 管道保温层的厚度和平整度的允许偏差应符合表 12.1.3-2 的规定。

12.9 供热锅炉及辅助设备安装

12.9.1 锅炉安装

1. 锅炉设备基础的混凝土强度必须达到设计要求，基础的坐标、标高、几何尺寸和螺栓孔位置应符合表 12.9.1-1 的规定。

锅炉及辅助设备基础的允许偏差

和检验方法　　　　表 12.9.1-1

项次	项　　　目		允许偏差 （mm）	检验方法
1	基础坐标位置		20	经纬仪、拉线和尺量
2	基础各不同平面的标高		0，-20	水准仪、拉线尺量
3	基础平面外形尺寸		20	尺量检查
4	凸台上平面尺寸		0，-20	
5	凹穴尺寸		+20,0	
6	基础上平面 水平度	每　米	5	水平仪（水平尺）和楔形塞尺检查
		全　长	10	
7	竖向偏差	每　米	5	经纬仪或吊线和尺量
		全　高	10	
8	预埋地脚 螺栓	标高（顶端）	+20,0	水准仪、拉线和尺量
		中心距（根部）	2	
9	预留地脚 螺栓孔	中心位置	10	尺量
		深　度	-20,0	
		孔壁垂直度	10	吊线和尺量
10	预埋活动地 脚螺栓锚板	中心位置	5	拉线和尺量
		标高	+20,0	
		水平度 （带槽锚板）	5	水平尺和楔形塞尺检查
		水平度（带螺 纹孔锚板）	2	

2. 锅炉本体管道焊口尺寸的允许偏差应符合表 12.2.2-2 的规定。

3. 锅炉安装的坐标、标高、中心线和垂直度的允许偏差应符合表 12.9.1-2 的规定。

锅炉安装的允许偏差和检验方法 表 12.9.1-2

项次	项　　目		允许偏差（mm）	检验方法
1	坐　　标		10	经纬仪、拉线和尺量
2	标　　高		±5	水准仪、拉线和尺量
3	中心线垂直度	卧式锅炉炉体全高	3	吊线和尺量
		立式锅炉炉体全高	4	吊线和尺量

4. 组装链条炉排安装的允许偏差应符合表 12.9.1-3 的规定。

组装链条炉排安装的允许偏差
和检验方法　　表 12.9.1-3

项次	项　　目	允许偏差（mm）	检　验　方　法
1	炉排中心位置	2	经纬仪、拉线和尺量
2	墙板的标高	±5	水准仪、拉线和尺量
3	墙板的垂直度，全高	3	吊线和尺量
4	墙板间两对角线的长度之差	5	钢丝线和尺量
5	墙板框的纵向位置	5	经纬仪、拉线和尺量
6	墙板顶面的纵向水平度	长度1/1000，且≤5	拉线、水平尺和尺量

项次	项 目		允许偏差 （mm）	检 验 方 法
7	墙板间 的距离	跨距≤2m	$+3$ 0	钢丝线和尺量
		跨距>2m	$+5$ 0	
8	两墙板的顶面在同 一水平面上相对高差		5	水准仪、吊线和尺量
9	前轴、后轴的水平度		长度 1/1000	拉线、水平尺和尺量
10	前轴和后轴和轴心 线相对标高差		5	水准仪、吊线和尺量
11	各轨道在同一水平 面上的相对高差		5	水准仪、吊线和尺量
12	相邻两轨道间的 距离		±2	钢丝线和尺量

5. 往复炉排安装的允许偏差应符合表 12.9.1-4 的规定。

往复炉排安装的允许偏差和检验方法 表 12.9.1-4

项次	项 目		允许偏差 （mm）	检 验 方 法
1	两侧板的相对标高		3	水准仪、吊线和 尺量
2	两侧板间 距离	跨距≤2m	$+3$ 0	钢丝线和尺量
		跨距>2m	$+4$ 0	
3	两侧板的垂直度，全高		3	吊线和尺量
4	两侧板间对角线的长度 之差		5	钢丝线和尺量
5	炉排片的纵向间隙		1	钢板尺量
6	炉排两侧的间隙		2	

6. 铸铁省煤器破损的肋片数不应大于总肋片数的 5%，有破损肋片的根数不应大于总根数的 10%。

铸铁省煤器支承架安装的允许偏差应符合表 12.9.1-5 的规定。

铸铁省煤器支承架安装的允许
偏差和检验方法　　　　表 12.9.1-5

项次	项　目	允许偏差 (mm)	检验方法
1	支承架的位置	3	经纬仪、拉线和尺量
2	支承架的标高	0 −5	水准仪、吊线和尺量
3	支承架的纵、横向水平度（每米）	1	水平尺和塞尺检查

12.9.2　辅助设备及管道安装

1. 锅炉辅助设备安装的允许偏差应符合表 12.9.2-1 的规定。

锅炉辅助设备安装的允许偏差
和检验方法　　　　表 12.9.2-1

项次	项　目		允许偏差 (mm)	检验方法
1	送、引风机	坐　标	10	经纬仪、拉线和尺量
		标　高	±5	水准仪、拉线和尺量
2	各种静置设备（各种容器、箱、罐等）	坐　标	15	经纬仪、拉线和尺量
		标　高	±5	水准仪、拉线和尺量
		垂直度（1m）	2	吊线和尺量

253

项次	项 目		允许偏差（mm）	检验方法
3	离心式水泵	泵体水平度（1m）	0.1	水平尺和塞尺检查
	联轴器同心度	轴向倾斜（1m）	0.8	水准仪、百分表（测微螺钉）和塞尺检查
		径向位移	0.1	

2. 连接锅炉及辅助设备的工艺管道安装的允许偏差应符合表 12.9.2-2 的规定。

工艺管道安装的允许偏差和检验方法 表 12.9.2-2

项次	项 目		允许偏差（mm）	检验方法
1	坐标	架空	15	水准仪、拉线和尺量
		地沟	10	
2	标高	架空	±15	水准仪、拉线和尺量
		地沟	±10	
3	水平管道纵、横方向弯曲	$DN \leqslant 100mm$	2‰，最大 50	直尺和拉线检查
		$DN > 100mm$	3‰，最大 70	
4	立管垂直		2‰，最大 15	吊线和尺量
5	成排管道间距		3	直尺尺量
6	交叉管的外壁或绝热层间距		10	

3. 单斗式提升机安装应符合下列规定：

（1）导轨的间距偏差不大于 2mm。

（2）垂直式导轨的垂直度偏差不大于 1‰；倾斜式导轨的倾斜度偏差不大于 2‰。

（3）料斗的吊点与料斗垂心在同一垂线上，重合度偏差不大于 10mm。

检验方法：吊线坠、拉线及尺量检查。

4. 管道及设备保温层的厚度和平整度的允许偏差应符合表 12.1.3-2 的规定。

12.9.3 换热站安装

1. 换热站内设备安装的允许偏差应符合表 12.9.2-1 的规定。

2. 换热站内管道安装的允许偏差应符合表 12.9.2-2 的规定。

3. 管道及设备保温层的厚度和平整度的允许偏差应符合表 12.1.3-2 的规定。

本章参考文献

《建筑给水排水及采暖工程施工质量验收规范》
GB 50242—2002

13　铝合金结构工程

13.1　铝合金零部件加工工程

13.1.1　切割

铝合金零部件切割允许偏差应符合表13.1.1的规定。

检查数量：按切割面数检查10%，且不应小于3个。

检查方法：卷尺、游标卡尺、分度头检查。

切割的允许偏差　　　　表 13.1.1

检 查 项 目	允 许 偏 差
零部件的宽度，长度	±1.0mm
切割平面度	−30′且不大于0.3mm
割纹深度	0.3mm
局部缺口深度	0.5mm

13.1.2　边缘加工

边缘加工允许偏差应符合表13.1.2的规定。

检查数量：按加工面数抽查10%，且不应少于3件。

检查方法：观察检查和实测检查。

边缘加工的允许偏差　　表 13.1.2

检查项目	允许偏差
零部件的宽度、长度	±1.0mm
加工边直线度	$L/3000$，且不大于 2.0mm
相邻两边夹角	±6′
加工面表面粗糙度	$\underline{12.5}\bigtriangledown$

注：L 为加工边边长。

13.1.3　球、毂加工

1. 螺栓球加工允许偏差应符合表 13.1.3-1 的规定。

检查数量：每种规格抽查 10%，且不少于 5 个。

检验方法：见表 13.1.3-1。

螺栓球加工的允许偏差　　表 13.1.3-1

检查项目		允许偏差	检验方法
圆度	$d \leqslant 120$mm	1.0mm	用卡尺和游标卡尺检查
	$d > 120$mm	1.5mm	
同一轴线上两铣平面的平行度	$d \leqslant 120$mm	0.1mm	用百分表 V 形块检查
	$d > 120$mm	0.2mm	
铣平面距球中心距离		±0.1mm	用游标卡尺检查
相邻螺栓孔中心线夹角		±30′	用分度头检查
两铣平面与螺栓孔轴线垂直度		0.005r	用百分表检查

続表

检查项目		允许偏差	检验方法
球，毂毛坯直径	$d \leqslant 120mm$	+2.0mm -0.5mm	用卡尺和游标卡尺检查
	$d > 120mm$	+3.0mm -1.0mm	

注：d 为螺栓球直径，r 为螺栓球半径。

2. 管杆件加工的允许偏差应符合表 13.1.3-2 的规定。

检查数量：每种规格抽查 10%，且不少于5根。

检验方法：见表 13.1.3-2。

管杆件加工的允许偏差（mm） 表 13.1.3-2

检查项目	允许偏差	检验方法
长度	±0.5	用钢尺和百分表检查
端面对管轴的垂直度	0.005r	用百分表 V 形块检查
管口曲线	0.5	用套模和游标卡尺检查

注：r 为管杆半径。

3. 毂加工的允许偏差应符合表 13.1.3-3 的规定。

检查数量：每种规格抽查 10%，且不应少于5个。

检查方法：见表 13.1.3-3。

毂加工的允许偏差   表 13.1.3-3

检查项目	允许偏差	检验方法
毂的圆度	$\pm 0.005d$ ± 1.0mm	用卡尺和游标 卡尺检查
嵌入圆孔对分布 圆中心线的平行度	0.3mm	用百分表 V 形块检查
分布圆直 径允许偏差	± 0.3mm	用卡尺和游标 卡尺检查
直槽对圆孔平 行度允许偏差	0.2mm	用百分表 V 形块检查
嵌入槽夹角偏差	$\pm 0.3°$	用分度头检查
端面跳动 允许偏差	0.3mm	游标卡尺检查
端面平行度 允许偏差	0.5mm	用百分表 V 形块检查

注：d 为直径。

13.1.4 制孔

1. A、B 级螺栓孔（Ⅰ类孔）应具有 H12 的精度，孔壁表面粗糙度 Ra 不应大于 12.5μm。A、B 级螺栓孔径的允许偏差应符合表 13.1.4-1 的规定。C 级螺栓孔（Ⅱ类孔），孔壁表面粗糙度 Ra 不应大于 25.0μm，其允许偏差应符合表 13.1.4-2 的规定。

检查数量：按构件数量抽查 10%，且不应少于 3 件。

检查方法：用游标卡尺或孔径量规、粗糙度仪检查。

A、B 级螺栓孔径的允许偏差（mm） 表 13.1.4-1

序号	螺栓公称直径、螺栓孔直径	螺栓公称直径允许偏差	螺栓孔直径允许偏差
1	10～18	0.00 −0.18	+0.18 0.00
2	18～30	0.00 −0.21	+0.21 0.00
3	30～50	0.00 −0.25	+0.25 0.00

C 级螺栓孔的允许偏差（mm） 表 13.1.4-2

检查项目	允许偏差
直径	+1.00 0.00
圆度	1.00
垂直度	0.03t，且不大于 1.50

注：t 为厚度。

2. 螺栓孔位的允许偏差为±0.5mm，孔距的允许偏差为±0.5mm，累计偏差为±1.0mm。

检查数量：按构件数量抽查 10%，且不应少于 3 件。

检验方法：用钢尺及游标卡尺配合检查。

13.1.5 槽、豁、榫加工

1. 铝合金零部件槽口尺寸（图 13.1.5-1）的允许偏差应符合表 13.1.5-1 的规定。

检查数量：按槽口数量 10%，且不应小于 3 处。

检查方法：游标卡尺和卡尺。

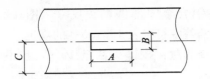

图 13.1.5-1　铝合金零部件槽口

槽口尺寸的允许偏差（mm）　　**表 13.1.5-1**

项　　目	A	B	C
允许偏差	+0.5 0.0	+0.5 0.0	±0.5

2. 铝合金零部件豁口尺寸（图 13.1.5-2）的允许偏差应符合表 13.1.5-2 的规定。

检查数量：按豁口数量 10%，且不应小于 3 处。

检查方法：游标卡尺和卡尺。

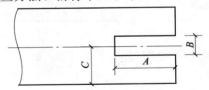

图 13.1.5-2　铝合金零部件豁口

豁口尺寸的允许偏差（mm）　　**表 13.1.5-2**

项　　目	A	B	C
允许偏差	+0.5 0.0	+0.5 0.0	±0.5

3. 铝合金零部件榫头尺寸（图 13.1.5-3）的允许偏差应符合表 13.1.5-3 的规定。

检查数量：按榫头数量 10%，且不应小于 3 处。

检查方法：游标卡尺和卡尺。

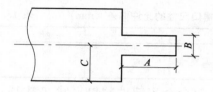

图 13.1.5-3 铝合金零部件榫头

榫头尺寸的允许偏差（mm）   表 13.1.5-3

项　　目	A	B	C
允许偏差	0.0 −0.5	0.0 −0.5	±0.5

13.2 铝合金构件组装工程

13.2.1 组装

1. 单元件组装的允许偏差应符合表 13.2.1 的规定。

检查数量：按单元组件的 10% 抽查，且不应少于 5 个。

检查方法：见表 13.2.1。

单元构件组装的允许偏差　　表 13.2.1

序号	项　　目		允许偏差（mm）	检查方法
1	单元构件长度（m）	≤2	±1.5	钢尺
		>2	±2.0	
2	单元构件宽度（m）	≤2	±1.5	钢尺
		>2	±2.0	
3	单元构件对角线长度（m）	≤2	≤2.5	钢尺
		>2	≤3.0	
4	单元构件平面度		≤1.0	1m 靠尺
5	接缝高低差		≤0.5	游标深度尺
6	接缝间隙		≤0.5	塞片

2. 桁架结构杆件轴线交点错位允许偏差不得大于 3.0mm。

检查数量：按构件数抽查 10%，且不应少于 3 个，每个抽查构件按节点数抽查 10%，且不应少于 3 个节点。

检验方法：尺量检查。

13.2.2 端部铣平及安装焊缝坡口

1. 端部铣平的允许偏差应符合表 13.2.2-1

的规定。

检查数量：按铣平面数量抽查 10%，且不应少于 3 个。

检验方法：用钢尺、角尺、塞尺等检查。

端部铣平的允许偏差（mm）　　　　表 13.2.2-1

检 查 项 目	允 许 偏 差
两端铣平时构件长度	±1.0
两端铣平时零件长度	±0.5
铣平面的平面度	0.3
铣平面对轴线的垂直度	$L/1500$

注：L 为铣平面边长。

2. 安装焊缝坡口的允许偏差应符合表 13.2.2-2 的规定。

检查数量：按坡口数量抽查 10%，且不少于 3 条。

检验方法：用焊缝量规检查。

安装焊缝坡口的允许偏差　　　　表 13.2.2-2

检 查 项 目	允 许 偏 差
坡口角度	±5°
钝边	±0.5mm

13.3 铝合金构件预拼装工程

预拼装的允许偏差应符合表 13.3 的规定。

检查数量：按预拼装单元全数检查。

检查方法：见表 13.3。

铝合金构件预拼装的允许偏差（mm）

表 13.3

构件类型	项 目		允许偏差	检验方法
桁架	跨度两端最外侧支撑面间距离		+5.0 −10.0	用钢尺检查
	接口截面错位		2.0	用卡尺检查
	拱度	设计要求起拱	±L/5000	用拉线和钢尺检查
		设计未要求起拱	L/20000	
	节点处的杆件轴线错位		4.0	画线后用钢尺检查
管构件	预拼装单元总长		±5.0	用钢尺检查
	预拼装单元弯曲矢高		L/1500，且不应大于 10.0	用拉线和钢尺检查
	对口错边		t/10，且不应大于 3.0	用卡尺检查
	坡口间隙		+2.0 −1.0	用卡尺检查

构件类型	项　　目	允许偏差	检验方法
空间单元片	预拼装单元长、宽、对角线	5.0	用钢尺检查
	预拼装单元弯曲矢高	$L/1500$，且不应大于 10.0	用拉线和钢尺检查
	接口错边	1.0	用卡尺检查
	预拼装单元柱身扭曲	$h/200$，且不应大于 5.0	用拉线，吊线，钢尺检查
	顶紧面到任一支点距离	±2.0	用钢尺检查

注：L 为长度、跨度，h 为截面高度，t 为板、壁的厚度。

13.4　铝合金框架结构安装工程

13.4.1　基础和支承面

1. 建筑物的定位轴线、基础轴线、基础上柱的定位轴线和标高、地脚螺栓（锚栓）的规格和位置、地脚螺栓（锚栓）紧固应符合设计要求。当设计无要求时，应符合表 13.4.1-1 的规定。

检查数量：按柱基数抽查 10%，且不应少于 3 个。

检验方法：用经纬仪、水准仪、全站仪和钢尺现场实测。

建筑物定位轴线、基础轴线、基础上柱的定位轴线和标高、地脚螺栓（锚栓）的允许偏差（mm）表 13.4.1-1

检查项目	允许偏差	图例
建筑物定位轴线	$L_a/20000$，$L_b/20000$，且不应大于 3.0	
基础上柱的定位轴线	1.0	
基础上柱底标高	±2.0	基准点
地脚螺栓（锚栓）位移	2.0	

注：L_a、L_b 均为建筑物边长。

2. 基础顶面直接作为柱的支承面和基础顶面预埋钢板或支座作为柱的支承面时，其支承面、地脚螺栓（锚栓）位置的允许偏差应符合表 13.4.1-2 的规定。

检查数量：按柱基数抽查 10%，且不应少于 3 个。

检验方法：用经纬仪、水准仪、全站仪、水平尺和钢尺实测。

支承面、地脚螺栓（锚栓）位置

的允许偏差（mm）　　表 13.4.1-2

检查项目		允许偏差
支承面	标　　高	±2.0
	水 平 度	$l/1000$
地脚螺栓（锚栓）	螺栓中心偏移	5.0
预留孔中心偏移		10.0

注：l 为支承面长度。

3. 采用坐浆垫板时，坐浆垫板的允许偏差应符合表 13.4.1-3 的规定。

检查数量：资料全数检查。按柱基数抽查 10%，且不应少于 3 个。

检验方法：水准仪、全站仪、水平尺和钢尺现场实测。

坐浆垫板的允许偏差（mm） 表 13.4.1-3

检查项目	允许偏差
顶面标高	0.0 −3.0
水平度	$l/1000$
位置	20.0

注：l 为垫板长度。

4. 地脚螺栓（锚栓）尺寸的允许偏差应符合表 13.4.1-4 的规定。地脚螺栓（锚栓）的螺纹应受到保护。

检查数量：按柱基数抽查 10%，且不应少于 3 个。

检验方法：用钢尺现场实测。

地脚螺栓（锚栓）尺寸的允许偏差（mm）

表 13.4.1-4

检查项目	允许偏差
螺栓（锚栓）露出长度	+30.0 0.0
螺纹长度	+30.0 0.0

13.4.2 总拼和安装

1. 铝合金结构柱子安装的允许偏差应符合表 13.4.2-1 的规定。

检查数量：标准柱全部检查；非标准柱抽查 10%，且不应少于 3 根。

检验方法：用全站仪或经纬仪和钢尺实测。

铝合金结构柱子安装的允许偏差（mm） 表 13.4.2-1

检查项目	允许偏差	图　　例
底层柱柱底轴线对定位轴线偏移	2.0	
柱子定位轴线	1.0	
单节柱的垂直度	$h/1500$，且不应大于 8.0	

注：h 为柱的高度。

2. 铝合金屋（托）架、桁架、梁及受压杆件的垂直度和侧向弯曲矢高的允许偏差应符合表 13.4.2-2 的规定。

检查数量：按同类构件数抽查 10%，且不

270

应小于 3 个。

检验方法：用吊线、拉线、经纬仪和钢尺现场实测。

铝合金屋（托）架、桁架、梁及受压杆
件垂直度和侧向弯曲矢高的
允许偏差（mm）　表 13.4.2-2

项　目	允许偏差	图　例
跨中的垂直度	$h/250$，且不应大于 15.0	
侧向弯曲矢高	$l/1000$，且不应大于 10.0	

注：h 为截面高度，l 为跨度，f 为弯曲矢高。

3. 主体结构的整体垂直度和整体平面弯曲的允许偏差应符合表 13.4.2-3 的规定。

检查数量：对主要立面全部检查。对每个所检查的立面，除两列角柱外，尚应至少选取一列中间柱。

检验方法：采用经纬仪、全站仪等测量。

整体垂直度和整体平面弯曲的
允许偏差（mm） 表 13.4.2-3

检查项目		允许偏差	图 例
主体结构的整体垂直度	单层	$H/1500$，且不应大于 8.0	
	多层	$H/1500+5.0$，且不应大于 20.0	
主体结构的整体平面弯曲		$L/1500$，且不应大于 25.0	

注：H 为主体结构高度，L 为主体结构长度、跨度。

4. 当铝合金结构安装在混凝土柱上时，其支座中心对定位轴线的偏差不应大于 10mm。

检查数量：按同类构件数抽查 10%，且不应少于 3 榀。

检验方法：用拉线和钢尺现场实测。

5. 单层铝合金结构中铝合金柱安装的允许偏差应符合表 13.4.2-4 的规定。

检查数量：按铝合金柱数抽查 10%，且不应小于 3 件。

检验方法：见表 13.4.2-4。

单层铝合金结构中柱子安装的允许偏差（mm）

表 13.4.2-4

项　目		允许偏差	图　例	检验方法
柱脚底座中心轴线对定位轴线的偏差		5.0		用吊线和钢尺检查
柱基准点标高	有梁的柱	+3.0 -5.0		用水准仪检查
	无梁的柱	+5.0 -8.0		
弯曲矢高		$H/1200$，且不应大于10.0		用经纬仪或拉线和钢尺检查
柱轴线垂直度	单层柱	$H/1500$，且不应大于8.0		用经纬仪或吊线和钢尺检查
	多层柱	$H/1500+$ 5.0，且不应大于20.0		

注：H 为柱的高度。

6. 檩条、墙架等次要构件安装的允许偏差应符合表 13.4.2-5 的规定。

检查数量：按同类构件数抽查 10%，且不应小于 3 件。

检验方法：见表 13.4.2-5。

墙架、檩条等次要构件安装的允许偏差 （mm）

表 13.4.2-5

项 目		允许偏差	检验方法
墙架立柱	中心线对定位轴线的偏移	10.0	用钢尺检查
	垂直度	$H/1500$，且不应大于 8.0	用经纬仪或吊线和钢尺检查
	弯曲矢高	$H/1000$，且不应大于 15.0	用经纬仪或吊线和钢尺检查
抗风桁架的垂直度		$H/250$，且不应大于 15.0	用吊线和钢尺检查
檩条、墙梁的间距		±5.0	用钢尺检查
檩条的弯曲矢高		$L/750$，且不应大于 12.0	用拉线和钢尺检查
墙梁的弯曲矢高		$L/750$，且不应大于 10.0	用拉线和钢尺检查

注：H 为墙架立柱的高度，L 为檩条或墙梁的长度。

7. 铝合金平台、铝合金梯、栏杆应符合国家现行有关标准的规定。铝合金平台、铝合金梯和防护栏杆安装的允许偏差应符合表 13.4.2-6

的规定。

检查数量：按铝合金平台总数抽查 10%，栏杆、铝合金梯按总长度各抽查 10%，但铝合金平台不应少于 1 个，栏杆不应少于 5m，铝合金梯不应少于 1 跑。

检验方法：见表 13.4.2-6。

铝合金平台、铝合金梯和防护栏杆

安装的允许偏差（mm）   表 13.4.2-6

项　目	允许偏差	检验方法
平台高度	±15.0	用水准仪检查
平台梁水平度	$l/1000$，且不应大于 20.0	用水准仪检查
平台支柱垂直度	$H/1000$，且不应大于 15.0	用经纬仪或吊线和钢尺检查
承重平台梁侧向弯曲	$l/1000$，且不应大于 10.0	用拉线和钢尺检查
承重平台梁垂直度	$H/250$，且不应大于 15.0	用吊线和钢尺检查
直梯垂直度	$l/1000$，且不应大于 15.0	用吊线和钢尺检查
栏杆高度	±15.0	用钢尺检查
栏杆立柱间距	±15.0	用钢尺检查

注：H 为柱的高度，l 为平台梁长度。

8. 多层铝合金结构中构件安装的允许偏差

应符合表 13.4.2-7 的规定。

检查数量：按同类构件或节点数抽查 10%。其中柱和梁各不应少于 3 件，主梁与次梁连接节点不应少于 3 个，支承压型金属板的铝合金梁长度不应少于 5m。

检验方法：见表 13.4.2-7。

多层铝合金结构构件安装的允许偏差（mm）

表 13.4.2-7

项　目	允许偏差	图　例	检验方法
上、下柱连接处的错口	3.0		用钢尺检查
同一层柱的各柱顶高度差	5.0		用水准仪检查
同一根梁两端顶面的高差	$l/1000$，且不应大于 10.0		用水准仪检查

项　目	允许偏差	图　例	检验方法
主梁与次梁表面的高差	±2.0		用直尺和钢尺检查
压型金属板在铝合金梁上相邻列的错位	15.0		用直尺和钢尺检查

注：l 为梁长度。

9. 多层铝合金结构主体结构总高度的允许偏差应符合表 13.4.2-8 的规定。

检查数量：按标准柱列数抽查 10%，且不应少于 4 列。

检查方法：采用全站仪、水准仪和钢尺实测。

多层铝合金结构主体结构总高度的允许偏差（mm）

表 13.4.2-8

项　目	允许偏差	图　例
用相对标高控制安装	$\pm\sum(\Delta_h+\Delta_z+\Delta_w)$	
用设计标高控制安装	$H/1000$，且不应大于 30.0 $-H/1000$，且不应小于－30.0	

注：Δ_h 为每节柱子长度的制造允许偏差，Δ_z 为每节柱子长度受荷载后的压缩值，Δ_w 为每节柱子接头焊缝的收缩值，H 为主体结构总高度。

10. 现场焊缝组对间隙的允许偏差应符合表 13.4.2-9 的规定。

检查数量：按同类节点数抽查 10%，且不应少于 3 个。

检验方法：尺量检查。

现场焊缝组对间隙的允许偏差（mm）

表 13.4.2-9

项　目	允许偏差
无垫板间隙	+3.0 0.0
有垫板间隙	+3.0 －2.0

13.5 铝合金空间网格结构安装工程

13.5.1 支承面

1. 支承面顶板的位置、标高、水平度以及支座锚栓位置的允许偏差应符合表 13.5.1-1 的规定。

检查数量：按支座数抽查 10%，且不应少于 4 处。

检验方法：用全站仪或经纬仪、水准仪、钢尺实测。

支承面顶板、支座锚栓位置的允许偏差（mm）

表 13.5.1-1

检 查 项 目	允 许 偏 差	
	位　　置	15.0
支承面顶板	顶面标高	0 −3.0
	顶面水平度	$L/1000$
支座锚栓	中心偏移	5.0

注：L 为顶面测量水平度时两个测点间的距离。

2. 支座锚栓尺寸的允许偏差应符合表 13.5.1-2 的规定。支座锚栓的螺纹应受到保护。

抽查数量：按支座数抽查 10%，且不应少于 4 处。

检验方法：用钢尺实测和观察。

地脚螺栓（锚栓）尺寸的允许偏差（mm）

表 13.5.1-2

检 查 项 目	允 许 偏 差
螺栓（锚栓）露出长度	+30.0 0.0
螺纹长度	+30.0 0.0

13.5.2 总拼和安装

1. 小拼单元的允许偏差应符合表 13.5.2-1 的规定。

检查数量：按单元数抽查 10%，且不应少于 5 个。

检验方法：用钢尺和拉线等辅助量具实测。

小拼单元的允许偏差（mm）　　　表 13.5.2-1

检 查 项 目			允 许 偏 差
节点中心偏移			2.0
杆件交汇节点与杆件中心的偏移			1.0
杆件轴线的弯曲矢高			$L_1/1000$， 且不应大于 5.0
锥体型小拼单元	弦杆长度		±2.0
	锥体高度		±2.0
	四角锥体上弦杆对角线长度		±3.0

检查项目			允许偏差
平面桁架型 小拼单元	跨长	≤24m	+3.0 −7.0
		>24m	+5.0 −10.0
	跨中高度		±3.0
	跨中拱度	设计要求起拱	±L/5000
		设计未要求起拱	+10.0

注：L_1 为杆件长度，L 为跨长。

2. 中拼单元的允许偏差应符合表 13.5.2-2 的规定。

检查数量：全数检查。

检验方法：用钢尺和辅助量具实测。

中拼单元的允许偏差（mm）表 13.5.2-2

检查项目	允许偏差	
单元长度小于等于 20m，拼接长度	单跨	±10.0
	多跨连续	±5.0
单元长度大于20m， 拼接长度	单跨	±20.0
	多跨连续	±10.0

3. 铝合金空间网格结构安装完成后，其安装的允许偏差应符合表 13.5.2-3 的规定。

检查数量：全数检查。

检验方法：用钢尺、经纬仪和水准仪实测。

铝合金空间网格结构安装的允许偏差（mm）

表 13.5.2-3

检 查 项 目	允 许 偏 差	检验方法
纵向、横向长度	$L/2000$，且不应大于 30.0 $-L/2000$，且不应小于－30.0	用钢尺实测
支柱中心偏移	$L/3000$， 且不应大于 30.0	用钢尺和经纬仪实测
周边支承结构相邻支座高差	$L_1/400$， 且不应大于 15.0	用钢尺和水准仪实测
支座最大高差	30.0	
多点支承格构相邻支座高差	$L_1/800$，且不应大于 30.0	

注：L 为纵向、横向长度，L_1 为相邻支座间距。

13.6 铝合金面板工程

13.6.1 铝合金面板制作

1. 铝合金面板的尺寸允许偏差应符合表 13.6.1-1 的规定。

检查数量：按计件数抽查 5%，且不少于 10 件。

检验方法：用拉线和钢尺检查。

铝合金面板的尺寸允许偏差（mm）

表 13.6.1-1

检查项目			允许偏差
波　　距			±2.0
板高	压型板	截面高度小于或等于 70	±1.5
		截面高度大于 70	±2.0
肋高	直立锁边板	—	±1.0
卷边直径			±0.5
侧向弯曲	在测量长度 L_1 的范围内		20.0

注：1. L_1 为测量长度。

　　2. 当板长大于 10m 时，扣除两端各 0.5m 后任选 10m 长度测量。

　　3. 当板长小于等于 10m 时，扣除两端各 0.5m 后按实际长度测量。

2. 铝合金面板施工现场制作的允许偏差应符合表 13.6.1-2 的规定。

检查数量：按件数抽查 5%，且不少于 10 件。

检验方法：用钢尺、角尺检查。

铝合金面板施工现场制作的允许偏差

表 13.6.1-2

项　　目		允许偏差
铝合金面板（除直立锁边板）的覆盖宽度	截面高度小于或等于 70mm	+10.0mm −2.0mm
	截面高度大于 70mm	+6.0mm −2.0mm

项　　目		允许偏差
铝合金直立锁边板的覆盖宽度		＋2.0mm
		－5.0mm
板长		±9.0mm
横向剪切偏差		6.0mm
泛水板、包角板尺寸	板　　长	±6.0mm
	折弯曲宽度	±3.0mm
	折弯曲夹角	2°

13.6.2　铝合金面板安装

1. 铝合金面板固定支座的安装应控制支座的相邻支座间距倾斜角度、平面角度和相对高差，允许偏差应符合表 13.6.2-1 的规定。

检查数量：按同类构件数抽查 10%，且不少于 10 件。

检验方法：经纬仪、分度头、拉线和钢尺。

固定支座安装允许偏差　表 13.6.2-1

检查项目		允许偏差
相邻支座间距		＋5.0mm
		－2.0mm
倾斜角度		1°
平面角度		1°
相对高差	纵向	a/200
	横向	5mm

注：a 为纵向支座间距。

2. 铝合金面板应在支承构件上可靠搭接，

284

搭接长度应符合设计要求，且不应小于表 13.6.2-2 规定的数值。

检查数量：按计件数抽查 5%，且不少于 10 件。

检验方法：用钢尺、角尺检查。

铝合金面板在支承构件上的搭接长度（mm）

表 13.6.2-2

项 目			搭接长度
纵向	波高大于 70		350
	波高小于等于 70	屋面坡度小于 1/10	250
		屋面坡度大于等于 1/10	200
横向	大于或等于一个波		

3. 铝合金面板与檐沟、泛水、墙面的有关尺寸应符合设计要求，且不应小于表 13.6.2-3 规定的数值。

检查数量：按计件数抽查 5%，且不少于 10 件。

检验方法：用钢尺、角尺检查。

铝合金面板与檐沟、泛水、墙面尺寸（mm）

表 13.6.2-3

检 查 项 目	尺 寸
面板伸入檐沟内的长度	150
面板与泛水的搭接长度	200
面板挑出墙面的长度	200

4. 盖面板安装的允许偏差应符合表 13.6.2-4 的规定。

检查数量：檐口与屋脊的平行度；按长度抽查 10%，且不应少于 10m。

其他项目：每 20m 长度应抽查 1 处，且不应少于 2 处。

检验方法：用拉线和钢尺检查。

铝合金面板安装的允许偏差（mm）

表 13.6.2-4

检 查 项 目	允 许 偏 差
檐口与屋脊的平行度	12.0
铝合金面板波纹线对屋脊的垂直度	$L/800$，且不应大于 25.0
檐口相邻两块铝合金面板端部错位	6.0
铝合金面板卷边板件最大波浪高	4.0

注：L 为屋面半坡或单坡长度。

5. 每平方米铝合金面板的表面质量应符合表 13.6.2-5 的规定。

检查数量：按面积抽查 10%，且不应少于 10m²。

检验方法：观察和用 10 倍放大镜检查。

每平方米铝合金面板的表面质量

表 13.6.2-5

项 目	质 量 要 求
0.1～0.3mm 宽划伤痕	长度小于 100mm；不超过 8 条
擦 伤	不大于 500mm²

注：1. 划伤指露出铝合金基体的损伤。

2. 擦伤指没有露出铝合金基体的损伤。

13.7 铝合金幕墙结构安装工程

13.7.1 一般规定

铝合金幕墙结构安装工程应按下列规定划分检验批：

相同设计、材料、工艺和施工条件的幕墙工程每 500～1000m² 为一个检验批，不足 500m² 应划分为一个检验批。每个检验批每 100m² 抽查不应少于一处，每处不应小于 10m²。

13.7.2 支承面

预埋件和连接件安装质量的检验指标，应符合：预埋件的标高及位置的偏差不应大于 20mm。

检查数量：按预埋件数抽查 10%，且不应少于 4 处。

检验方法：用经纬仪、水准仪和钢尺实测。

13.7.3 总拼和安装

1. 铝合金幕墙结构竖向主要构件安装质量应符合表 13.7.3-1 的规定，测量检查应在风力小于 4 级时进行。

检查数量：按构件数抽查 5%，且不应少于 3 处。

检验方法：见表 13.7.3-1。

2. 铝合金幕墙结构横向主要构件安装质量的允许偏差应符合表 13.7.3-2 的规定，测量检查应在风力小于 4 级时进行。

主要构件安装质量的允许偏差

表 13.7.3-1

	检 查 项 目		允许偏差（mm）	检验方法
1	构件整体垂直度	$h\leqslant30m$	10	激光仪或经纬仪
		$60m\geqslant h>30m$	15	
		$90m\geqslant h>60m$	20	
		$150m\geqslant h>90m$	25	
		$h>150m$	30	
2	竖向构件直线度		2.5	2m 靠 尺、塞尺
3	相邻两根竖向构件的标高偏差		3	水平仪和钢直尺
4	同层构件标高偏差		5	水平仪和钢直尺，以构件顶端为测量面进行测量
5	相邻两竖向构件间距偏差		2	用钢卷尺在构件顶部测量
6	构件外表面平面度	相邻三构件	2	用钢直尺和经纬仪或全站仪测量
		$b\leqslant20m$	5	
		$b\leqslant40m$	7	
		$b\leqslant60m$	9	
		$b>60m$	10	

注：h 为围护结构高度，b 为围护结构宽度。

288

检查数量：按构件数抽查 5%，且不应少于 3 处。

检验方法：见表 13.7.3-2。

横向主要构件安装质量的允许偏差

表 13.7.3-2

	检查项目		允许偏差（mm）	检验方法
1	单个横向构件水平度	$l \leqslant 2m$	2	水平尺
		$l > 2m$	3	
2	相邻两横向构件间距差	$s \leqslant 2m$	1.5	钢卷尺
		$s > 2m$	2	
3	相邻两横向构件的标高差		$\leqslant 1$	水平尺
4	横向构件高度差	$b \leqslant 35m$	5	水平仪
		$b > 35m$	7	

注：l 为构件长度，s 为间距，b 为幕墙结构宽度。

3. 铝合金幕墙结构分格框对角线安装质量的允许偏差应符合表 13.7.3-3 的规定，测量检查应在风力小于 4 级时进行。

检查教量：按分格数抽查 10%，且不应少于 3 处。

检验方法：用钢尺实测。

分格框对角线安装质量的允许偏差

表 13.7.3-3

检查项目		允许偏差（mm）	检验方法
分格线对角线差	$\leqslant 2m$	3	钢卷尺
	$> 2m$	3.5	

4. 一个分格铝合金型材的表面质量和检验方法应符合表 13.7.3-4 的规定。

检查数量：全数检查。

检验方法：见表 13.7.3-4。

一个分格铝合金型材的表面质量和检验方法

表 13.7.3-4

检查项目	质量要求	检验方法
明显划伤和长度>100mm 的轻微划伤	不允许	观察
长度≤100mm 的轻微划伤	≤2条	用钢尺检查
擦伤总面积	≤500mm²	用钢尺检查

13.8 防腐处理工程

13.8.1 阳极氧化

阳极氧化膜的厚度应符合现行国家标准《铝合金建筑型材》GB 5237.1 和《铝合金结构设计规范》GB 50429 的有关规定及设计文件的要求，对应级别的厚度应符合表 13.8.1-1 的要求。

检查数量：按表 13.8.1-2。

检验方法：应按现行国家标准《铝及铝合金阳极氧化 氧化膜厚度的测量方法》GB/T 8014.2 和《非磁性基体金属上非导电覆盖层 覆

盖层厚度测量 涡流法》GB/T 4957 规定的方法进行，或检查检验报告。

氧化膜厚度级别（μm）　　表 13.8.1-1

级　　别	最小平均厚度	最小局部厚度
AA10	10	8
AA15	15	12
AA20	20	16
AA25	25	20

抽样数量（根）　　表 13.8.1-2

批量范围	随机取样数	不合格数上限
1～10	全部	0
11～200	10	1
201～300	15	1
301～500	20	2
501～800	30	3
800 以上	40	4

13.8.2 涂装

1. 电泳涂漆复合膜的厚度应符合表 13.8.2-1 的规定。

检查数量：按表 13.8.1-2。

电泳涂漆复合膜厚度（μm）　　表 13.8.2-1

级别	阳极氧化膜		漆　膜	复合膜
	平均膜厚	局部膜厚	局部膜厚	局部膜厚
A	≥10	≥8	≥12	≥21
B	≥10	≥8	≥7	≥16

2. 装饰面上氟碳喷涂的漆膜厚度应符合表 13.8.2-2 的规定。

检查数量：按表 13.8.1-2。

氟碳喷涂的漆膜厚度（μm）　　表 13.8.2-2

级　　别	最小平均厚度	最小局部厚度
二涂	≥30	≥25
三涂	≥40	≥34
四涂	≥65	≥55

13.9　焊缝外观质量标准及尺寸允许偏差

13.9.1　焊缝外观质量标准

焊缝外观质量标准应符合表 13.9.1 的规定。

焊缝外观质量标准　　　表 13.9.1

项　　目	允许偏差
未焊满（指不足设计要求）	≤0.2+0.02t，且≤1.0mm，每 100mm 焊缝内缺陷总长≤25mm
根部收缩	≤0.2+0.02t，且≤1.0mm
咬边深度	母材 t≤10mm 时，≤0.5mm；母材 t>10mm 时，≤0.8mm。连续长度≤100mm
焊缝两侧咬边总长度	板材不得超过焊缝总长度的 10%；管材不得超过焊缝总长度的 20%

项　目	允许偏差
裂纹	不允许
弧坑裂纹	不允许
电弧擦伤	不允许
焊缝接头不良	缺口深度$\leqslant 0.05t$，且$\leqslant 0.5$mm，每1000mm焊缝不应超过1处
焊瘤	不允许
未焊透	不加衬垫单面焊容许值$\leqslant 0.15t$，且$\leqslant 1.5$mm，每100mm焊缝内缺陷总长$\leqslant 25$mm
表面夹渣	不允许
表面气孔	不允许

注：t为连接处较薄的板厚；表中数值均为正值。

13.9.2　焊缝尺寸允许偏差

焊缝尺寸允许偏差应符合表 13.9.2 的规定。

焊缝尺寸允许偏差　　　　表 13.9.2

序号	项目	图　　例	允许偏差
1	对接焊缝余高 C		母材 $t\leqslant$ 10mm 时，$\leqslant$ 3.0mm；母材 t >10mm 时，$\leqslant$ $t/3$ 且$\leqslant 5$mm

序号	项目	图　　例	允许偏差
2	角焊缝余高 C		$h_f \leqslant 6$ 时， $\leqslant 1.5mm$ $h_f > 6$ 时， $\leqslant 3.0mm$
3	表面凹陷 d		除仰焊位置单面焊缝内表面允许有深度 $d \leqslant 0.2t$ 且 $\leqslant 2mm$ 的凹陷外，其他所有位置的焊缝表面应不低于基本金属
4	错边量 d		母材 $t \leqslant 5mm$ 时，$\leqslant 0.5mm$；母材 $t > 5mm$ 时，$0.1t$ 且 $\leqslant 2mm$

注：1. $h_f > 8.0mm$ 的角焊缝，其局部焊脚尺寸允许低于设计
　　　要求值 $1.0mm$，但总长度不得超过焊缝长度 10%。
　　2. 表中数值均为正值。

13.10 紧固件连接工程检验项目

复验螺栓连接副的预拉力平均值和标准偏差应符合表 13.10 的规定。

复验螺栓连接副的预拉力和标准偏差（kN）

表 13.10

螺栓直径（mm）	16	20	24
紧固预拉力的平均值	99～120	154～186	222～270
标准偏差	10.1	15.7	22.7

13.11 铝合金构件组装的允许偏差

13.11.1 单元构件组装的允许偏差

单元构件组装的允许偏差应符合表 13.2.1 的规定。

13.11.2 明框幕墙组装的允许偏差

明框幕墙组装的允许偏差应符合表 13.11.2 的规定。

明框幕墙组装的允许偏差（mm）

表 13.11.2

项　　目	构件长度	允许偏差
型材槽口尺寸	≤2000	±2.0
	>2000	±2.5

项　目	构件长度	允许偏差
组件对边尺寸差	≤2000	≤2.0
	>2000	≤3.0
组件对角线尺寸差	≤2000	≤3.0
	>2000	≤3.5

13.11.3 隐框幕墙组装的允许偏差

隐框幕墙组装的允许偏差应符合表 13.11.3 的规定。

隐框幕墙组装的允许偏差（mm）　表 13.11.3

序号	项　目	尺寸范围	允许偏差
1	框长宽尺寸	—	±1.0
2	组件长宽尺寸	—	±2.5
3	框接缝高度差	—	≤0.5
4	框内侧对角线差及组件对角线差	当长边小于等于 2000 时	≤2.5
		当长边大于 2000 时	≤3.5
5	框组装间隙	—	≤0.5
6	胶缝宽度	—	+2.0 0
7	胶缝厚度	—	+0.5 0

序号	项　目	尺寸范围	允许偏差
8	组件周边玻璃与铝框位置差	—	±1.0
9	结构组件平面度	—	≤3.0
10	组件厚度	—	±1.5

本章参考文献

《铝合金结构工程施工质量验收规范》GB 50576—2010

14 钢管混凝土工程

14.1 基本规定

14.1.1 一、二级焊缝的质量等级及缺陷分级应符合表 14.1.1 的规定。

一、二级焊缝质量等级及缺陷分级 表 14.1.1

焊缝质量等级		一 级	二 级
内部缺陷 超声波探伤	评定等级	Ⅱ	Ⅲ
	检验等级	B 级	B 级
	探伤比例	100%	20%
内部缺陷 射线探伤	评定等级	Ⅱ	Ⅲ
	检验等级	AB 级	AB 级
	探伤比例	100%	20%

注：探伤比例的计数方法应按以下原则：

（1）对工厂制作焊缝，应按每条焊缝计算百分比，且探伤长度不应小于 200mm，当焊缝长度不足 200mm 时，应对整条焊缝进行探伤；

（2）对现场安装焊缝，应按同一类型、同一施焊条件的焊缝条数计算百分比，探伤长度不应小于 200mm，并不应少于 1 条焊缝。

14.1.2 钢管混凝土子分部应按表 14.1.2 的规定划分分项工程。

钢管混凝土子分部工程所含分项工程表 表 14.1.2

子分部工程	分项工程
钢管混凝土工程	钢管构件进场验收、钢管混凝土构件现场拼装、钢管混凝土柱柱脚锚固、钢管混凝土构件安装、钢管混凝土柱与钢筋混凝土梁连接、钢管内钢筋骨架、钢管内混凝土浇筑

14.2 钢管构件进场验收

钢管构件进场应抽查构件的尺寸偏差，其允许偏差应符合表 14.2 的规定。

检查数量：同批构件抽查 10%，且不少于 3 件。

检验方法：见表 14.2。

钢管构件进场抽查尺寸允许偏差（mm） 表 14.2

项　目	允许偏差	检验方法
直径 D	$\pm D/500$ 且不应大于 ± 5.0	尺量检查
构件长度 L	± 3.0	
管口圆度	$D/500$ 且不应大于 5.0	

项 目		允许偏差	检验方法
弯曲矢高		$L/1500$ 且不应大于 5.0	拉线、吊线和尺量检查
钢筋贯穿管柱孔 (d 钢筋直径)	孔径偏差范围	中间 $1.2d\sim1.5d$ 外侧 $1.5d\sim2.0d$ 长圆孔宽 $1.2d\sim1.5d$	尺量检查
	轴线偏差	1.5	
	孔距	任意两孔距离±1.5 两端孔距离±2.0	

14.3 钢管混凝土构件现场拼装

14.3.1 钢管混凝土构件现场拼装焊接二、三级焊缝外观质量应符合表 14.3.1 的规定。

检查数量：同批构件抽查 10%，且不少于 3 件。

检验方法：观察检查、尺量检查。

二、三级焊缝外观质量标准　表 14.3.1

项 目	允许偏差(mm)	
缺陷类型	二 级	三 级
未焊满(指不足设计要求)	$\leqslant 0.2+0.02t$，且不应大于 1.0	$\leqslant 0.2+0.04t$，且不应大于 2.0
	每 100.0 焊缝内缺陷总长不应大于 25.0	

项 目	允许偏差(mm)	
根部收缩	≤0.2+0.02t，且不应大于1.0	≤0.2+0.04t，且不应大于2.0
	长度不限	
咬边	≤0.05t，且不应大于0.5；连续长度≤100.0，且焊缝两侧咬边总长不应大于10%焊缝全长	≤0.1t，且不应大于1.0，长度不限
弧坑裂纹	—	允许存在个别长度≤5.0的弧坑裂纹
电弧擦伤	—	允许存在个别电弧擦伤
接头不良	缺口深度0.05t，且不应大于0.5	缺口深度0.1t，且不应大于1.0
	每1000.0焊缝不应超过1处	
表面夹渣	—	深≤0.2t 长≤0.5t，且不应大于2.0
表面气孔	—	每50.0焊缝长度内允许直径≤0.4t，且不应大于3.0的气孔2个，孔距≥6倍孔径

注：表内 t 为连接处较薄的板厚。

14.3.2 钢管混凝土构件对接焊缝和角焊缝余高及错边允许偏差应符合表 14.3.2 的规定。

检查数量：同批构件抽查 10%，且不少于 3 件。

检验方法：焊缝量规检查。

焊缝余高及错边允许偏差 表 14.3.2

序号	内容	图 例	允许偏差（mm）	
			一、二级	三级
1	对接焊缝余高 C	B C	$B<20$ 时，C 为 $0\sim3.0$ $B\geqslant20$ 时，C 为 $0\sim4.0$	$B<20$ 时，C 为 $0\sim4.0$ $B\geqslant20$ 时，C 为 $0\sim5.0$
2	对接焊缝错边 d	B t d	$d<0.15t$，且不应大于 2.0	$d<0.15t$，且不应大于 3.0
3	角焊缝余高 C	h_f c h_f	$h_f\leqslant6$ 时，C 为 $0\sim1.5$ $h_f>6$ 时，C 为 $0\sim3.0$	

注：$h_f>8.0$mm 的角焊缝其局部焊脚尺寸允许低于设计要求值 1.0mm，但总长度不得超过焊缝长度 10%。

14.3.3 钢管混凝土构件现场拼装允许偏差应符合表 14.3.3 的规定。

检查数量：同批构件抽查 10%，且不少于 3 件。

检验方法：见表 14.3.3。

钢管混凝土构件现场拼装允许偏差（mm）

表 14.3.3

项　目	允许偏差		检验方法	图　例
	单层柱	多层柱		
一节柱高度	±5.0	±3.0	尺量检查	
对口错边	$t/10$，且不应大于3.0	2.0	焊缝量规检查	
柱身弯曲矢高	$H/1500$，且不应大于10.0	$H/1500$，且不应大于5.0	拉线、直角尺和尺量检查	
牛腿处的柱身扭曲	3.0	$d/250$，且不应大于5.0	拉线、吊线和尺量检查	
牛腿面的翘曲 Δ	2.0	$L_3 \leqslant 1000$，2.0；$L_3 > 1000$，3.0	拉线、直角尺和尺量检查	
柱底面到柱端与梁连接的最上一个安装孔距离 L	±$L/1500$，且不应超过±15.0	—	尺量检查	
柱两端最外侧安装孔、穿钢筋孔距离 L_1		±2.0		
柱底面到牛腿支承面距离 L_2	±$L_2/2000$，且不应超过±8.0	—	尺量检查	
牛腿端孔到柱轴线距离 L_3	±3.0	±3.0	尺量检查	

303

项 目	允许偏差		检验方法	图 例
	单层柱	多层柱		
管肢组合尺寸偏差 h：长方向尺寸 δ_1：长方向偏差 b：宽方向尺寸 δ_2：宽方向偏差	$\delta_1/h \leqslant 1/1000$； $\delta_2/b \leqslant 1/1000$		尺量检查	
缀件尺寸偏差 h_1：两管肢间距 δ_1：管肢间缀件偏差 h_2：两缀件间距离 δ_2：两缀件间偏差	$\delta_1/h_1 \leqslant 1/1000$； $\delta_2/h_2 \leqslant 1/1000$		尺量检查	
缀件节点偏差 d：钢管柱直径 d_1：缀件直径 δ：缀件节点偏差	d_1不宜小于50； δ不应大于$d/4$(宜交于中心)		尺量检查	

注：t为钢管壁厚度；H为柱身高；d为钢管直径，矩形管长边尺寸。

14.4 钢管混凝土柱柱脚锚固

钢管混凝土柱柱脚安装允许偏差应符合表 14.4 的规定。

检查数量：同批构件抽查 10%，且不少于 3 处。

检验方法：尺量检查。

钢管混凝土柱柱脚安装允许偏差（mm）

表 14.4

项　　目		允许偏差
埋入式柱脚	柱轴线位移	5
	柱标高	±5.0
端承式柱脚	支承面标高	±3.0
	支承面水平度	$L/1000$，且不应大于 5.0
	地脚螺栓中心线偏移	4.0
	地脚螺栓之间中心距	±2.0
	地脚螺栓露出长度	0，+30.0
	地脚螺栓露出螺纹长度	0，+30.0

注：L 为支承面长度。

14.5 钢管混凝土构件安装

14.5.1 钢管混凝土构件垂直度允许偏差应符合表 14.5.1 的规定。

检查数量：同批构件抽查 10%，且不少于 3 件。

检验方法：见表 14.5.1。

钢管混凝土构件安装垂直度允许偏差（mm）

表 14.5.1

项　目		允许偏差	检验方法
单层	单层钢管混凝土构件的垂直度	$h/1000$，且不应大于 10.0	经纬仪、全站仪检查
多层及高层	主体结构钢管混凝土构件的整体垂直度	$H/2500$，且不应大于 30.0	经纬仪、全站仪检查

注：h 为单层钢管混凝土构件的高度，H 为多层及高层钢管混凝土构件全高。

14.5.2 钢管混凝土构件安装允许偏差应符合表 14.5.2 的规定。

检查数量：同批构件抽查 10%，且不少于 3 件。

检验方法：见表 14.5.2。

钢管混凝土构件安装允许偏差（mm）

表 14.5.2

项　目		允许偏差	检验方法
单层	柱脚底座中心线对定位轴线的偏移	5.0	吊线和尺量检查
	单层钢管混凝土构件弯曲矢高	$h/1500$，且不应大于 10.0	经纬仪、全站仪检查

项　　目		允许偏差	检验方法
多层及高层	上下构件连接处错口	3.0	尺量检查
	同一层构件各构件顶高度差	5.0	水准仪检查
	主体结构钢管混凝土构件总高度差	$\pm H/1000$，且不应大于 30.0	水准仪和尺量检查

注：h 为单层钢管构件高度，H 为构件全高。

14.6　钢管混凝土柱与钢筋混凝土梁连接

钢管混凝土柱与钢筋混凝土梁连接允许偏差应符合表 14.6 的规定。

检查数量：全数检查。

检验方法：见表 14.6。

钢管混凝土柱与钢筋混凝土梁连接允许偏差（mm）

表 14.6

项　　目	允许偏差	检验方法
梁中心线对柱中心线偏移	5	经纬仪、吊线和尺量检查
梁标高	± 10	水准仪、尺量检查

14.7 钢管内钢筋骨架

钢筋骨架尺寸和安装允许偏差应符合表 14.7 的规定。

检查数量：同批构件抽查 10%，且不少于 3 件。

检验方法：见表 14.7。

钢筋骨架尺寸和安装允许偏差（mm）

表 14.7

项次	检验项目			允许偏差	检验方法
1	钢筋骨架		长度	±10	尺量检查
		截面	圆形直径	±5	尺量检查
			矩形边长	±5	尺量检查
		钢筋骨架安装中心位置		5	尺量检查
2	受力钢筋		间距	±10	尺量检查，测量两端、中间各一点，取最大值
			保护层厚度	±5	尺量检查
3	箍筋、横筋间距			±20	尺量检查，连续三档，取最大值
4	钢筋骨架与钢管间距			+5，−10	尺量检查

308

14.8 《钢管混凝土结构技术规程》CECS 28： 2012 关于钢管制作与安装的规定

14.8.1 施工单位自行卷制的钢管，所采用的板材应平直，表面未受冲击，未锈蚀，当表面有轻微锈蚀、麻点、划痕等缺陷时，其深度不得大于钢板厚度负偏差值的 1/2，钢管壁厚的负偏差不应超过设计壁厚的 3%。

14.8.2 钢管制作的允许偏差应符合表 14.8.2 的要求。

钢管制作允许偏差 表 14.8.2

偏差名称	示意图	允许值
钢管外径		$\pm\dfrac{d}{500}$
纵向弯曲		$f\leqslant\dfrac{l}{1500}$，且 $f\leqslant5\mathrm{mm}$
椭圆度		$\dfrac{f}{d}\leqslant\dfrac{1}{500}$

偏差名称	示意图	允许值
管端不平度		$\dfrac{f}{d} \leqslant \dfrac{5}{1000}$ $f \leqslant 3\text{mm}$
管肢组合误差		$\dfrac{\delta_1}{b} \leqslant \dfrac{1}{1000}$ $\dfrac{\delta_2}{b} \leqslant \dfrac{1}{1000}$
缀件组合误差		$\dfrac{\delta_1}{l_1} \leqslant \dfrac{1}{1000}$ $\dfrac{\delta_2}{l_2} \leqslant \dfrac{1}{1000}$

14.8.3 钢管的吊装允许偏差应符合表 14.8.3 的要求。

钢管吊装允许偏差　　　表 14.8.3

序号	检查项目	允许偏差
1	立柱中心线与基础中心线	±5mm
2	立柱顶面标高和设计标高	±10mm，中间层±20mm
3	立柱顶面不平度	5mm

序号	检查项目	允许偏差
4	立柱不垂直度	长度的 1/1000，最大不大于 15mm
5	各柱之间的距离	间距的 1/1000
6	各立柱上下两平面相应的对角线差	长度的 1/1000，最大不大于 20mm

本章参考文献

1　《钢管混凝土工程施工质量验收规范》GB 50628—2010

2　《钢管混凝土结构设计与施工规程》CECS 28：2012

15 通风与空调工程

15.1 风管制作

15.1.1 金属风管的制作应符合下列规定：风管外径或外边长的允许偏差：当小于或等于300mm时，为2mm；当大于300mm时，为3mm。管口平面度的允许偏差为2mm，矩形风管两条对角线长度之差不应大于3mm；圆形法兰任意正交两直径之差不应大于2mm。

　　检查数量：通风与空调工程按制作数量10%抽查，不得少于5件；净化空调工程按制作数量抽查20%，不得少于5件。

　　检查方法：查验测试记录，进行装配试验，尺量、观察检查。

15.1.2 金属法兰连接风管的制作还应符合下列规定：风管法兰的焊缝应熔合良好、饱满，无假焊和孔洞；法兰平面度的允许偏差为2mm，同一批量加工的相同规格法兰的螺孔排列应一致，并具有互换性。

检查数量：通风与空调工程按制作数量抽查10%，不得少于5件；净化空调工程按制作数量抽查20%，不得少于5件。

检查方法：查验测试记录，进行装配试验，尺量、观察检查。

15.1.3 无法兰连接风管的制作应符合下列规定：

（1）采用C、S形插条连接的矩形风管，其边长不应大于630mm；插条与风管加工插口的宽度应匹配一致，其允许偏差为2mm；连接应平整、严密，插条两端压倒长度不应小于20mm；

（2）采用立咬口、包边立咬口连接的矩形风管，其立筋的高度应大于或等于同规格风管的角钢法兰宽度。同一规格风管的立咬口、包边立咬口的高度应一致，折角应倾角、直线度允许偏差为5/1000；咬口连接铆钉的间距不应大于150mm，间隔应均匀；立咬口四角连接处的铆固，应紧密、无孔洞。

检查数量：按制作数量抽查10%，不得少于5件；净化空调工程抽查20%，均不得少于5件。

检查方法：查验测试记录，进行装配试验，尺量、观察检查。

15.1.4 硬聚氯乙烯风管除应符合下列规定：风管的两端面平行，无明显扭曲，外径或外边长的允许偏差为 2mm；表面平整、圆弧均匀，凹凸不应大于 5mm。

检查数量：按风管总数抽查 10%，法兰数抽查 5%，不得少于 5 件。

检查方法：尺量、观察检查。

15.1.5 有机玻璃钢风管除应符合下列规定：

（1）风管不应有明显扭曲，内表面应平整、光滑，外表面应整齐、美观，厚度应均匀，且边缘无毛刺，并无气泡及分层现象；

（2）风管的外径或外边长尺寸的允许偏差为 3mm，圆形风管的任意正交两直径之差不应大于 5mm；矩形风管的两对角线之差不应大于 5mm；

（3）法兰应与风管成一整体，并应有过渡圆弧，并与风管轴线成直角，管口平面度的允许偏差为 3mm；螺孔的排列应均匀，至管壁的距离应一致，允许偏差为 2mm。

检查数量：按风管总数抽查 10%，法兰数抽查 5%，不得少于 5 件。

检查方法：尺量、观察检查。

15.1.6 双面铝箔绝热板风管除应符合下列规定：

（1）板材拼接宜采用专用的连接构件，连接后板面平面度的允许偏差为 5mm；

（2）风管采用法兰连接时，其连接应牢固，法兰平面度的允许偏差为 2mm。

检查数量：按风管总数抽查 10％，法兰数抽查 5％，不得少于 5 件。

检查方法：尺量、观察检查。

15.2 风管部件与消声器制作

风口的验收，规格以颈部外径与外边长为准，其尺寸的允许偏差值应符合表 15.2 的规定。

风口尺寸允许偏差（mm）　　　表 15.2

圆　形　风　口		
直　　径	≤250	＞250
允 许 偏 差	0～−2	0～−3

矩　形　风　口		
边　　长	＜300	300～800	＞800
允 许 偏 差	0～−1	0～−2	0～−3
对角线长度	＜300	300～500	＞500
对角线长度之差	≤1	≤2	≤3

15.3 风管系统安装

15.3.1 风管的连接应平直、不扭曲。明装风管水平安装，水平度的允许偏差为 3/1000，总偏差不应大于 20mm。明装风管垂直安装，垂直度的允许偏差为 2/1000，总偏差不应大于 20mm。暗装风管的位置，应正确、无明显偏差。

检查数量：按数量抽查 10%，但不得少于 1 个系统。

检查方法：尺量、观察检查。

15.3.2 风口与风管的连接应严密、牢固，与装饰面相紧贴；表面平整、不变形，调节灵活、可靠。条形风口的安装，接缝处应衔接自然，无明显缝隙。同一厅室、房间内的相同风口的安装高度应一致，排列应整齐。

明装无吊顶的风口，安装位置和标高偏差不应大于 10mm。

风口水平安装，水平度的偏差不应大于 3/1000。

风口垂直安装，垂直度的偏差不应大于 2/1000。

检查数量：按数量抽查 10%，不得少于 1 个系统或不少于 5 件和 2 个房间的风口。

检查方法：尺量、观察检查。

15.4 通风与空调设备安装

15.4.1 通风机的安装应符合下列规定：

（1）通风机的安装，应符合表 15.4.1 的规定，叶轮转子与机壳的组装位置应正确；

通风机安装的允许偏差　　表 15.4.1

项次	项　目		允许偏差	检验方法
1	中心线的平面位移		10mm	经纬仪或拉线和尺量检查
2	标高		±10mm	水准仪或水平仪、直尺、拉线和尺量检查
3	皮带轮轮宽中心平面偏移		1mm	在从动皮带轮端面拉线和尺量检查
4	传动轴水平度		纵向 0.2/1000 横向 0.3/1000	在轴或皮带轮0°和180°的两个位置上，用水平仪检查
5	联轴器	两轴芯径向位移	0.05mm	在联轴器互相垂直的四个位置上，用百分表检查
		两轴线倾斜	0.2/1000	

（2）现场组装的轴流风机叶片安装角度应一致，达到在同一平面内运转，叶轮与筒体之间的间隙应均匀，水平度允许偏差为 1/1000；

（3）安装隔振器的地面应平整，各组隔振器承受荷载的压缩量应均匀，高度误差应小于 2mm。

检查数量：按总数抽查 20%，不得少于 1 台。

检查方法：尺量、观察或检查施工记录。

15.4.2 除尘设备的安装应符合下列规定：除尘器的安装位置应正确、牢固平稳，允许误差应符合表 15.4.2 的规定。

除尘器安装允许偏差和检验方法

表 15.4.2

项次	项　　目		允许偏差 （mm）	检验方法
1	平面位移		≤10	用经纬仪或拉线、尺量检查
2	标高		±10	用水准仪、直尺、拉线和尺量检查
3	垂直度	每米	≤2	吊线和尺量检查
		总偏差	≤10	

检查数量：按总数抽查 20%，不得少于 1 台。

检查方法：尺量、观察检查及检查施工记录。

15.4.3 现场组装的静电除尘器的安装，还应符合设备技术文件及下列规定：

（1）阳极板组合后的阳极排平面度允许偏差为 5mm，其对角线允许偏差为 10mm；

（2）阴极小框架组合后主平面的平面度允许偏差为 5mm，其对角线允许偏差为 10mm；

（3）阴极大框架的整体平面度允许偏差为 15mm，整体对角线允许偏差为 10mm；

（4）阳极板高度小于或等于 7m 的电除尘器，阴、阳极间距允许偏差为 5mm；阳极板高度大于 7m 的电除尘器，阴、阳极间距允许偏差为 10mm；

（5）振打锤装置的固定，应可靠；振打锤的转动，应灵活。锤头方向应正确；振打锤头与振打砧之间应保持良好的线接触状态，接触长度应大于锤头厚度的 0.7 倍。

检查数量：按总数抽查 20%，不得少于 1 组。

检查方法：尺量、观察检查及检查施工记录。

15.4.4 现场组装布袋除尘器的安装，应符合下列规定：

脉冲袋式除尘器的喷吹孔，应对准文氏管的中心，同心度允许偏差为 2mm。

检查数量：按总数抽查 20%，不得少于 1 台。

检查方法：尺量、观察检查及检查施工记录。

15.4.5 洁净室空气净化设备的安装，应符合下列规定：

机械式余压阀的安装，阀体、阀板的转轴均应水平，允许偏差为 2/1000。

检查数量：按总数抽查 20%，不得少于 1 件。

检查方法：尺量、观察检查。

15.4.6 装配式洁净室的安装应符合下列规定：

（1）洁净室的地面应干燥、平整，平整度允许偏差为 1/1000；

（2）壁板的构配件和辅助材料的开箱，应在清洁的室内进行，安装前应严格检查其规格和质量。壁板应垂直安装，底部宜采用圆弧或钝角交接；安装后的壁板之间、壁板与顶板间的拼缝，应平整严密，墙板的垂直允许偏差为 2/1000，顶板水平度的允许偏差与每个单间的几何尺寸的允许偏差均为 2/1000。

检查数量：按总数抽查 20%，不得少于 5 处。

检查方法：尺量、观察检查及检查施工记录。

15.4.7 洁净层流罩的安装应符合下列规定：

层流罩安装的水平度允许偏差为 1/1000，高度的允许偏差为±1mm。

检查数量：按总数抽查 20%，且不得少于 5 件。

检查方法：尺量、观察检查及检查施工记录。

15.4.8 空气风幕机的安装，位置方向应正确、牢固可靠，纵向垂直度与横向水平度的偏差均不应大于 2/1000。

检查数量：按总数 10% 的比例抽查，且不得少于 1 台。

检查方法：观察检查。

15.5 空调制冷系统安装

15.5.1 制冷机组与制冷附属设备的安装应符合下列规定：

（1）制冷设备及制冷附属设备安装位置、标高的允许偏差，应符合表 15.5.1 的规定；

制冷设备与制冷附属设备安装允许偏差和检验方法

表 15.5.1

项次	项目	允许偏差 （mm）	检验方法
1	平面位移	10	经纬仪或拉线和尺量检查
2	标高	±10	水准仪或经纬仪、拉线和尺量检查

（2）整体安装的制冷机组，其机身纵、横向水平度的允许偏差为 1/1000，并应符合设备技术文件的规定；

（3）制冷附属设备安装的水平度或垂直度允许偏差为 1/1000，并应符合设备技术文件的规定；

（4）采用隔振措施的制冷设备或制冷附属设备，其隔振器安装位置应正确；各个隔振器的压缩量，应均匀一致，偏差不应大于 2mm。

检查数量：全数检查。

检查方法：在机座或指定的基准面上用水平仪、水准仪等检测、尺量与观察检查。

15.5.2 燃油系统油泵和蓄冷系统载冷剂泵的安

装，纵、横向水平度允许偏差为 1/1000，联轴器两轴芯轴向倾斜允许偏差为 0.2/1000，径向位移为 0.05mm。

检查数量：全数检查。

检查方法：在机座或指定的基准面上，用水平仪、水准仪等检测，尺量、观察检查。

15.6 空调水系统管道与设备安装

15.6.1 法兰连接的管道，法兰面应与管道中心线垂直，并同心。法兰对接应平行，其偏差不应大于其外径的 1.5/1000，且不得大于 2mm；连接螺栓长度应一致、螺母在同侧、均匀拧紧。螺栓紧固后不应低于螺母平面。法兰的衬垫规格、品种与厚度应符合设计的要求。

检查数量：按总数抽查 5%，且不得少于 5 处。

检查方法：尺量、观察检查。

15.6.2 钢制管道的安装应符合下列规定：管道安装的坐标、标高和纵、横向的弯曲度应符合表 15.6.2 的规定。在吊顶内等暗装管道的位置应正确，无明显偏差。

管道安装的允许偏差和检验方法

表 15.6.2

项 目		允许偏差（mm）	检 查 方 法
坐标	架空及地沟 室外	25	按系统检查管道的起点、终点、分支点和变向点及各点之间的直管
	架空及地沟 室内	15	
	埋 地	60	
标高	架空及地沟 室外	±20	用经纬仪、水准仪、液体连通器、水平仪、拉线和尺量检查
	架空及地沟 室内	±15	
	埋 地	±25	
水平管道平直度	$DN \leqslant 100mm$	$2L‰$，最大 40	用直尺、拉线和尺量检查
	$DN > 100mm$	$3L‰$，最大 60	
立管垂直度		$5L‰$，最大 25	用直尺、线坠、拉线和尺量检查
成排管段间距		15	用直尺尺量检查
成排管段或成排阀门在同一平面上		3	用直尺、拉线和尺量检查

注：L——管道的有效长度(mm)。

检查数量：按总数抽查 10%，且不得少于 5 处。

检查方法：尺量、观察检查。

15.6.3 钢塑复合管道的安装，沟槽式连接的管道支、吊架的间距应符合表 15.6.3 的规定。

沟槽式连接管道的沟槽及支、吊架的间距

表 15.6.3

公称直径 (mm)	沟槽深度 (mm)	允许偏差 (mm)	支、吊架的 间距(m)	端面垂直度 允许偏差(mm)
65～100	2.20	0～+0.3	3.5	1.0
125～150	2.20	0～+0.3	4.2	
200	2.50	0～+0.3	4.2	
225～250	2.50	0～+0.3	5.0	1.5
300	3.0	0～+0.5	5.0	

注：1. 连接管端面应平整光滑、无毛刺；沟槽过深，应作为
废品，不得使用。

2. 支、吊架不得支承在连接头上，水平管的任意两个连
接头之间必须有支、吊架。

检查数量：按总数抽查 10%，且不得少于
5 处。

检查方法：尺量、观察检查、查阅产品合格
证明文件。

15.6.4 阀门、集气罐、自动排气装置、除污器
（水过滤器）等管道部件的安装应符合设计要求，
并应符合下列规定：阀门安装的位置、进出口方
向应正确，并便于操作；连接应牢固紧密，启闭
灵活；成排阀门的排列应整齐美观，在同一平面
上的允许偏差为 3mm。

检查数量：按规格、型号抽查 10%，且不

得少于2个。

检查方法：对照设计文件尺量、观察和操作检查。

15.6.5 冷却塔安装应符合下列规定：

（1）基础标高应符合设计的规定，允许误差为±20mm。冷却塔地脚螺栓与预埋件的连接或固定应牢固，各连接部件应采用热镀锌或不锈钢螺栓，其紧固力应一致、均匀；

（2）冷却塔安装应水平，单台冷却塔安装水平度和垂直度允许偏差均为2/1000。

检查数量：全数检查。

检查方法：尺量、观察检查，积水盘做充水试验或查阅试验记录。

15.6.6 水泵及附属设备的安装应符合下列规定：

（1）水泵的平面位置和标高允许偏差为±10mm，安装的地脚螺栓应垂直、拧紧，且与设备底座接触紧密；

（2）垫铁组放置位置正确、平稳，接触紧密，每组不超过3块；

（3）整体安装的泵，纵向水平偏差不应大于0.1/1000，横向水平偏差不应大于0.20/1000；解体安装的泵纵、横向安装水平偏差均不应大于0.05/1000；水泵与电机采用联轴器连接时，联轴器两轴芯的允许偏差，轴向倾斜不应大于 0.2/1000，径向位移不应大于 0.05mm；小型整体安装的管道水泵不应有明显偏斜。

检查数量：全数检查。

检查方法：扳手试拧、观察检查，用水平仪和塞尺测量或查阅设备安装记录。

15.6.7 水箱、集水器、分水器、储冷罐等设备的安装，支架或底座的尺寸、位置符合设计要求。设备与支架或底座接触紧密，安装平正、牢固。平面位置允许偏差为 15mm，标高允许偏差为 ±5mm，垂直度允许偏差为 1/1000。

检查数量：全数检查。

检查方法：尺量、观察检查，旁站或查阅试验记录。

15.7 防腐与绝热

绝热材料层应密实，无裂缝、空隙等缺陷。表面应平整，当采用卷材或板材时，允许偏差为 5mm；采用涂抹或其他方式时，允许偏差为 10mm。

检查数量：管道按轴线长度抽查 10%；部件、阀门抽查 10%，且不得少于 2 个。

检查方法：观察检查、用钢丝刺入保温层、

尺量。

15.8 系统调试

15.8.1 系统无生产负荷的联合试运转及调试应符合下列规定：

（1）系统总风量调试结果与设计风量的偏差不应大于 10%；

（2）空调冷热水、冷却水总流量测试结果与设计流量的偏差不应大于 10%；

（3）舒适空调的温度、相对湿度应符合设计的要求。恒温、恒湿房间室内空气温度、相对湿度及波动范围应符合设计规定。

检查数量：按风管系统数量抽查 10%，且不得少于 1 个系统。

检查方法：观察、旁站、查阅调试记录。

15.8.2 净化空调系统还应符合下列规定：

（1）单向流洁净室系统的系统总风量调试结果与设计风量的允许偏差为 0～20%，室内各风口风量与设计风量的允许偏差为 15%。

新风量与设计新风量的允许偏差为 10%。

（2）单向流洁净室系统的室内截面平均风速的允许偏差为 0～20%，且截面风速不均匀度不应大于 0.25。

新风量和设计新风量的允许偏差为 10%。

检查数量：调试记录全数检查，测点抽查 5%，且不得少于 1 点。

检查方法：检查、验证调试记录，按规范进行测试校核。

15.8.3 通风工程系统无生产负荷联动试运转及调试应符合下列规定：系统经过平衡调整，各风口或吸风罩的风量与设计风量的允许偏差不应大于 15%。

15.8.4 空调工程系统无生产负荷联动试运转及调试还应符合下列规定：空调工程水系统应冲洗干净、不含杂物，并排除管道系统中的空气；系统连续运行应达到正常、平稳；水泵的压力和水泵电机的电流不应出现大幅波动。系统平衡调整后，各空调机组的水流量应符合设计要求，允许偏差为 20%。

检查数量：按系统数量抽查 10%，且不得少于 1 个系统或 1 间。

检查方法：观察、用仪表测量检查及查阅调试记录。

15.9 竣工验收

净化空调系统的观感质量检查还应包括下列

项目：空调机组、风机、净化空调机组、风机过滤器单元和空气吹淋室等的安装位置应正确、固定牢固、连接严密，其偏差应符合规范有关条文的规定。

检查数量：按数量抽查 20%，且不得少于 1 个。

检查方法：尺量、观察检查。

15.10 《通风与空调工程施工规范》GB 50738—2011 规定

15.10.1 金属风管与配件制作

金属风管与配件的制作应满足设计要求，并应符合下列规定：

（1）表面应平整，无明显扭曲及翘角，凹凸不应大于 10mm；

（2）风管边长（直径）小于或等于 300mm 时，边长（直径）的允许偏差为 ±2mm；风管边长（直径）大于 300mm 时，边长（直径）的允许偏差为 ±3mm；

（3）管口应平整，其平面度的允许偏差为 2mm；

（4）矩形风管两条对角线长度之差不应大于 3mm；圆形风管管口任意正交两直径之差不应

大于 2mm。

15.10.2　非金属与复合风管及配件制作

1. 一般规定

非金属与复合风管及法兰制作的允许偏差应符合表 15.10.2 的规定。

2. 玻镁复合风管与配件制作

（1）板材放样下料应符合下列规定：板材切割线应平直，切割面和板面应垂直。切割后的风管板对角线长度之差的允许偏差为 5mm。

非金属与复合风管及法兰制作的允许偏差（mm）

表 15.10.2

风管长边尺寸 b 或直径 D	允许偏差				
	边长或直径偏差	矩形风管表面平面度	矩形风管端口对角线之差	法兰或端口端面平面度	圆形法兰任意正交两直径
$b(D) \leqslant 320$	± 2	3	3	2	3
$320 < b(D) \leqslant 2000$	± 3	5	4	4	5

（2）水平安装风管长度每隔 30m 时，应设置 1 个伸缩节。伸缩节长宜为 400mm，内边尺寸应比风管的外边尺寸大 3～5mm，伸缩节与风管中间应填塞 3～5mm 厚的软质绝热材料，且密封边长尺寸大于 1600mm 的伸缩节中间应增

加内支撑加固，内支撑加固间距按 1000mm 布置，允许偏差±20mm。

15.10.3　空气处理设备安装

空气处理设备的安装应满足设计和技术文件的要求，并应符合下列规定：采用隔振器的设备，其隔振安装位置和数量应正确，各个隔振器的压缩量应均匀一致，偏差不应大于 2mm。

15.10.4　空调冷热源与辅助设备安装

1. 一般规定

空调冷热源与辅助设备的安装应满足设计及产品技术文件的要求，并应符合下列规定：采用隔振器的设备，其隔振安装位置和数量应正确，各个隔振器的压缩量应均匀一致，偏差不应大于 2mm。

2. 冷却塔安装

冷却塔安装应符合下列规定：冷却塔安装应水平，单台冷却塔安装的水平度和垂直度允许偏差均为 2/1000。同一冷却水系统的多台冷却塔安装时，各台冷却塔的水面高度应一致，高差不应大于 30mm。

15.10.5　质量检查

1. 冷热源与辅助设备安装可按表 15.10.5-1 进行质量检查。

冷热源与辅助设备安装质量检查

表 15.10.5-1

序号	主要检查内容	检查方法	判定标准
1	设备安装位置、管口方向	对照施工图，目测，尺量	符合设计要求
2	整体安装的制冷机组机身纵横向水平度；辅助设备的水平度或垂直度	水准仪或经纬仪测量，拉线，尺量检查	允许偏差为 1/1000
3	设有弹簧隔振的制冷机组、燃油系统油泵和蓄冷系统载冷剂泵的定位装置，纵、横向水平度，联轴器两轴心偏差	水准仪或经纬仪测量，拉线，尺量检查	应设有防止机组运行时水平位移的定位装置；纵、横向水平度允许偏差为 1/1000；轴向允许偏差为 0.2/1000
4	设备隔振器的安装位置，偏差	观察，尺量	检查安装位置应正确，各个隔振器的压缩量应均匀一致，偏差不应大于 2mm

序号	主要检查内容	检查方法	判定标准
5	制冷系统吹扫、排污	观察或查阅实验记录	压力为0.6MPa的干燥压缩空气或氮气，将浅色布放在出风口检查5min，无污物为合格；系统吹扫干净后，应将系统中阀门的阀芯拆下清洗干净
6	模块式冷水机组单元多台并联组合	尺量、观察检查	接口牢固、严密不漏；连接后机组的外表平整、完好，无明显的扭曲
7	冷却塔清理和密闭性检查	观察或查阅实验记录	冷却塔水盘、过滤网处的污物清理干净，塔脚的密闭良好，水盘水位符合使用要求，喷水量和吸水量应平衡，补给水和集水池的水位正常

2. 冷热源与辅助设备的基础安装允许偏差应符合表 15.10.5-2 的规定。

设备基础的允许偏差和检验方法 表 15.10.5-2

序号	项　目		允许偏差（mm）	检验方法
1	基础坐标位置		20	经纬仪、拉线、尺量
2	基础各不同平面的标高		0，−20	水准仪、拉线、尺量
3	基础平面外形尺寸		20	尺量检查
4	凸台上平面尺寸		0，−20	
5	凹穴尺寸		+20，0	
6	基础上平面水平度	每米	5	水平仪（水平尺）和楔形塞尺检查
		全长	10	
7	竖向偏差	每米	5	经纬仪、吊线、尺量
		全高	10	
8	预埋地脚螺栓	标高（顶端）	+20，0	水准仪、拉线、尺量
		中心距（根部）	2	

15.10.6　空调水系统管道与附件安装

管道连接中的沟槽连接应符合下列规定：沟槽式管接头应采用专门的滚槽机加工成型，可在施工现场按配管长度进行沟槽加工。钢管管端至沟槽边尺寸允许偏差为-0.5～0mm，沟槽宽度允许偏差为 0～0.5mm，沟槽深度允许偏差为0～0.5mm。

本章参考文献

1.《通风与空调工程施工质量验收规范》GB 50243—2002

2.《通风与空调工程施工规范》GB 50738—2011

16 电梯工程

16.1 电力驱动的曳引式或强制式电梯安装工程质量验收

16.1.1 土建交接检验

井道尺寸是指垂直于电梯设计运行方向的井道截面沿电梯设计运行方向投影所测定的井道最小净空尺寸，该尺寸应和土建布置图所要求的一致，允许偏差应符合下列规定：

（1）当电梯行程高度小于等于 30m 时，为 0～+25mm；

（2）当电梯行程高度大于 30m 且小于等于 60m 时，为 0～+35mm；

（3）当电梯行程高度大于 60m 且小于等于 90m 时，为 0～+50mm；

（4）当电梯行程高度大于 90m 时，允许偏差应符合土建布置图要求。

16.1.2 导轨

1. 两列导轨顶面间的距离偏差应为：轿厢

导轨 0～+2mm；对重导轨 0～+3mm。

2. 每列导轨工作面（包括侧面与顶面）与安装基准线每 5m 的偏差均不应大于下列数值：

轿厢导轨和设有安全钳的对重（平衡重）导轨为 0.6mm；不设安全钳的对重（平衡重）导轨为 1.0mm。

16.1.3　门系统

层门地坎至轿厢地坎之间的水平距离偏差为 0～+3mm，且最大距离严禁超过 35mm。

16.1.4　安全部件

轿厢在两端站平层位置时，轿厢、对重的缓冲器撞板与缓冲器顶面间的距离应符合土建布置图要求。轿厢、对重的缓冲器撞板中心与缓冲器中心的偏差不应大于 20mm。

16.1.5　悬挂装置、随行电缆、补偿装置

每根钢丝绳张力与平均值偏差不应大于 5%。

16.1.6　整机安装验收

平层准确度检验应符合下列规定：

（1）额定速度小于等于 0.63m/s 的交流双速电梯，应在 ±15mm 的范围内；

（2）额定速度大于 0.63m/s 且小于等于 1.0m/s 的交流双速电梯，应在 ±30mm 的范围内；

（3）其他调速方式的电梯，应在 ±15mm 的范围内。

16.2　液压电梯安装工程质量验收

16.2.1　液压系统

液压泵站及液压顶升机构的安装必须按土建布置图进行。顶升机构必须安装牢固，缸体垂直度严禁大于 0.4‰。

16.2.2　悬挂装置、随行电缆

如果有钢丝绳或链条，每根张力与平均值偏差不应大于 5%。

16.2.3　整机安装验收

1. 平层准确度检验应符合下列规定：液压电梯平层准确度应在±15mm 范围内。

2. 运行速度检验应符合下列规定：空载轿厢上行速度与上行额定速度的差值不应大于上行额定速度的 8%；载有额定载重量的轿厢下行速度与下行额定速度的差值不应大于下行额定速度的 8%。

16.3　自动扶梯、自动人行道安装工程质量验收

16.3.1　土建交接检验

土建工程应按照土建布置图进行施工，且其

主要尺寸允许误差应为：提升高度－15～＋15mm；跨度 0～＋15mm。

16.3.2 整机安装验收

1. 整机安装检查应符合下列规定：

（1）梯级、踏板、胶带的楞齿及梳齿板应完整、光滑；

（2）在自动扶梯、自动人行道入口处应设置使用须知的标牌；

（3）内盖板、外盖板、围裙板、扶手支架、扶手导轨、护壁板接缝应平整。接缝处的凸台不应大于 0.5mm；

（4）梳齿板梳齿与踏板面齿槽的啮合深度不应小于 6mm；

（5）梳齿板梳齿与踏板面齿槽的间隙不应小于 4mm；

（6）围裙板与梯级、踏板或胶带任何一侧的水平间隙不应大于 4mm，两边的间隙之和不应大于 7mm。当自动人行道的围裙板设置在踏板或胶带之上时，踏板表面与围裙板下端之间的垂直间隙不应大于 4mm。当踏板或胶带有横向摆动时，踏板或胶带的侧边与围裙板垂直投影之间不得产生间隙；

（7）梯级间或踏板间的间隙在工作区段内的任何位置，从踏面测得的两个相邻梯级或两个相邻踏板之间的间隙不应大于 6mm。在自动人行道过渡曲线区段，踏板的前缘和相邻踏板的后缘啮合，其间隙不应大于 8mm；

（8）护壁板之间的空隙不应大于 4mm。

2. 性能试验应符合下列规定：

（1）在额定频率和额定电压下，梯级、踏板或胶带沿运行方向空载时的速度与额定速度之间的允许偏差为±5%；

（2）扶手带的运行速度相对梯级、踏板或胶带的速度允许偏差为 0～+2%。

本章参考文献

《电梯工程施工质量验收规范》GB 50310—2002

17 屋面工程

屋面工程各子分部工程和分项工程的划分，应符合表 17 的要求。

屋面工程各子分部工程和分项工程的划分

表 17

分部工程	子分部工程	分项工程
屋面工程	基层与保护	找坡层，找平层，隔汽层，隔离层，保护层
	保温与隔热	板状材料保温层，纤维材料保温层，喷涂硬泡聚氨酯保温层，现浇泡沫混凝土保温层，种植隔热层，架空隔热层，蓄水隔热层
	防水与密封	卷材防水层，涂膜防水层，复合防水层，接缝密封防水
	瓦面与板面	烧结瓦和混凝土瓦铺装，沥青瓦铺装，金属板铺装，玻璃采光顶铺装
	细部构造	檐口，檐沟和天沟，女儿墙和山墙，水落口，变形缝，伸出屋面管道，屋面出入口，反梁过水孔，设施基座，屋脊，屋顶窗

屋面工程各分项工程宜按屋面面积每 500～1000m² 划分为一个检验批,不足 500m² 应按一个检验批;每个检验批的抽检数量应按以下规定执行。

17.1 基层与保护工程

基层与保护工程各分项工程每个检验批的抽检数量,应按屋面工程每 100m² 抽查 1 处,每处应为 10m²,且不得少于 3 处。

17.1.1 找坡层

找坡层表面平整度的允许偏差为 7mm,找平层表面平整度的允许偏差为 5mm。

检验方法:2m 靠尺和塞尺检查。

17.1.2 保护层

保护层的允许偏差和检验方法应符合表 17.1.2 的规定。

保护层的允许偏差和检验方法　　　　表 17.1.2

项　　目	允许偏差（mm）			检验方法
	块体材料	水泥砂浆	细石混凝土	
表面平整度	4.0	4.0	5.0	2m 靠尺和塞尺检查
缝格平直	3.0	3.0	3.0	拉线和尺量检查

项　目	允许偏差（mm）			检验方法
	块体材料	水泥砂浆	细石混凝土	
接缝高低差	1.5	—	—	直尺和塞尺检查
板块间隙宽度	2.0	—	—	尺量检查
保护层厚度	设计厚度的 10%，且不得大于 5mm			钢针插入和尺量检查

17.2　保温与隔热工程

保温与隔热工程各分项工程每个检验批的抽检数量，应按屋面面积每 100m² 抽查 1 处，每处应为 10m²，且不得少于 3 处。

17.2.1　板状材料保温层

1. 板状材料保温层的厚度应符合设计要求，其正偏差应不限，负偏差应为 5%，且不得大于 4mm。

检验方法：钢针插入和尺量检查。

2. 板状材料保温层表面平整度的允许偏差为 5mm。

检验方法：2m 靠尺和塞尺检查。

3. 板状材料保温层接缝高低差的允许偏差为 2mm。

检验方法：直尺和塞尺检查。

17.2.2　纤维材料保温层

纤维材料保温层的厚度应符合设计要求，其正偏差应不限，毡不得有负偏差，板负偏差应为4％，且不得大于3mm。

检验方法：钢针插入和尺量检查。

17.2.3　喷涂硬泡聚氨酯保温层

喷涂硬泡聚氨酯保温层表面平整度的允许偏差为5mm。

检验方法：2m靠尺和塞尺检查。

17.2.4　现浇泡沫混凝土保温层

1. 现浇泡沫混凝土保温层的厚度应符合设计要求，其正负偏差应为5％，且不得大于5mm。

检验方法：钢针插入和尺量检查。

2. 现浇泡沫混凝土保温层表面平整度的允许偏差为5mm。

检验方法：2m靠尺和塞尺检查。

17.2.5　种植隔热层

1. 过滤层土工布应铺设平整、接缝严密，其搭接宽度的允许偏差为-10mm。

检验方法：观察和尺量检查。

2. 种植土应铺设平整、均匀，其厚度的允许偏差为±5％，且不得大于30mm。

检验方法：尺量检查。

17.2.6 架空隔热层

架空隔热制品接缝高低差的允许偏差为 3mm。

检验方法：直尺和塞尺检查。

17.2.7 蓄水隔热层

蓄水池结构的允许偏差和检验方法应符合表 17.2.7 的规定。

蓄水池结构的允许偏差和检验方法

表 17.2.7

项　　目	允许偏差（mm）	检验方法
长度、宽度	＋15，－10	尺量检查
厚度	±5	
表面平整度	5	2m 靠尺和塞尺检查
排水坡度	符合设计要求	坡度尺检查

17.3 防水与密封工程

17.3.1 一般规定

防水与密封工程各分项工程每个检验批的抽检数量，防水层应按屋面面积每 100m² 抽查一处，每处应为 10m²，且不得少于 3 处；接缝密封防水应按每 50m 抽查一处，每处应为 5m，且不得少于 3 处。

17.3.2　卷材防水层

屋面坡度大于 25％时，卷材应采取满贴和钉压固定措施。卷材铺贴方向宜平行屋脊，上下层卷材不得相互垂直铺贴。卷材搭接缝应顺流水方向，卷材搭接缝宽度应符合表 17.3.2 规定。

卷材搭接宽度（mm）　　表 17.3.2

卷　材　类　别		搭　接　宽　度
合成高分子 防水卷材	胶粘剂	80
	胶粘带	50
	单缝焊	60，有效焊接宽度不小于 25
	双缝焊	80，有效焊接宽度 10×2＋空腔宽
高聚物改性沥青 防水卷材	胶粘剂	100
	自粘	80

卷材防水层的铺贴方向应正确，卷材搭接宽度的允许偏差为−10mm。

检验方法：观察和尺量检查。

17.3.3　涂膜防水层

铺贴胎体增强材料应平整顺直，搭接尺寸应准确，应排除气泡，并应与涂料粘结牢固；胎体增强材料搭接宽度的允许偏差为−10mm。

检验方法：观察和尺量检查。

17.3.4　接缝密封防水

接缝宽度和密封材料的嵌填深度应符合设计要求，接缝宽度的允许偏差为±10％。

检验方法：尺量检查。

17.4 瓦面与板面工程

17.4.1 一般规定

瓦面与板面工程各分项工程每个检验批的抽检数量，应按屋面面积每 $100m^2$ 抽查一处，每处应为 $10m^2$，且不得少于 3 处。

17.4.2 金属板铺装

金属板材铺装的允许偏差和检验方法，应符合表 17.4.2 的规定。

金属板铺装的允许偏差和检验方法 表 17.4.2

项　　目	允许偏差（mm）	检验方法
檐口与屋脊的平行度	15	拉线和尺量检查
金属板对屋脊的垂直度	单坡长度的 1/800，且不大于 25	
金属板咬缝的平整度	10	
檐口相邻两板的端部错位	6	
金属板铺装的有关尺寸	符合设计要求	尺量检查

17.4.3 玻璃采光顶铺装

1. 明框玻璃采光顶铺装的允许偏差和检验方法，应符合表 17.4.3-1 的规定。

348

明框玻璃采光顶铺装的允许偏差和检验方法

表 17.4.3-1

项　目		允许偏差（mm）		检验方法
		铝构件	钢构件	
通长构件 水平度 （纵向或横向）	构件长度≤30m	10	15	水准仪 检查
	构件长度≤60m	15	20	
	构件长度≤90m	20	25	
	构件长度≤150m	25	30	
	构件长度＞150m	30	35	
单一构件 直线度 （纵向或横向）	构件长度≤2m	2	3	拉线和 尺量检查
	构件长度＞2m	3	4	
相邻构件平面高低差		1	2	直尺和 塞尺检查
通长构件 直线度 （纵向或横向）	构件长度≤35m	5	7	经纬仪 检查
	构件长度＞35m	7	9	
分格框 对角线差	对角线长度≤2m	3	4	尺量检查
	对角线长度＞2m	3.5	5	

2. 隐框玻璃采光顶铺装的允许偏差和检验方法，应符合表 17.4.3-2 的规定。

隐框玻璃采光顶铺装的允许偏差和检验方法

表 17.4.3-2

项　目		允许偏差（mm）	检验方法
通长接缝水平度（纵向或横向）	接缝长度≤30m	10	水准仪检查
	接缝长度≤60m	15	
	接缝长度≤90m	20	
	接缝长度≤150m	25	
	接缝长度＞150m	30	
相邻板块的平面高低差		1	直尺和塞尺检查
相邻板块的接缝直线度		2.5	拉线和尺量检查
通长接缝直线度（纵向或横向）	接缝长度≤35m	5	经纬仪检查
	接缝长度＞35m	7	
玻璃间接缝宽度（与设计尺寸比）		2	尺量检查

点支承玻璃采光顶铺装的允许偏差和检验方法，应符合表 17.4.3-3 的规定。

点支承玻璃采光顶铺装的允许偏差和检验方法

表 17.4.3-3

项　目		允许偏差（mm）	检验方法
通长接缝水平度（纵向或横向）	接缝长度≤30m	10	水准仪检查
	接缝长度≤60m	15	
	接缝长度＞60m	20	

项　　目		允许偏差 (mm)	检验方法
相邻板块的平面高低差		1	直尺和塞尺检查
相邻板块的接缝直线度		2.5	拉线和尺量检查
通长接缝直线度 (纵向或横向)	接缝长度≤35m	5	经纬仪检查
	接缝长度＞35m	7	
玻璃间接缝宽度（与设计尺寸比）		2	尺量检查

17.4.4 烧结瓦和混凝土瓦

檩条、椽条、封檐板的允许偏差应符合表17.4.4的规定。

檩条、椽条、封檐板的允许偏差

表 17.4.4

项次	项　　目		允许偏差 (mm)	检查方法
1	檩条、椽条的截面尺寸	100mm 以上	—2	每种各抽查3根，用尺量高度和宽度检查
		100mm 以下	—3	
2	圆木檩		—5	检查3根，用尺量一处检查

项次	项　目		允许偏差 （mm）	检查方法
3	檩条上 表面齐平	方木	5	每坡拉线， 用尺量一处 检查
		圆木	8	
4	悬臂檩 接头位置		$L/50$ 跨长	抽查 3 处， 用尺量检查
5	封檐板 平直		8	每个工程抽 查 3 处，拉 10m 线和尺量 检查

17.5　坡屋面工程

坡屋面指坡度大于等于 3% 的屋面。

17.5.1　沥青瓦屋面

1. 板状保温隔热材料的厚度应符合设计要求，负偏差不得大于 4mm。

检验方法：用钢针插入和尺量检查。

2. 喷涂硬泡聚氨酯保温隔热层的厚度应符合设计要求，负偏差不得大于 3mm。

检验方法：用钢针插入和尺量检查。

3. 持钉层应平整、干燥，细石混凝土持钉层不得有疏松、开裂、空鼓等现象。持钉层表面平整度误差不应大于 5mm。

检验方法：观察检查和用 2m 靠尺检查。

4. 板状保温隔热材料的平整度允许偏差为 5mm。

检验方法：用 2m 靠尺和楔形塞尺检查。

5. 板状保温隔热材料接缝高差的允许偏差为 2mm。

检验方法：用直尺和楔形塞尺检查。

6. 喷涂硬泡聚氨酯保温隔热层的平整度允许偏差为 5mm。

检验方法：用 1m 靠尺和楔形塞尺检查。

17.5.2 块瓦屋面

1. 板状保温隔热材料的厚度应符合设计要求，负偏差不得大于 4mm。

检验方法：用钢针插入和尺量检查。

2. 喷涂硬泡聚氨酯保温隔热层的厚度应符合设计要求，负偏差不得大于 3mm。

检验方法：用钢针插入和尺量检查。

3. 持钉层应平整、干燥，细石混凝土持钉层不得有疏松、开裂、空鼓等现象。表面平整度误差不应大于 5mm。

检验方法：观察检查和用 2m 靠尺检测。

4. 板状保温隔热材料平整度的允许偏差

为 5mm。

检验方法：用 2m 靠尺和楔形塞尺检查。

5. 板状保温隔热材料接缝高差的允许偏差为 2mm。

检验方法：用直尺和楔形塞尺检查。

6. 喷涂硬泡聚氨酯保温隔热层的平整度允许偏差为 5mm。

检验方法：用 1m 靠尺和楔形塞尺检查。

17.5.3　波形瓦屋面

1. 板状保温隔热材料的厚度应符合设计要求，负偏差不得大于 4mm。

检验方法：用钢针插入和尺量检查。

2. 喷涂硬泡聚氨酯保温隔热层的厚度应符合设计要求负偏差不得大于 3mm。

检验方法：用钢针插入或尺量检查。

3. 持钉层应平整、干燥，细石混凝土持钉层不得有疏松、开裂、空鼓等现象，表面平整度误差不应大于 5mm。

检验方法：观察检查和用 2m 靠尺检测。

4. 板状保温材料的平整度允许偏差为 5mm。

检验方法：用 2m 靠尺和楔形塞尺检查。

5. 板状保温隔热材料接缝高差的允许偏差为 2mm。

检验方法：用直尺和楔形塞尺检查。

6. 喷涂硬泡聚氨酯保温隔热层的平整度允许偏差为 5mm。

检验方法：用 1m 靠尺和楔形塞尺检查。

17.6 倒置式屋面

倒置式屋面是将保温层设置在防水层之上的屋面。

17.6.1 一般规定

1. 倒置式屋面子分部工程和分项工程划分应符合表 17.6.1 的规定。

倒置式屋面子分部工程和分项工程划分

表 17.6.1

子分部工程	分 项 工 程
倒置式屋面	基层工程：找平层和找坡层、隔离层
	防水与密封工程：卷材防水层、涂膜防水层、复合防水层、接缝防水密封
	保温工程：板状材料保温层、喷涂硬泡聚氨酯保温层
	细部构造工程：檐口、檐沟和天沟、女儿墙和山墙、水落口、变形缝、伸出屋面管道、屋面出入口、板梁过水孔、设施基座
	保护层工程：现浇保护层、板块保护层、瓦材保护层

2. 倒置式屋面各分项工程宜按屋面面积每500～1000m² 划分为一个检验批，不足 500m² 应作为一个检验批。

3. 倒置式屋面每个检验批的抽样数量应符合下列规定：

（1）防水密封各分项工程，应按每 50m 抽查一处，每处应为 5m，且不得少于 3 处；

（2）细部构造各分项工程，应全部进行检查；

（3）其他分项工程应按屋面面积每 100m² 抽查一处，每处应为 10m²，且不得少于 3 处。

4. 倒置式屋面检验批质量验收应符合下列规定：一般项目抽查质量应符合本规程规定，有允许偏差的项目，80%允许偏差应符合规程规定，其余 20%不得大于允许偏差值的 1.5 倍。

17.6.2 基层工程

1. 找平层表面应压实平整，不得有酥松、起砂、起皮现象，表面平整度允许偏差应为 5mm。

检验方法：观察检查、用 2m 靠尺和楔形塞尺检查。

2. 找平层和找坡层表面平整度的允许偏差应分别为 5mm 和 7mm。

检验方法：用 2m 靠尺、楔形塞尺和钢尺检查。

17.6.3 保温工程

1. 保温层的厚度应符合设计要求，平均厚度应大于设计厚度，厚度负偏差不应大于 5% 且不得大于 3mm。

检验方法：用钢针插入和钢尺检查。

2. 保温层表面平整度允许偏差应符合表 17.6.3 的规定。

保温层表面平整度允许偏差

表 17.6.3

项次	项 目		允许偏差（mm）
1	喷涂硬泡聚氨酯	无找平层	7
		有找平层	5
2	保温板材		5
3	保温板材相邻接缝		3

检验方法：用 2m 靠尺、楔形塞尺和钢尺检查。

17.6.4 保护层工程

保护层施工允许偏差应符合表 17.6.4 的规定。

保护层施工允许偏差　　表17.6.4

项次	项　　目		允许偏差（mm）
1	表面平整度	现浇保护层	4
		块体材料保护层	3
2	分格缝平直度		3
3	板块材料保护层板块接缝高低差		1
4	板块材料保护层板块间隙宽度		2
5	保护层厚度		±10%厚度，且绝对值不大于5

检验方法：用靠尺、楔形塞尺、钢针插入和尺量检查。

17.7　压型金属板屋面工程

压型金属屋面系统是由压型金属板与支撑体系（支撑装置或支撑结构）等组成的房屋顶部围护系统。压型金属板为将涂层板或镀层板经辊压冷弯，沿板宽方向形成连续波形等截面的成型金属板。压型金属板屋面各分项工程的施工质量检验批应符合下列规定：

（1）各分项工程以不大于1000m² 的屋面面积为一个检验批，或按一个施工流水段划分为一个检验批，不足1000m² 时也应作为一个检验批。每个检验批应按屋面面积每 100m² 抽查一处，每处不小于 10m²，每一检验批抽检不少于 3 处。

（2）天（檐）沟系统每 100 延米为一个检验批，每个检验批每 20 延米应至少抽查一处，每处不得小于 2 延米。

（3）面板连接每 50m 应抽查一处，每处 1～2m，且不得少于 3 处。

17.7.1 材料

1. 保温材料

保温材料的厚度符合设计要求，松散保温材料厚度允许偏差＋10％、−5％，块状保温材料为±5％，且不得大于 4mm。

检查数量：按照每批进厂数量抽取 10％检查。

检验方法：用钢针插入和尺量检查。

2. 金属配件

金属配件的规格尺寸及允许偏差符合其产品标准的要求。

检查数量：每一品种、规格的型钢抽查 5 处。

检验方法：用钢尺和游标卡尺量测。

17.7.2 现场加工构件验收

1. 压型金属板

（1）压型金属板的基板厚度及允许偏差应符

合其产品标准的要求。

检查数量：按计件数抽查 5%，且不应少于 10 件。

检验方法：用游标卡尺量测。

（2）压型金属板现场加工尺寸及偏差应符合设计及排板的要求。压型钢板加工尺寸允许偏差应符合表 17.7.2-1 的规定，铝及铝合金压型板加工尺寸允许偏差应符合表 17.7.2-2 的规定。

压型钢板加工尺寸

允许偏差表 表 17.7.2-1

序号	项　　目		允许偏差值（mm）
1	板长		+9.0 −0.0
2	波距		±2.0
3	波高	截面高度≤70mm	±1.5
		截面高度>70mm	±2.0
4	覆盖宽度	截面高度≤70mm	+10.0 −2.0
		截面高度>70mm	+6.0 −2.0
5	横向剪切偏差（沿截面全宽）		6.0
6	侧向弯曲	在测量长度 L_1 范围内	20.0

注：L_1 为测量长度，指板长扣除两端各 0.5m 后的实际长度（小于 10m）或扣除后任选的 10m 长度。

铝及铝合金压型板加工尺寸允许偏差

表 17.7.2-2

序号	项　目		允许偏差值（mm）
1	板长		+15.0 −5.0
2	板宽		+20.0 −5.0
3	波高		±3.0
4	波距		±3.0
5	压型板边缘波高	每米长度内	≤5.0
6	压型板纵向弯曲	每米长度内（距端部 250mm 内除外）	≤5.0
7	压型板侧向弯曲	每米长度内	≤4.0
		任意 10m 长度内	≤20.0
8	压型板对角线长度		≤20.0

检查数量：按计件数抽查 5%，且不少于 10 件。

检验方法：尺量检查。

2. 金属板天沟

金属板天沟分段加工尺寸允许偏差应符合表 17.7.2-3 的规定。

金属板天沟加工尺寸允许偏差　　表 17.7.2-3

序号	项　　目	允许偏差值（mm）
1	分段长度	±3.0
2	截面宽度	+2.0 —0
3	截面高度	±2.0
4	折弯面夹角	2°

检查数量：按计件数抽查 5%，且不少于 10 件。

检验方法：尺量检查。

3. 构配件

（1）气割面应打磨平整。气割的允许偏差应符合表 17.7.2-4 的规定。

型材气割允许偏差　　表 17.7.2-4

序号	项　　目	允许偏差值（mm）
1	构件长度	±3.0
2	切割平面度	$0.05t$ 且不大于 2.0
3	割纹深度	0.3
4	局部缺口深度	1.0

注：t 为切割面厚度。

检查数量：按切割面抽查 10%，且不少于 3 个。

检验方法：观察或用钢尺检查。

（2）机械剪切的允许偏差应符合表 17.7.2-5 的规定。

型材机械剪切允许偏差   表 17.7.2-5

序号	项　　目	允许偏差值（mm）
1	构件长度	±3.0
2	边缘缺棱	1.0
3	型钢端部垂直度	2.0

检查数量：按切割面抽查 10%，且不少于 3 个。

检验方法：观察或用钢尺、塞尺检查。

（3）构件矫正后允许偏差应符合表 17.7.2-6 的规定。

型钢构件矫正后允许偏差   表 17.7.2-6

序号	项　　目	允许偏差值（mm）
1	角钢肢的垂直度	±3.0
2	型钢翼缘对腹板的垂直度	$b/80$
3	型钢弯曲矢高	$L/1000$，且不大于 5.0

注：b 为翼缘宽度；L 为构件长度。

检查数量：每种规格抽查 10%，且不少于 5 个。

检验方法：观察检查。

17.7.3 安装工程验收

1. 底板安装

（1）底板应在支撑结构上可靠搭接，横向搭接宽度应根据板型确定，且不少于一个波距，纵向搭接长度为80mm，允许偏差±10mm。

检查数量：按搭接部位总长度抽查10%，且不应少于10m。

检验方法：观察及用钢尺检查。

（2）底板安装允许偏差应符合表17.7.3-1的规定。

底板安装允许偏差 表 17.7.3-1

项次	项目	允许偏差（mm）	检验方法
1	表面平整度	±5	2m靠尺和塞尺
2	接缝直线度	±10	拉5m线，不足5m拉通线，钢直尺检查
3	接缝高低差	±5	用钢直尺和塞尺检查

检查数量：每20m长度应抽查1处，且不应少于3处。

2. 保温层铺设

钢丝网铺设挠度允许偏差应小于30mm。

检查数量：跨中每20m长度应抽查1处，且不应少于3处。

检验方法：观察、拉线尺量检查。

3. 连接支架安装

固定支架（座）安装偏差应符合设计要求，纵、横向间距偏差≤4mm；顶标高应符合屋面设计坡度要求，允许偏差应≤±5mm。

检查数量：按固定支架（座）数抽查10%，且不得少于10处。

检验方法：观察及拉线、尺量检查。

4. 面板安装

（1）面板质量要求和检验方法应符合表17.7.3-2的规定。

每平方米面板表面质量要求和检验方法

表 17.7.3-2

项次	项　目	质量要求	检验方法
1	明显划伤和长度>100mm 的轻微划伤	不允许	观察
2	长度≤100mm 的轻微划伤（条）	≤10	用钢尺检查
3	擦伤总面积（mm²）	≤500	用钢尺检查

检查数量：按面积抽查10%，且不应少于10m²。

（2）面板安装的允许偏差应符合表17.7.3-3的规定。

面板安装允许偏差 表 17.7.3-3

序号	项　目	允许偏差（mm）
1	檐口与屋脊的平行度	12
2	面板对屋脊的垂直度	$L/800$，且≤25
3	平整度	≤10
4	檐口及纵向搭接处相邻两板的端部错位	6

检查数量：檐口与屋脊平行度：按长度抽查 10%，且不应少于 10m。其他项目：每 20m 长度应抽查 1 处，且不应少于 3 处。

检验方法：拉线、吊线和钢尺检查。

5. 细部构造

泛水板安装的直线度应与屋面板安装允许偏差一致。

检查数量：每 10m 长度应抽查 1 处，且不应少于 3 处。

检验方法：用拉线和钢尺检查。

本章参考文献

1.《屋面工程质量验收规范》GB 50207—2012

2.《坡屋面工程技术规范》GB 50693—2011

3.《屋面工程施工规程》DGTJ 08—22—2013

4.《倒置式屋面工程技术规程》JGJ 230—2010

5.《压型金属板屋面工程施工质量验收标准》DB11/T 848—2011

18 高层建筑混凝土结构施工

18.1 施工测量

18.1.1 建筑方格网的主要技术要求应符合表 18.1.1 的规定。

建筑方格网的主要技术要求　表 18.1.1

等级	边长（m）	测角中误差（″）	边长相对中误差
一级	100～300	5	1/30000
二级	100～300	8	1/20000

18.1.2 建筑物平面控制网主要技术要求应符合表 18.1.2 的规定。

建筑物平面控制网的主要技术要求

表 18.1.2

等　级	测角中误差（″）	边长相对中误差
一级	$7''/\sqrt{n}$	1/30000
二级	$15''/\sqrt{n}$	1/20000

注：n 为建筑物结构的跨数。

18.1.3 基础外廓轴线允许偏差应符合表18.1.3的规定。

基础外廓轴线尺寸允许偏差 表 18.1.3

长度 L、宽度 B（m）	允许偏差（mm）
$L(B) \leqslant 30$	± 5
$30 < L(B) \leqslant 60$	± 10
$60 < L(B) \leqslant 90$	± 15
$90 < L(B) \leqslant 120$	± 20
$120 < L(B) \leqslant 150$	± 25
$L(B) > 150$	± 30

18.1.4 轴线的竖向投测，应以建筑物轴线控制桩为测站。竖向投测的允许偏差应符合表18.1.4的规定。

轴线竖向投测允许偏差 表 18.1.4

项　　目	允许偏差（mm）	
每　　层	3	
总高 H （m）	$H \leqslant 30$	5
	$30 < H \leqslant 60$	10
	$60 < H \leqslant 90$	15
	$90 < H \leqslant 120$	20
	$120 < H \leqslant 150$	25
	$H > 150$	30

18.1.5 施工层放线时，应先在结构平面上校核投测轴线，再测设细部轴线和墙、柱、梁、门窗洞口等边线，放线的允许偏差应符合表18.1.5

的规定。

施工层放线允许偏差　　　表 18.1.5

项　目		允许偏差（mm）
外廓主轴线长度 L（m）	$L \leqslant 30$	±5
	$30 < L \leqslant 60$	±10
	$60 < L \leqslant 90$	±15
	$L > 90$	±20
细部轴线		±2
承重墙、梁、柱边线		±3
非承重墙边线		±3
门窗洞口线		±3

18.1.6　标高的竖向传递，应从首层起始标高线竖直量取，且每栋建筑应由三处分别向上传递。当三个点的标高差值小于 3mm 时，应取其平均值；否则应重新引测。标高的允许偏差应符合表 18.1.6 的规定。

标高竖向传递允许偏差　　　表 18.1.6

项　目		允许偏差（mm）
每　层		±3
总高 H（m）	$H \leqslant 30$	±5
	$30 < H \leqslant 60$	±10
	$60 < H \leqslant 90$	±15
	$90 < H \leqslant 120$	±20
	$120 < H \leqslant 150$	±25
	$H > 150$	±30

18.2 模板工程

18.2.1 大模板的安装允许偏差应符合表 18.2.1的规定。

大模板安装允许偏差　　表 18.2.1

项　　目	允许偏差（mm）	检测方法
位　置	3	钢尺检测
标　高	±5	水准仪或拉线、尺量
上口宽度	±2	钢尺检测
垂直度	3	2m托线板检测

18.2.2 滑模装置组装的允许偏差应符合表 18.2.2的规定。

滑模装置组装的允许偏差　　表 18.2.2

项　　目		允许偏差（mm）	检测方法
模板结构轴线与相应结构轴线位置		3	钢尺检测
围圈位置偏差	水平方向	3	钢尺检测
	垂直方向	3	
提升架的垂直偏差	平面内	3	2m托线板检测
	平面外	2	

项　目		允许偏差（mm）	检测方法
安放千斤顶的提升架横梁相对标高偏差		5	水准仪或拉线、尺量
考虑倾斜度后模板尺寸的偏差	上口	−1	钢尺检测
	下口	＋2	
千斤顶安装位置偏差	平面内	5	钢尺检测
	平面外	5	
圆模直径、方模边长的偏差		5	钢尺检测
相邻两块模板平面平整偏差		2	钢尺检测

18.2.3 爬升模板组装允许偏差应符合表 18.2.3 的规定。

爬升模板组装允许偏差　　　　表 18.2.3

项　目	允许偏差	检测方法
墙面留穿墙螺栓孔位置	±5mm	钢尺检测
穿墙螺栓孔直径	±2mm	
大模板	见表 18.2.1	
爬升支架：　标高　垂直度	±5mm　5mm 或爬升支架高度的 0.1％	与水平线钢尺检测挂线坠

18.3 混凝土工程

18.3.1 预拌混凝土运至浇筑地点，应进行坍落度检查，其允许偏差应符合表 18.3.1 的规定。

现场实测混凝土坍落度允许偏差 表 18.3.1

要求坍落度	允许偏差（mm）
<50	±10
50~90	±20
>90	±30

18.3.2 混凝土浇筑高度应保证混凝土不发生离析。混凝土自高处倾落的自由高度不应大于 2m；柱、墙模板内的混凝土倾落高度应满足表18.3.2 的规定；当不能满足表 18.3.2 的规定时，宜加设串筒、溜槽、溜管等装置。

柱、墙模板内混凝土倾落高度限值（mm）

表 18.3.2

条　件	混凝土倾落高度
骨料粒径大于 25mm	≤3
骨料粒径不大于 25mm	≤6

18.3.3 现浇混凝土结构的允许偏差应符合表18.3.3 的规定。

现浇混凝土结构的允许偏差　表 18.3.3

项　目			允许偏差（mm）
轴线位置			5
垂直度	每层	≤5m	8
		>5m	10
	全高		$H/1000$ 且≤30
标高	每层		±10
	全高		±30
截面尺寸			+8，−5（抹灰）
			+5，−2（不抹灰）
表面平整（2m 长度）			8（抹灰），4（不抹灰）
预埋设施中心线位置	预埋件		10
	预埋螺栓		5
	预埋管		5
预埋洞中心线位置			15
电梯井	井筒长、宽对定位中心线		+25，0
	井筒全高（H）垂直度		$H/1000$ 且≤30

本章参考文献

《高层建筑混凝土结构技术规程》JGJ 3—2010

19 木结构工程

19.1 方木和原木结构

19.1.1 材料、构配件的质量控制应以一幢方木、原木结构房屋为一个检验批；构件制作安装质量控制应以整幢房屋的一楼层或变形缝间的一楼层为一个检验批。

19.1.2 各种原木、方木构件制作的允许偏差不应超出表 19.1.2 的规定。

　　检查数量：检验批全数。

　　检验方法：表 19.1.2。

方木、原木结构和胶合木结构桁架、

梁和柱制作允许偏差   表 19.1.2

项次	项　目		允许偏差 (mm)	检验方法
1	构件截面尺寸	方木和胶合木构件截面的高度、宽度	−3	钢尺量
		板材厚度、宽度	−2	
		原木构件梢径	−5	

项次	项目		允许偏差（mm）	检验方法
2	构件长度	长度不大于 15m	±10	钢尺量桁架支座节点中心间距，梁、柱全长
		长度大于 15m	±15	
3	桁架高度	长度不大于 15m	±10	钢尺量脊节点中心与下弦中心距离
		长度大于 15m	±15	
4	受压或压弯构件纵向弯曲	方木、胶合木构件	$L/500$	拉线钢尺量
		原木构件	$L/200$	
5	弦杆节点间距		±5	钢尺量
6	齿连接刻槽深度		±2	
7	支座节点受剪面	长度	−10	钢尺量
		宽度　方木、胶合木	−3	
		宽度　原木	−4	
8	螺栓中心间距	进孔处	±0.2d	钢尺量
		出孔处　垂直木纹方向	±0.5d 且不大于 $4B/100$	
		出孔处　顺木纹方向	±1d	

项次	项　目	允许偏差 （mm）	检验方法
9	钉进孔处的中心间距	±1d	—
10	桁架起拱	±20	以两支座节点下弦中心线为准，拉一水平线，用钢尺量
		−10	两跨中下弦中心线与拉线之间距离

注：d 为螺栓或钉的直径；L 为构件长度；B 为板的总厚度。

19.1.3 木桁架、梁及柱的安装允许偏差不应超出表 19.1.3 的规定。

检查数量：检验批全数。

检验方法：表 19.1.3。

方木、原木结构和胶合木结构
桁架、梁和柱安装允许偏差　表 19.1.3

项次	项　目	允许偏差 （mm）	检验方法
1	结构中心线的间距	±20	钢尺量
2	垂直度	$H/200$ 且不大于 15	吊线钢尺量
3	受压或压弯构件纵向弯曲	$L/300$	吊（拉）线钢尺量
4	支座轴线对支承面中心位移	10	钢尺量
5	支座标高	±5	用水准仪

注：H 为桁架或柱的高度；L 为构件长度。

19.1.4 屋面木构架的安装允许偏差不应超出表19.1.4的规定。

方木、原木结构和胶合木结构
屋面木构架的安装允许偏差 表19.1.4

项次	项目		允许偏差（mm）	检验方法
1	檩条、椽条	方木、胶合木截面	−2	钢尺量
		原木梢径	−5	钢尺量，椭圆时取大小径的平均值
		间距	−10	钢尺量
		方木、胶合木上表面平直	4	沿坡拉线钢尺量
		原木上表面平直	7	
2	油毡搭接宽度		−10	钢尺量
3	挂瓦条间距		±5	
4	封山、封檐板平直	下边缘	5	拉10m线，不足10m拉通线，钢尺量
		表面	8	

检查数量：检验批全数。

检验方法：目测、丈量。

19.2 胶合木结构

适用于主要承重构件由层板胶合木制作和安装的木结构工程施工质量验收。

19.2.1 材料、构配件的质量控制应以一幢胶合木结构房屋为一个检验批；构件制作安装质量控制应以整幢房屋一楼层或变形缝间的一楼层为一个检验批。

19.2.2 胶合木结构的外观质量，对于外观要求为C级的构件截面，可允许层板有错位（图19.2.2），截面尺寸允许偏差和层板错位应符合表19.2.2的要求。

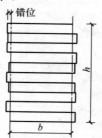

图 19.2.2 外观C级层板错位示意
b—截面宽度；*h*—截面高度

检查数量：检验批全数。

检验方法：厚薄规（塞尺）、量器、目测。

外观 C 级时的胶合木构件截面的允许偏差（mm）

表 19.2.2

截面的高度或宽度	截面高度或宽度的允许偏差	错位的最大值
（h 或 b）<100	±2	4
100≤（h 或 b）<300	±3	5
300≤（h 或 b）	±6	6

19.2.3 胶合木构件的制作偏差不应超出表 19.1.2 的规定。

检查数量：检验批全数。

检验方法：角尺、钢尺丈量，检查交接检验报告。

19.2.4 胶合木结构安装偏差不应超出表 19.1.3 的规定。

检查数量：过程控制检验批全数，分项验收抽取总数 10%复检。

检验方法：表 19.1.3。

19.3 轻型木结构

适用于由规格材及木基结构板材为主要材料制作与安装的木结构工程施工质量验收。

19.3.1 轻型木结构材料、构配件的质量控制应以同一建设项目同期施工的每幢建筑面积不超过 300m² 、总建筑面积不超过 3000m² 的轻型木结构建筑为一检验批，不足 3000m² 者应视为一检验批，单体建筑面积超过 300m² 时，应单独视为一检验批；轻型木结构制作安装质量控制应以一幢房屋的一层为一检验批。

19.3.2 轻型木结构的制作安装误差应符合表 19.3.2 的规定。

轻型木结构的制作安装允许偏差　　　表 19.3.2

项次	项　目		允许偏差（mm）	检验方法
1	楼盖主梁、柱子及连接件	楼盖主梁		
		截面宽度/高度	±6	钢板尺量
		水平度	±1/200	水平尺量
		垂直度	±3	直角尺和钢板尺量
		间距	±6	钢尺量
		拼合梁的钉间距	+30	钢尺量
		拼合梁的各构件的截面高度	±3	钢尺量
		支承长度	-6	钢尺量

项次	项 目			允许偏差 (mm)	检验方法
2	楼盖主 梁、柱 子及连 接件	柱子	截面尺寸	±3	钢尺量
			拼合柱的钉 间距	+30	钢尺量
			柱子长度	±3	钢尺量
			垂直度	±1/200	钢尺量
3		连接件	连接件的 间距	±6	钢尺量
			同一排列连 接件之间的 错位	±6	钢尺量
			构件上安装 连接件开槽 尺寸	连接件 尺寸±3	卡尺量
			端距/边距	±6	钢尺量
			连接钢板的 构件开槽尺寸	±6	卡尺量
4	楼（屋） 盖施工	楼（屋） 盖	搁栅间距	±40	钢尺量
			楼盖整体水 平度	±1/250	水平尺量
			楼盖局部水 平度	±1/150	水平尺量
			搁栅截面 高度	±3	钢尺量
			搁栅支承 长度	-6	钢尺量

项次	项　目			允许偏差（mm）	检验方法
5	楼（屋）盖施工	楼（屋）盖	规定的钉间距	＋30	钢尺量
			钉头嵌入楼、屋面板表面的最大深度	＋3	卡尺量
6		楼（屋）盖齿板连接桁架	桁架间距	±40	钢尺量
			桁架垂直度	±1/200	直角尺和钢尺量
			齿板安装位置	±6	钢尺量
			弦杆、腹杆、支撑	19	钢尺量
			桁架高度	13	钢尺量
7	墙体施工	墙骨柱	墙骨间距	±40	钢尺量
			墙体垂直度	±1/200	直角尺和钢尺量
			墙体水平度	±1/150	水平尺量
			墙体角度偏差	±1/270	直角尺和钢尺量
			墙骨长度	±3	钢尺量
			单根墙骨柱的出平面偏差	±3	钢尺量

项次	项 目		允许偏差（mm）	检验方法
8	墙体施工	顶梁板、底梁板	顶梁板、底梁板的平直度	+1/150	水平尺量
			顶梁板作为弦杆传递荷载时的搭接长度	±12	钢尺量
9		墙面板	规定的钉间距	+30	钢尺量
			钉头嵌入墙面板表面的最大深度	+3	卡尺量
			木框架上墙面板之间的最大缝隙	+3	卡尺量

19.4 《木结构工程施工规范》GB/T 50772—2012 相关规定

19.4.1 木结构工程施工用材之层板胶合木

1. 胶合木构件截面宽度允许偏差不超过±2mm；高度允许偏差不超过±0.4mm 乘以叠合的层板数；长度不应超过样板尺寸的±3%，并不应超过±6.0mm。外观要求为 C 级的构件，截面高、宽和板间错位（图 19.2.2）不应超过表 19.2.2 的规定。

2. 胶合木构件的实际尺寸与产品公称尺寸的绝对偏差不应超过±5mm，且相对偏差不应超过 3%。

19.4.2 木结构构件制作

1. 放样与样板制作

（1）桁架足尺大样的尺寸应用经计量认证合格的量具度量，大样尺寸与设计尺寸间的偏差不应超过表 19.4.2 的规定。

大样尺寸允许偏差 表 19.4.2

桁架跨度 （m）	跨度偏差 （mm）	高度偏差 （mm）	节点间距偏差 （mm）
≤15	±5	±2	±2
>15	±7	±3	±2

（2）构件样板应用木纹平直不易变形，且含水率不大于 10% 的板材或胶合板制作。样板与大样尺寸间的偏差不得大于±1mm，使用过程中应防止受潮和破损。

2. 构件制作

（1）方本、原木结构构件应按已制作的样板和选定的木材加工，并应符合下列规定：

1）方木桁架、柱、梁等构件截面宽度和高度与设计文件的标注尺寸相比，不应小于 3mm以上；方木檩条、椽条及屋面板等板材不应小于

2mm 以上；原木构件的平均梢径不应小于 5mm 以上，梢径端应位于受力较小的一端。

2）板材构件的倒角高度不应大于板宽的 2%。

3）方木截面的翘曲不应大于构件宽度的 1.5%，其平面上的扭曲，每 1m 长度内不应大于 2mm。

4）受压及压弯构件的单向纵向弯曲，方木不应大于构件全长的 1/500，原木不应大于全长的 1/200。

5）构件的长度与样板相比，偏差不应超过 ±2mm。

（2）层板胶合木弧形构件的矢高及梁式构件起拱的允许偏差，跨度在 6m 以内不应超过 ±6mm；跨度每增加 6m，允许偏差可增大 ±3mm，但总偏差不应超过 19mm。

19.4.3　构件连接与节点施工之金属节点及连接件连接

非标准金属节点及连接件应按设计文件规定的材质、规格和经放样后的几何尺寸加工制作，并应符合下列规定：需机械加工的金属节点及连接件或其中的零部件，应委托有资质的机械加工企业制作。铆焊件可现场制作，但不应使用毛料，几何尺寸与样板尺寸的偏差不应超过 ±1.0mm。

19.4.4　木结构安装

1. 木结构拼装

桁架、组合截面柱等构件拼装后的几何尺寸允许偏差不应超过表 19.4.4 的规定。

桁架、组合截面柱等构件拼装后的几何尺寸允许偏差

表 19.4.4

构件名称	项 目		允许偏差 (mm)	检查方法
组合 截面柱	截面高度		−3	量具测量
	截面宽度		−2	
	长度	≤15m	±10	
		>15m	±15	
桁架	矢高	跨度 ≤15m	±10	量具测量
		跨度 >15m	±15	
	节间距离	—	±5	
	起拱	正误差	+20	
		负误差	−10	
	跨度	≤15m	±10	
		>15m	±15	

2. 木梁、柱安装

（1）木柱安装前应在柱侧面和柱墩顶面上标出中心线，安装时应按中心线对中，柱位偏差不应超过±20mm。安装第一根柱时应至少在两个方向设临时斜撑，后安装的柱纵向应用连梁或柱间支撑与首根柱相连，横向应至少在一侧面设斜撑。柱在两个方向的垂直度偏差不应超过柱高的1/200，且柱顶位置偏差不应大于15mm。

（2）木梁安装位置应符合设计文件的规定。其支承长度除应符合设计文件的规定外，尚不应小于梁宽和120mm中的较大者，偏差不应超过±3mm；梁的间距偏差不应超过±6mm。水平度偏差不应大于跨度的1/200，梁顶标高偏差不应超过±5mm，不应在梁底切口调整标高（图19.4.4）。

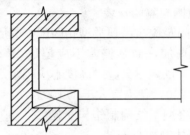

图19.4.4　梁底切口

3. 楼盖安装

首层木楼盖搁栅应支承在距室外地面0.6m以上的墙或基础上，楼盖底部应至少留有0.45m的空间。其空间应有良好的通风条件。搁栅的位置、间距及支承长度应符合设计文件的规定，其防潮、通风等处理应符合《木结构工程施工规范》的规定，安装间距偏差不应超过±20mm，水平度不应超过搁栅跨度的1/200。

4. 屋盖安装

通过桁架就位、节点处檩条和各种支撑安装

的调整，使桁架的安装偏差不应超过下列规定：

（1）支座两中心线距离与桁架跨度的允许偏差为±10mm(跨度≤15m)和±15mm(跨度＞15m)。

（2）垂直度允许偏差为桁架高度的1/200。

（3）间距允许偏差为±6mm。

（4）支座标高允许偏差为±10mm。

5. 顶棚与隔墙安装

搁栅间距应与吊顶类型相匹配，其底面标高在房间四周应一致，偏差不应超过±5mm，房间中部应起拱，中央起拱高度不应小于房间短边长度的1/200，且不宜大于1/100。

19.4.5 轻型木结构制作与安装

1. 墙体制作与安装

墙体的制作与安装偏差不应超过表19.4.5-1的规定。

墙体制作与安装允许偏差　　　表 19.4.5-1

项次	项　　目		允许偏差 (mm)	检查方法
1		墙骨间距	±40	钢尺量
2		墙体垂直度	±1/200	直角尺和钢板尺量
3	墙骨	墙体水平度	±1/150	水平尺量
4		墙体角度偏差	±1/270	直角尺和钢板尺量
5		墙骨长度	±3	钢尺量
6		单根墙骨出平面偏差	±3	钢尺量

项次		项　目	允许偏差（mm）	检查方法
7	顶梁板、底梁板	顶梁板、底梁板的平直度	±1/150	水平尺量
8		顶梁板作为弦杆传递荷载时的搭接长度	±12	钢尺量
9	墙面板	规定的钉间距	+30	钢尺量
10		钉头嵌入墙面板表面的最大深度	+3	卡尺量
11		木框架上墙面板之间的最大缝隙	+3	卡尺量

2. 柱制作与安装

柱的制作与安装偏差不应超过表 19.4.5-2 的规定。

轻型木结构木柱制作与安装允许偏差　表 19.4.5-2

项　目	允许偏差（mm）
截面尺寸	±3
钉或螺栓间距	+30
长度	±3
垂直度（双向）	$H/200$

注：H 为柱高度。

3. 楼盖制作与安装

楼盖制作与安装偏差不应大于表 19.4.5-3 的规定。

楼盖制作与安装允许偏差　　　表19.4.5-3

项　目	允许偏差 （mm）	备　注
搁栅间距	±40	—
楼盖整体水平度	1/250	以房间短边计
楼盖局部平整度	1/150	以每米长度计
搁栅截面高度	±3	—
搁栅支承长度	−6	—
楼面板钉间距	+30	—
钉头嵌入楼面板深度	+3	—
板缝隙	±1.5	—
任意三根搁栅顶面间的高差	±1.0	—

4. 椽条—顶棚搁栅型屋盖制作与安装

轻型木结构屋盖制作安装的偏差，不应超过表19.4.5-4的规定。

轻型木结构屋盖安装允许偏差　　　表19.4.5-4

项次	项　目		允许偏差 （mm）	检查方法
1	椽条、搁栅	顶棚搁栅间距	±40	钢尺量
2		搁栅截面高度	±3	钢尺量
3		任三根椽条间顶面高差	±1	钢尺量
4	屋面板	钉间距	+30	钢尺量
5		钉头嵌入楼/屋面板表面的最大距离	+3	钢尺量
6		屋面板局部平整度（双向）	6/1m	水平尺

5. 齿板桁架型屋盖制作与安装

（1）齿板桁架应由专业加工厂加工制作，并应有产品质量合格证和产品标识，桁架应作下列进场验收：

1）桁架所用规格材应与设计文件规定的树种、材质等级和规格一致。

2）齿板应与设计文件规定的规格、类型和尺寸一致。

3）桁架的几何尺寸偏差不应超过表19.4.5-5的规定。

齿板桁架制作允许误差　　　　表 19.4.5-5

	相同桁架间尺寸差	与设计尺寸间的误差
桁架长度	13mm	19mm
桁架高度	6mm	13mm

注：1. 桁架长度指不包括悬挑或外伸部分的桁架总长，用于限定制作误差。

　　2. 桁架高度指不包括悬挑或外伸等上、下弦杆突出部分的全榀桁架最高部位处的高度，为上弦顶面到下弦底面的总高度，用于限定制作误差。

4）齿板的安装位置偏差不应超过图19.4.5所示的规定。

（2）齿板桁架安装偏差应符合下列规定：

1）齿板桁架整体平面外拱度或任一弦杆的拱度最大限值应为跨度或杆件节点距离的1/200

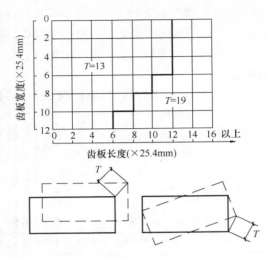

图 19.4.5　齿板位置偏差允许值

和 50mm 的较小者。

2）全跨度范围内任一点处的桁架上弦杆顶与相应下弦杆底的垂直偏差限值应为上弦顶和下弦底相应点间距离的 1/50 和 50mm 中的较小者。

3）齿板桁架垂直度偏差不应超过桁架高度的 1/200，间距偏差不应超过 6mm。

19.4.6　木结构工程防火施工

墙体和顶棚采用石膏板（防火或普通石膏板）作覆面板并兼作防火材料时，紧固件（钉子或木螺栓）贯入木构件的深度不应小于表

19.4.6 的规定。

兼做防火材料石膏板紧固件贯入木构件的深度

表 19.4.6

耐火极限	墙　体		顶　棚	
	钉	木螺丝	钉	木螺丝
0.75h	20	20	30	30
1.00h	20	20	45	45
1.50h	20	20	60	60

19.5 《胶合木结构技术规范》GB/T 50708—2012 构件制作与安装相关规定

19.5.1 构件制作

1. 用于制作胶合木构件的层板厚度在沿板宽方向上的厚度偏差不超过±0.2mm，在沿板长方向上的厚度偏差不超过±0.3mm。

2. 胶合木构件制作的尺寸偏差不应大于表19.5.1-1的规定。

3. 当胶合木桁架构件需要足尺大样时，足尺大样的尺寸应用经计量认证合格的量具度量，大样尺寸与设计尺寸的允许偏差不应超过表19.5.1-2的规定。

胶合木桁架、梁和柱制作的允许偏差 表 19.5.1-1

项次	项 目			允许偏差 （mm）	检验方法
1	构件截 面尺寸	截面宽度		±2	钢尺量
		截面 高度	$h \leqslant 400$	+4 或 −2	
			$h > 400$	+0.01h 或 −0.005h	
2	构件 长度	$l \leqslant 2m$		±2	钢尺量桁架支 座节点中心间 距，梁、柱全长 （高）
		$2m < l \leqslant 20m$		±0.01l	
		$l > 20m$		±20	
3	桁架 高度	跨度不大于 15m		±10	钢尺量脊节点 中心与下弦中心 距离
		跨度大于 15m		±15	
4	受压或压弯构件纵向弯 曲（除预起拱尺寸外）			$l/500$	拉线钢尺量
5	弦杆节点间距			±5	
6	齿连接刻槽深度			±2	
7	支座节点 受剪面	长度		−10	
		宽度		−3	
8	螺栓中 心间距	进孔处		±0.2d	钢尺量
		出孔处	垂直木 纹方向	±0.5d 并且≤ 4b/100	
			顺木纹 方向	±1d	
9	钉进孔处的中心间距			±1d	

项次	项 目		允许偏差 （mm）	检验方法
10	桁架起 拱尺寸	长度	±20	以两支座节点下弦中心线为准，拉一水平线，用钢尺量
		高度	—10	跨中下弦中心线与拉线之间距离，用钢尺量

注：d 为螺栓或钉的直径；l 为构件长度（弧形构件为弓长）；b 为板束总厚度；h 为截面高度。

桁架大样尺寸允许偏差　　　　19.5.1-2

桁架高度 （m）	跨度偏差 （mm）	结构高度偏差 （mm）	节点间距偏差 （mm）
≤15	±5	±2	±2
>15	±7	±3	±2

19.5.2　构件安装

1. 结构构件拼装后的几何尺寸偏差不应超过表 19.5.2-1 的规定。

2. 桁架、梁及柱的安装允许偏差应不大于表 19.5.2-2 的规定。

桁架、柱等组合构件拼装后的几何尺寸允许偏差（mm）

表 19.5.2-1

构件名称	项　目		允许偏差
组合截面柱	截面高度		-3
	长度	≤15m	±10
		>15m	±15
桁架	高度	跨度≤15m	±10
		跨度>15m	±15
	节间距离		±5
	起拱尺寸	长度	+20
		高度	-10
	跨度	≤15m	±10
		>15m	±15

桁架、梁及柱的安装允许偏差　　表 19.5.2-2

项次	项　目	允许偏差 （mm）	检查方法
1	结构中心线 的间距	±20	钢尺量
2	垂直度	$H/200$ 且 不大于 15	吊线钢尺量
3	受压或压弯构件 纵向弯曲	$L/300$	吊（拉） 线钢尺量
4	支座轴线对支承面 中心位移	10	钢尺量
5	支座标高	±5	用水准仪

注：H 为桁架或柱的高度；L 为构件长度。

本章参考文献

1.《木结构工程施工质量验收规范》GB 50206—2012

2.《木结构工程施工规范》GB/T 50772—2012

3.《胶合木结构技术规范》GB/T 50708—2012

20 城镇燃气室内工程

20.1 室内燃气钢管、铝塑复合管及阀门安装

室内燃气钢管、铝塑复合管及阀门安装后的允许偏差和检验方法宜符合表 20.1 的规定，检查数量应符合下列规定：

室内燃气管道安装后检验的允许偏差和检验方法

表 20.1

项 目			允许偏差
标 高			±10mm
水平管道纵横方向弯曲	钢管	管径小于或等于 $DN100$	2mm/m 且≤13mm
		管径大于 $DN100$	3mm/m 且≤25mm
	铝塑复合管		1.5mm/m 且≤25mm
立管垂直度	钢管		3mm/m 且≤8mm
	铝塑复合管		2mm/m 且≤8mm
引入管阀门	阀门中心距地面		±15mm
管道保温	厚度（δ）		$+0.1\delta$ -0.05δ
	表面不整度	卷材或板材	±2mm
		涂抹或其他	±2mm

（1）管道与墙面的净距，水平管的标高：检查管道的起点、终点、分支点及变方向点间的直管段，不应少于5段；

（2）纵横方向弯曲：按系统内直管段长度每30m应抽查2段，不足30m的不应少于1段；有分隔墙的建筑，以隔墙为分段数，抽查5%，且不应少于5段；

（3）立管垂直度：一根立管为一段，两层及两层以上按楼层分段，各抽查5%，但均不应少于10段；

（4）引入管阀门：100%检查；

（5）其他阀门：抽查10%，且不应少于5个；

（6）管道保温：每20m抽查1处，且不应少于5处。

检查方法：目视检查，水平尺、直尺、拉线、吊线等尺量检查。

20.2 燃气计量表安装

燃气计量表安装后的允许偏差和检验方法应符合表20.2的要求。

检查数量：抽查50%，且不少于1台。

检查方法：目视检查和测量。

燃气计量表安装后的允许偏差和检验方法　表 20.2

最大流量	项　目	允许偏差 （mm）	检验方法
<25m³/h	表底距地面	±15	吊线和尺量
	表后距墙饰面	5	
	中心线垂直度	1	
≥25m³/h	表底距地面	±15	吊线、尺量、 水平尺
	中心线垂直度	表高的 0.4%	

本章参考文献

《城镇燃气室内工程施工与质量验收规范》CJJ 94—2009

400

21 模板工程

21.1 建筑工程大模板

21.1.1 大模板制作与检验

1. 整体式大模板的制作允许偏差与检验方法，应符合表 21.1.1-1 的要求。

整体式大模板制作允许偏差与检验方法

表 21.1.1-1

项次	项　目	允许偏差（mm）	检验方法
1	模板高度	±3	卷尺量检查
2	模板长度	−2	卷尺量检查
3	模板板面对角线差	≤3	卷尺量检查
4	板面平整度	2	2m靠尺及塞尺检查
5	相邻面板拼缝高低差	≤0.5	平尺及塞尺量检查
6	相邻面板拼缝间隙	≤0.8	塞尺量检查

2. 拼装式大模板的组拼允许偏差与检验方法，应符合表 21.1.1-2 的要求。

拼装式大模板组拼允许偏差与检验方法

表 21.1.1-2

项次	项目	允许偏差（mm）	检验方法
1	模板高度	±3	卷尺量检查
2	模板长度	−2	卷尺量检查
3	模板板面对角线差	≤3	卷尺量检查
4	板面平整度	2	2m靠尺及塞尺检查
5	相邻面板拼缝高低差	≤1	平尺及塞尺量检查
6	相邻面板拼缝间隙	≤1	塞尺量检查

21.1.2　大模板施工与验收

大模板安装允许偏差及检验方法，应符合表 21.1.2 的规定。

大模板安装允许偏差及检验方法　　表 21.1.2

项目		允许偏差（mm）	检验方法
轴线位置		4	尺量检查
截面内部尺寸		±2	尺量检查
层高垂直度	全高≤5m	3	线坠及尺量检查
	全高＞5m	5	线坠及尺量检查
相邻模板板面高低差		2	平尺及塞尺量检查
表面平整度		＜4	20m内上口拉直线尺量检查 下口按模板定位线为基准检查

21.2 模板安全

钢模板及配件等修复后，应进行检查验收。凡检查不合格者应取新整修。待合格后方准应用，其修复后的质量标准应符合表 21.2 的规定。

钢模板及配件修复后的质量标准 　　　**表 21.2**

项　　目		允许偏差（mm）
钢结构	板面局部不平度	≤2.0
	板面翘曲矢高	≤2.0
	板侧凸棱面翘曲矢高	≤1.0
	板肋平直度	≤2.0
	焊点脱焊	不允许
钢模板	板面锈皮麻面，背面粘混凝土	不允许
	孔洞破裂	不允许
零配件	U 形卡卡口残余变形	≤1.2
	钢楞及支柱长度方向弯曲度	≤L/1000
桁架	侧向平直度	≤2.0

21.3　液压爬升模板工程

21.3.1　基本规定

1. 液压爬升模板（hydraulic climbing farmwork）是爬模装置通过承载体附着或支承在混

凝土结构上，当新浇筑的混凝土脱模后，以液压油缸或液压升降千斤顶为动力，以导轨或支承杆为爬升轨道，将爬模装置向上爬升一层，反复循环作业的施工工艺，简称爬模。

2. 模板主要材料规格可按表 21.3.1-1 选用。

模板主要材料规格   表 21.3.1-1

模板部位	模板品种		
	组拼式大钢模板	钢框胶合板模板	木梁胶合板模板
面板	5～6mm 厚钢板	18mm 厚木胶合板 15mm 厚竹胶合板	18～21mm 厚木胶合板
边框	8mm×80mm 扁钢或 80mm×40mm×3mm 矩形钢管	60mm×120mm 空腹边框	—
竖肋	［8 槽钢或 80mm×40mm×3mm 矩形钢管	100mm×50mm×3mm 矩形钢管	80mm×200mm 木工字梁
加强肋	6mm 厚钢板	4mm 厚钢板	
背楞	［10 槽钢、［12 槽钢	［10 槽钢、［12 槽钢	［10 槽钢、［12 槽钢

3. 油缸、千斤顶可按表 21.3.1-2 选用。

油缸、千斤顶选用　　表 21.3.1-2

指标 \ 规格	油　缸			千　斤　顶		
	50kN	100kN	150kN	100kN	100kN	200kN
额定荷载	50kN	100kN	150kN	100kN	100kN	200kN
允许工作荷载	25kN	50kN	75kN	50kN	50kN	100kN
工作行程	150～600mm			50～100mm		
支承杆外径	—			83mm	102mm	102mm
支承杆壁厚	—			8.0mm	7.5mm	7.5mm

21.3.2　爬模装置制作

1. 模板检验应放在平台上，按模板平放状态进行。模板制作允许偏差与检验方法应符合表 21.3.2-1 的规定。

模板制作允许偏差与检验方法　　表 21.3.2-1

项次	项　目	允许偏差 (mm)	检验方法
1	模板高度	±2	钢卷尺检查
2	模板宽度	+1 -2	钢卷尺检查
3	模板板面对角线差	3	钢卷尺检查
4	板面平整度	2	2m靠尺、塞尺检查
5	边肋平直度	2	2m靠尺、塞尺检查
6	相邻板面拼缝高低差	0.5	平尺、塞尺检查
7	相邻板面拼缝间隙	0.8	塞尺检查
8	连接孔中心距	±0.5	游标卡尺检查

2. 爬模装置制作检验应在校正后进行，主要部件制作允许偏差与检验方法应符合表 21.3.2-2 的规定。

爬模装置主要部件制作允许偏差与检验方法

表 21.3.2-2

项次	项　　目	允许偏差（mm）	检验方法
1	连接孔中心位置	±0.5	游标卡尺检查
2	下架体挂点位置	±2	钢卷尺检查
3	梯挡间距	±2	钢卷尺检查
4	导轨平直度	2	2m靠尺、塞尺检查
5	提升架宽度	±5	钢卷尺检查
6	提升架高度	±3	钢卷尺检查
7	平移滑轮与轴配合	+0.2~+0.5	游标卡尺检查
8	支腿丝杠与螺母配合	+0.1~+0.3	游标卡尺检查

3. 爬模装置采用千斤顶时，支承杆制作允许偏差与检验方法应符合表 21.3.2-3 的规定。

支承杆制作允许偏差与检验方法　　表 21.3.2-3

项次	项　　目	允许偏差（mm）	检验方法
1	$\phi 83 \times 8$ 钢管直径	±0.2	游标卡尺检查
2	$\phi 102 \times 7.5$ 钢管直径	±0.2	游标卡尺检查

项次	项　目	允许偏差 （mm）	检验方法
3	钢管壁厚	±0.2	游标卡尺检查
4	椭圆度公差	±0.25	游标卡尺检查
5	螺栓螺母中心差	±0.2	游标卡尺检查
6	平直度	1	2m靠尺、塞尺检查

21.3.3　安装质量验收

爬模装置安装允许偏差和检验方法应符合表 21.3.3 的规定。

爬模装置安装允许偏差和检验方法　表 21.3.3

项次	项　目	允许偏差 （mm）	检验方法
1	模板轴线与相应结构轴线位置	3	吊线、钢卷尺检查
2	截面尺寸	±2	钢卷尺检查
3	组拼成大模板的边长偏差	±3	钢卷尺检查
4	组拼成大模板的对角线偏差	5	钢卷尺检查
5	相邻模板拼缝高低差	1	平尺、塞尺检查
6	模板平整度	3	2m靠尺、塞尺检查

项次	项　目		允许偏差 （mm）	检 验 方 法
7	模板上口标高		±5	水准仪、拉线、钢卷尺检查
8	模板垂直度	≤5m	3	吊线、钢卷尺检查
		>5m	5	吊线、钢卷尺检查
9	背楞位置偏差	水平方向	3	吊线、钢卷尺检查
		垂直方向	3	吊线、钢卷尺检查
10	架体或提升架垂直偏差	平面内	±3	吊线、钢卷尺检查
		平面外	±5	吊线、钢卷尺检查
11	架体或提升架横梁相对标高差		±5	水准仪检查
12	油缸或千斤顶安装偏差	架体平面内	±3	吊线、钢卷尺检查
		架体平面外	±5	吊线、钢卷尺检查
13	锥形承载接头（承载螺栓）中心偏差		5	吊线、钢卷尺检查
14	支承杆垂直偏差		3	2m靠尺检查

21.3.4　工程质量验收

爬模施工工程混凝土结构允许偏差和检验方法，应符合表 21.3.4 的规定。

爬模施工工程混凝土结构允许偏差和检验方法

表 21.3.4

项次	项　目			允许偏差（mm）	检验方法
1	轴线位置	墙、柱、梁		5	钢卷尺检查
2	截面尺寸	抹灰		±5	钢卷尺检查
		不抹灰		+4 −2	钢卷尺检查
3	垂直度	层高	≤5m	6	经纬仪、吊线、钢卷尺检查
			>5m	8	
		全高		$H/1000$ 且≤30	经纬仪、钢卷尺检查
4	标高	层高		±10	水准仪、拉线、钢卷尺检查
		全高		±30	
5	表面平整	抹灰		8	2m 靠尺、塞尺检查
		不抹灰		4	
6	预留洞口中心线位置			15	钢卷尺检查
7	电梯井	井筒长、宽对定位中心线		+25 0	钢卷尺检查
		井筒全高（H）垂直度		$H/1000$ 且≤30	2m 靠尺、塞尺检查

21.4 滑动模板工程

滑动模板施工（slipfarming construction）是以滑模千斤顶、电动提升机或手动提升器为提升动力，带动模板（或滑框）沿着混凝土（或模板）表面滑动而成型的现浇混凝土结构的施工方法的总称，简称滑模施工。

滑框倒模施工（incremental slipfarming with sliding frame）是传统滑模工艺的发展。用提升机具带动由提升架、围圈、滑轨组成的"滑框"沿着模板外表面滑动（模板与混凝土之间无相对滑动），当横向分块组合的模板从"滑框"下口脱出后，将该块模板取下再装入"滑框"上口，再浇灌混凝土，提动滑框，如此循环作业成型混凝土结构的施工方法的总称。

21.4.1 滑模装置的设计与制作

滑模装置各种构件的制作应符合现行国家标准《钢结构工程施工质量验收规范》GB 50205 和《组合钢模板技术规范》GB 50214 的规定，其允许偏差应符合表 21.4.1 的规定。其构件表面，除支承杆及接触混凝土的模板表面外，均应刷防锈涂料。

21.4.2 滑模施工

1. 滑模装置的组装

（1）滑模装置组装的允许偏差应满足表21.4.2-1的规定。

构件制作的允许偏差　　表 21.4.1

名称	内　　容	允许偏差（mm）
钢模板	高度 宽度 表面平整度 侧面平直度 连接孔位置	±1 −0.7～0 ±1 ±1 ±0.5
围圈	长度 弯曲长度≤3m 弯曲长度>3m 连接孔位置	−5 ±2 ±4 ±0.5
提升架	高度 宽度 围圈支托位置 连接孔位置	±3 ±3 ±2 ±0.5
支承杆	弯曲 φ25圆钢　直径 φ48×3.5钢管　直径 椭圆度公差 对接焊缝凸出母材	小于 L/1000 −0.5～+0.5 −0.2～+0.5 −0.25～+0.25 <+0.25

注：L 为支承杆加工长度。

滑模装置组装的允许偏差　　表 21.4.2-1

内　　容		允许偏差（mm）
模板结构轴线与相应结构轴线位置		3
围圈位置偏差	水平方向	3
	垂直方向	3

411·

内　　容		允许偏差（mm）
提升架的垂直偏差	平面内	3
	平面外	2
安放千斤顶的提升架横梁相对标高偏差		5
考虑倾斜度后模板尺寸的偏差	上口	−1
	下口	+2
千斤顶位置安装的偏差	提升架平面内	5
	提升架平面外	5
圆模直径、方模边长的偏差		−2～+3
相邻两块模板平面平整偏差		1.5

（2）液压系统试验合格后方可插入支承杆，支承杆轴线应与千斤顶轴线保持一致，其偏斜度允许偏差为 2‰。

2. 支承杆

采用钢管做支承杆时应符合下列规定：工具式支承杆必须调直，其平直度偏差不应大于 1/1000，相连接的两根钢管应在同一轴线上，接头处不得出现弯折现象。

3. 预留孔和预埋件

预留孔洞的胎模应有足够的刚度，其厚度应比模板上口尺寸小 5～10mm，并与结构钢筋固定牢靠。胎模出模后，应及时校对位置，适时拆除胎模，预留孔洞中心线的偏差不应大于 15mm。

当门、窗框采用预先安装时，门、窗和衬框

（或衬模）的总宽度，应比模板上口尺寸小 5～10mm。安装应有可靠的固定措施，偏差应满足表 21.4.2-2 的规定。

门、窗框安装的允许偏差　　表 21.4.2-2

项　目	允许偏差（mm）	
	钢门窗	铝合金（或塑钢）门窗
中心线位移	5	5
框正、侧面垂直度	3	2
框对角线长度 ≤2m >2m	5 6	2 3
框的水平度	3	1.5

21.4.3　特种滑模施工

1. 混凝土面板施工

（1）滑模装置的组装应符合下列规定：

1）组装顺序宜为轨道支承架、轨道、牵引设备、模板结构及辅助设施；

2）轨道安装的允许偏差应符合表 21.4.3-1 的规定。

轨道安装允许偏差　　表 21.4.3-1

项　目	允许偏差（mm）	
	溢流面	其　他
标高	-2	±5
轨距	±3	±3
轨道中心线	3	3

（2）面板成型后，其外形尺寸的允许偏差应符合下列规定：

1）溢流面表面平整度（用 2m 直尺检查）不应超过±3mm；

2）其他护面面板表面平整度（用 2m 直尺检查）不应超过±5 mm。

2. 竖井井壁施工

井壁质量应符合下列要求：

（1）与井筒相连的各水平巷道或硐室的标高应符合设计要求，其最大允许偏差为±100mm；

（2）井筒的内半径最大允许偏差:有提升设备时不得大于 50mm,无提升设备时不得超过±50mm；

（3）井壁厚度局部偏差不得大于设计厚度 50mm，每平方米的表面不平整度不得大于 10mm。

3. 复合壁施工

复合壁滑模施工的壁厚允许偏差应符合表 21.4.3-2 的规定。

复合壁滑模施工的壁厚允许偏差　　　表 21.4.3-2

项目	壁厚允许偏差（mm）		
	混凝土强度较高的壁	混凝土强度较低的壁	总壁厚
允许偏差	−5～+10	−10～+5	−5～+8

4. 抽孔滑模施工

抽孔滑模施工允许偏差应符合表 21.4.3-3

的规定。

抽孔滑模施工允许偏差 表 21.4.3-3

项目	管或孔的直径偏差	芯管安装位置偏差	管中心垂直度偏差	芯管的长度偏差	芯管的锥度范围
允许偏差	±3mm	<10mm	<2‰	±10mm	0～0.2%

注：不得出现塌孔及混凝土表面裂缝等缺陷。

5. 滑架提模施工

混凝土入模前模板位置允许偏差应符合下列规定：

（1）模板上口轮圆半径偏差±5mm；

（2）模板上口标高偏差±10mm；

（3）模板上口内外间距偏差±3mm。

21.4.4 质量检查及工程验收

滑模施工工程混凝土结构的允许偏差应符合表 21.4.4 的规定。

滑模施工工程混凝土结构的允许偏差 表 21.4.4

项　　目			允许偏差（mm）
轴线间的相对位移			5
圆形筒体结构	半径	≤5m	5
		>5m	半径的 0.1%，不得大于 10
标高	每层	高层	±5
		多层	±10
	全　高		±30

项　目			允许偏差（mm）
垂直度	每层	层高小于或等于5m	5
		层高大于5m	层高的0.1%
	全高	高度小于10m	10
		高度大于或等于10m	高度的0.1%，不得大于30
墙、柱、梁、壁截面尺寸偏差			+8，−5
表面平整 （2m靠尺检查）		抹灰	8
		不抹灰	5
门窗洞口及预留洞口位置偏差			15
预埋件位置偏差			20

钢筋混凝土烟囱的允许偏差，应符合现行国家标准《烟囱工程施工及验收规范》GB 50078—2008的规定。特种滑模施工的混凝土结构允许偏差，尚应符合国家现行有关专业标准的规定。

21.5　组合钢模板

21.5.1　组合钢模板的检验

1. 钢模板成品的质量检验，包括单件检验和组装检验，其质量标准应符合表21.5.1-1和表21.5.1-2的规定。

钢模板制作质量标准　　表 21.5.1-1

项　　目		要求尺寸 （mm）	允许偏差 （mm）
外形尺寸	长　　度	l	0 −1.00
	宽　　度	b	0 −0.80
	肋　高	55	±0.50
U形卡孔	沿板长度的孔中心距	$n×150$	±0.30
	沿板宽度的孔中心距	—	±0.60
	孔中心与板面间距	22	±0.30
	沿板长度孔中心与板端间距	75	±0.60
	沿板宽度孔中心与 边肋凸棱面的间距	—	±0.60
	孔　直　径	$\phi13.8$	±0.25
凸棱尺寸	高　　度	0.3	+0.30 −0.05
	宽　　度	6.0	±1.00
	边肋圆角	90°	$\phi0.50$ 钢针 通不过
面板端与两凸棱面的垂直度		90°	$d≤0.50$
板面平整度		—	$f_1≤1.00$
凸棱直线度		—	$f_2≤0.50$
横肋	横肋、中肋与边肋高度差	—	$\Delta≤1.20$
	两端横肋组装位移	0.30	$\Delta≤0.60$

项 目		要求尺寸 (mm)	允许偏差 (mm)
焊缝	肋间焊缝长度	30.0	±5.00
	肋间焊脚高	2.5 (2.0)	+1.00
	肋与面板焊缝长度	10.0 (15.0)	+5.00
	肋与面板焊脚高度	2.5 (2.0)	+1.00
	模板板面两对角线之差	—	≤0.5‰
凸鼓的高度		1.0	+0.30 −0.20
防锈漆外观		油漆涂刷均匀，不得漏涂、皱皮、脱皮、流淌	
角模的垂直度		90°	Δ≤1.00

注：采用二氧化碳气体保护焊的焊脚高度与焊缝长度为括号
　　内数据。

钢模板产品组装质量标准（mm）　　表 21.5.1-2

项 目	允许偏差
两块模板之间的拼接缝隙	≤1.0
相邻模板面的高低差	≤1.5
组装模板板面平整度	≤2.0
组装模板板面的长宽尺寸	±2.0
组装模板两对角线长度差值	≤3.0

注：组装模板面积为 2100mm×2000mm。

2. 配件合格品应符合表 21.5.1-3 所示的
要求。

配件制作主项质量标准（mm） **表 21.5.1-3**

项目		要求尺寸	允许偏差
U形卡	卡口宽度	6.0	±0.5
	脖高	44	±1.0
	弹性孔直径	φ20	+2.0 0
	试验50次后的卡口残余变形	—	≤1.2
扣件	高度	—	±2.0
	螺栓孔直径	—	±1.0
	长度	—	±1.5
	宽度	—	±1.0
	卡口长度	—	+2.0 0
支柱	钢管的直线度	—	≤L/1000
	支柱最大长度时上端最大振幅	—	≤60.0
	顶板与底板的孔中心与管轴位移	—	1.0
	销孔对管径的对称度	—	1.0
	插管插入套管的最小长度	≥280	
桁架	上平面直线度	—	≤2.0
	焊缝长度	—	±5.0
	销孔直径	—	+1.0 0
	两排孔之间平行度	—	±0.5
	长方向相邻两孔中心距	—	±0.5

项　　目		要求尺寸	允许偏差
梁卡具	销孔直径	—	+1.0 0
	销孔中心距	—	±1.0
	立管垂直度	—	≤1.5

注：1. U形卡试件试验后，不得有裂纹、脱皮等疵病。
　　2. 扣件、支柱、桁架和支架等项目都应做荷载试验。

21.5.2　模板工程的施工准备

采用预组装模板施工时，模板的预组装应在组装平台或经平整处理过的场地上进行。组装完毕后应予编号，并应按表 21.5.2 的组装质量标准逐块检验后进行试吊，试吊完毕后应进行复查，并再检查配件的数量、位置和紧固情况。

钢模板施工组装质量标准（mm）　　表 21.5.2

项　　目	允许偏差
两块模板之间拼接缝隙	≤2.0
相邻模板面的高低差	≤2.0
组装模板板面平整度	≤2.0（用 2m 长平尺检查）
组装模板板面的长宽尺寸	≤长度和宽度的 1/1000，最大±4.0
组装模板两对角线长度差值	≤对角线长度的 1/1000，最大≤7.0

21.5.3　组合钢模板的维修与保管

钢模板和配件拆除后，应及时清除粘结的砂浆杂物，板面涂刷防锈油，对变形及损坏的钢模板及配件，应及时整形和修补，修复后的钢模板和配件应达到表21.5.3的要求，并宜采用机械整形和清理。

钢模板及配件修复后的主要质量标准（mm）

表 21.5.3

项 目		允许偏差
钢模板	板面平整度	≤2.0
	凸棱直线度	≤1.0
	边肋不直度	不得超过凸棱高度
	肋板	有少量损伤，已修补
	U形卡孔	无开裂
	焊缝	开焊处已补焊
	防锈油漆	基本完好，板面涂防锈油
U形卡	卡口宽度	±0.5
	卡口残余变形	≤1.2
	弹性孔直径	±1.0
	表面质量	粘附灰浆和锈蚀已清除
扣件	螺栓孔	不允许破裂
	外观	允许少量变形，不影响使用
	表面质量	粘附灰浆和锈蚀已清除
钢支柱	直线度	≤$l/1000$
	插管、套管外观	所有凹坑必须修复
	焊缝	开焊处必须补焊
	调节螺管壁厚	≥3.5
	插销	不允许有折弯
	底板、顶板	必须平整

注：l 为钢楞及支柱的长度。

21.6 铝合金模板

21.6.1 施工准备

采用预组装模板施工时，模板的预组装应在组装平台或经平整处理过的场地上进行。组装完毕后应予编号，并按表 21.6.1 的组装质量标准逐块检验后进行试拼装，试拼装完后应进行复查，并检查配件的数量、位置和紧固情况。

铝合金模板施工组装质量标准　　表 21.6.1

项　　目	允许偏差（mm）
两块模板之间拼接缝隙	≤0.3
相邻模板面的高低差	≤0.5
组装模板板面平整度	≤1.0（用 2m 长平尺检查）
组装模板板面的长宽尺寸	≤长度和宽度的 1/1000，最大±4.0
组装模板两对角线长度差值	≤对角线长度的 1/1000，最大≤1.0

21.6.2 模板工程的验收

1. 铝合金模板成品的质量检验，包括单件检验和组装检验，其质量标准应符合表 21.6.2-1 和表 21.6.2-2 的规定。

铝合金模板制作质量标准　　　表 21.6.2-1

项　目		要求尺寸（mm）	允许偏差（mm）
外形尺寸	长度	L	0 −1.00
	宽度	b	0 −0.80
	肋高	65	+0.50
销孔	沿板长度的孔中心距	$n \times 150$	+0.30 −0.30
	沿板宽度的孔中心距	—	+0.10 −0.10
	孔中心与板面间距	40	+0.30 —
	沿板长度孔中心与板端间距	75	+0.30 —
	沿板宽度孔中心与边肋凸棱面的间距	—	+0.30 —
	孔直径	16.5	+0.25 —

项 目		要求尺寸（mm）	允许偏差（mm）
凸棱尺寸	高度	2	+0.05 −0.05
	宽度	20	+1.00 −1.00
	边肋圆角	90	0.5钢针通不过
面板端与两凸棱面的垂直度		90	0.20
板面平面度		—	0.50
凸棱直线度		—	0.50
横肋	横肋、中纵肋与边肋高度差	—	1.20
	两端横肋组装位移	0.3	0.60
焊缝	肋间焊缝长度	30.0	+5.00 −
	肋间焊缝高	3.0	+1.00
	肋与面板焊缝长度	30	+5.00
	肋与面板焊脚高度	4.0	+1.00
凸鼓的高度		2.0	+0.30 −0.20
铁件防锈漆外观		油漆涂刷均匀，不得漏涂、皱皮、脱皮、流淌	
角模的垂直度		90	$\Delta \leqslant 1.00$

注：采用二氧化碳气体保护焊的焊脚缝高度与焊缝长度为括号内数据。

铝合金模板产品组装质量标准 表 21.6.2-2

项　　目	允许偏差（mm）
两块模板之间的拼接缝隙	≤0.3
相邻模板面的高低差	≤0.5
组装模板板面平面度	≤1.0
组装模板板面的长宽尺寸	≤2.0
组装模板两对角线长度差值	≤2.0

注：组装模板面积为 2m×3m。

2. 配件的强度、刚度及焊接质量等综合性能，在成批投产前和投产后都应按设计要求进行荷载试验。配件合格品应符合表 21.6.2-3 所示的要求。

配件制作主项质量标准（mm） 表 21.6.2-3

项　　目		要求尺寸	允许偏差
连接销子	长度	50	±0.5
	长度	130	±0.5
	外径	φ16	±0.2
	销孔	20×4.5	±0.5
	试验50次后的销孔口残余变形	—	≤1.2

	项　目	要求尺寸	允许偏差
连接件	高度	—	±2.0
	螺栓孔直长径	—	±1.0
	长度	—	±1.5
	宽度	—	±1.0
	卡口长度	—	+2.0
	钢背楞	—	+2.0
	钢背楞角度	—	−1.0
单支顶	钢管的直线度	—	≤L/1000
	支柱最大长度时上端最大振幅	—	≤60.0
	顶板与底板的孔中心与管轴位移	—	1.0
	销孔对管径的对称度	—	1.0
	插管插入套管的最小长度	≥280	—

注：1. 销子、锲片不得有披锋等缺陷。

2. 单支顶等应做荷载试验。

21.6.3　拆除、维修与保管

铝合金模板和配件拆除后，应及时清除粘结砂浆杂物，板面涂刷油，对变形及损坏的模板及配件，应及时整形和修补，修复后的模板和配件应达到表 21.6.3 的要求，并宜采用机械整形和清理。

模板及配件修复后的主要质量标准 **表 21.6.3**

项　目		允许偏差（mm）
铝模板	板面平面度	≤1.0
	凸棱直线度	≤0.5
	边肋不直度	不得超过凸棱高度
配件	钢楞及支柱直线度	≤L/1000

注：L 为钢楞及支柱的长度。

21.7　钢框胶合模板

21.7.1　模板钢框制作

钢框应在平台上进行检验，其允许偏差与检验方法应符合表 21.7.1 的规定。

钢框制作允许偏差与检验方法 **表 21.7.1**

项次	检验项目	允许偏差（mm）	检验方法
1	长度	0，−0.15	钢尺检查
2	宽度	0，−1.0	钢尺检查
3	厚度	±0.5	游标卡尺检查
4	对角线差	≤1.5	钢尺检查
5	肋间距	±1.0	钢尺检查
6	连接孔中心距	±0.5	游标卡尺检查
7	孔径	±0.25	游标卡尺检查
8	焊缝高度	+1.0	焊缝检测尺
9	焊缝长度	+5.0	焊缝检测尺

21.7.2 模板面板制作

面板制作允许偏差与检验方法应符合表 21.7.2 的规定。

面板制作允许偏差与检验方法　　表 21.7.2

项次	检验项目	允许偏差（mm）	检验方法
1	长度	0，-1.0	钢尺检查
2	宽度	0，-1.0	钢尺检查
3	对角线差	≤1.5	钢尺检查

21.7.3 模板制作

模板应在平台上进行检验，其允许偏差与检验方法应符合表 21.7.3 的规定。

模板制作允许偏差与检验方法　　表 21.7.3

项次	检查项目	允许偏差（mm）	检验方法
1	长度	0，-1.5	钢尺检查
2	宽度	0，-1.0	钢尺检查
3	对角线差	≤2	钢尺检查
4	平整度	≤2	2m 靠尺及塞尺检查
5	边肋平直度	≤2	2m 靠尺及塞尺检查
6	相邻面板拼缝高低差	≤0.8	平尺及塞尺检查
7	相邻面板拼缝间距	<0.5	塞尺检查
8	板面与板肋高低差	-1.5，-0.5	游标卡尺检查
9	连接孔中心距	±0.5	游标卡尺检查
10	孔中心与板面间距	±0.5	游标卡尺检查
11	对拉螺栓孔间距	±1.0	钢尺检查

本章参考文献

1. 《钢框胶合板模板技术规程》JGJ 96—2011
2. 《液压爬升模板工程技术规程》JGJ 195—2010
3. 《建筑施工模板安全技术规范》JGJ 162—2008
4. 《滑动模板工程技术规范》GB 50113—2005
5. 《建筑工程大模板技术规程》JGJ 74—2003
6. 《组合钢模板技术规范》GB 50214—2012
7. 《铝合金模板技术规范》DBJ 15—96—2013

22 智能建筑工程

22.1 住宅区和住宅建筑内光纤到户通信设施工程施工

22.1.1 线缆敷设与连接

光缆敷设安装的最小曲率半径应符合表 22.1.1 的规定。

光缆敷设安装的最小曲率半径 表 21.1.1

光缆类型	静态弯曲	动态弯曲
室内外光缆	$15D$	$30D$
室内光缆	$10D/10H$ 且 不小于 30mm	$20D/20H$ 且 不小于 60mm

注：D 为缆芯处圆形护套外径，H 为缆芯处扁形护套短轴的高度。

22.1.2 设备安装

1. 配线箱的安装应符合的规定：在公共场所安装配线箱时，壁嵌式箱体底边距地不宜小于 1.5m，墙挂式箱体底面距地不宜小于 1.8m。

2. 机柜的安装应符合下列规定：

（1）有架空活动地板时，架空地板不应承受机柜重量，应按设备机柜的底平面尺寸制作底座，底座应直接与地面固定，机柜应固定在底座上，底座水平误差每米不应大于 2mm。

（2）机柜垂直偏差不应大于 3mm。

（3）机柜的主要维护操作侧的净空不应小于 800mm。

22.2 《智能建筑工程施工规范》相关规定

22.2.1 卫星接收及有线电视系统自检自验

1. 有线数字电视系统下行测试应符合现行行业标准《有线广播电视系统技术规范》GY/T 106 和《有线数字电视系统技术要求和测量方法》GY/T 221 有关规定，主要技术要求应符合表 22.2.1-1 的规定。

系统下行输出口技术要求 　　　　表 22.2.1-1

序号	测 试 内 容	技 术 要 求
1	模拟频道输出口电平	$60 \sim 80$ dBμV
2	数字频道输出口电平	$50 \sim 75$ dBμV

序号	测试内容		技术要求
3	频道间电平差	相邻频道电平差	≤3dB
		任意模拟/数字频道间	≤10dB
		模拟频道与数字频道间电平差	0~10dB
4	MER	64QAM，均衡关闭	≥24dB
5	BER	24h，Rs 解码后（短期测量可采 15min，应不出现误码）	≤1×10E−11
		参考 GY5075	≤1×10E−6
6	C/N（模拟频道）		≥43dB
7	载波交流声比（HUM）（模拟）		≤3%
8	数字射频信号与噪声功率比 $S_{D,RF}/N$		≥26dB（64QAM）
9	载波复合二次差拍比（C/CSO）		≥54dB
10	载波复合三次差拍比（C/CTB）		≥54dB

2. 有线数字电视系统上行测试应符合现行行业标准《HFC 网络上行传输物理通道技术规范》GY/T 180 有关规定，主要技术要求应符合表 22.2.1-2 的规定。

系统上行主要技术要求　　　表 22.2.1-2

序号	测试内容	技术要求
1	上行通道频率范围	5~65MHz
2	标称上行端口输入电平	100dBμV
3	上行传输路由增益差	≤10dB
4	上行通道频率响应	≤10dB（7.4~61.8MHz）
		≤1.5dB（7.4~61.8MHz 任意 3.2MHz 范围内）

序号	测 试 内 容	技 术 要 求
5	信号交流声调制比	≤7%
6	载波/汇集噪声	≥20dB（Ra 波段）
		≥26dB（Rb、Rc 波段）

22.2.2 会议系统设备安装

机柜的设置应符合下列规定：

1. 机柜布置应保留维护间距，机面与墙的净距不应小于 1.5m，机背和机侧（需维护时）与墙的净距不应小于 0.8m；机柜前后排列时，排列间净距不应小于 1m；

2. 机柜安装的水平位置应符合施工图设计，其偏差不应大于 10mm，机柜的垂直偏差不应大于 3mm。

22.2.3 信息设施系统

1. 设备安装

电话交换系统和通信接入系统设备安装应符合下列规定：

（1）应按工程设计平面图安装交换机机柜，上下两端垂直偏差不应大于 3mm；

（2）机柜应排列成直线，每 5m 误差不应大于 5mm；

（3）各种配线架各直列上下两端垂直偏差不应大于 3mm，底座水平误差每米不大于 2mm。

2. 自检自验

（1）电话交换系统的检验应按表 22.2.3-1 的内容进行。

电话交换系统的检验内容　　表 22.2.3-1

通电测试前检查	标称工作电压为－48V	允许变化范围 －57～－40V
硬件检查测试	可见可闻报警信号工作正常	执行现行行业标准《程控电话交换设备安装工程验收规范》YD 5077 有关规定
	装入测试程序，通过自检，确认硬件系统无故障	
系统检查测试	系统各类呼叫，维护管理，信号方式及网络支持功能	
初验测试	可靠性	不得导致 50% 以上的用户线、中继线不能进行呼叫处理	执行现行行业标准《程控电话交换设备安装工程验收规范》YD 5077 有关规定
		每一用户群通话中断或停止接续，每群每月不大于 0.1 次	
		中继群通话中断或停止接续：0.15 次/月（≤64 话路）0.1 次/月（64～480 话路）	
		个别用户不正常呼入、呼出接续：每千门用户，≤0.5 户次/月；每百条中继，≤0.5 线次/月	
		一个月内，处理机再启动指标为 1～5 次（包括 3 类再启动）	
		软件测试故障不大于 8 个/月，硬件更换印刷电路板次数每月不大于 0.05 次/100 户及 0.005 次/30 路 PCM 系统	
		长时间通话，12 对话机保持 48h	

434

通电测试前检查	标称工作电压为—48V		允许变化范围 —57～—40V
初验测试	障碍率测试：局内障碍率不大于 3.4×10⁻⁴		同时 40 个用户模拟 呼叫 10 万次
	性能测试	本局呼叫	每次抽测 3～5 次
		出、入局呼叫	中继 100%测试
		汇接中继测试（各种方式）	各抽测 5 次
		其他各类呼叫	—
		计费差错率指标不超过 10⁻⁴	—
		特服业务（特别为 110、 119、120 等）	作 100%测试
		用户线接入调制解调器，传 输速率为 2400bps，数据误码 率不大于 1×10⁻⁵	—
		2B+D 用户测试	—
	中继测试：中继电路呼叫测试， 抽测 2～3 条电路（包括各种呼叫状 态）		主要为信令和接口
	接通率测试	局间接通率应达 99.96% 以上	60 对用户，10 万次
		局间接通率应达 98%以上	呼叫 200 次
	采用人机命令进行故障诊断测试		—

（2）接入网系统的检验应按表 22.2.3-2 的
内容进行，检验结果应符合设计要求。

接入网系统的检验内容　　表 22.2.3-2

安装环境检查	机房环境	
	电源	
	接地电阻值	
设备安装检查	管线敷设	
	设备机柜及模块	
系统检测	收发器线路接口	功率谱密度
		纵向平衡损耗
		过压保护
	用户网络接口	25.6Mbit/s 电接口
		10BASE-T 接口
		USB 接口
		PCI 接口
	业务节点接口（SNI）	STM-1（155Mbit/s）光接口
		电信接口
	分离器测试	
	传输性能测试	
	功能验证测试	传输功能
		管理功能

22.2.4 建筑设备监控系统

1. 设备安装

室内、外温湿度传感器的安装应符合下列规定：室内温湿度传感器的安装位置宜距门、窗和出风口大于 2m；在同一区域内安装的室内温湿度传感器，距地高度应一致，高度差不应大于 10mm。

2. 质量控制

一般项目应符合下列规定：风机盘管温控器与其他开关并列安装时，高度差应小于 1mm，在同一室内，其高度差应小于 5mm。

本章参考文献

1. 《住宅区和住宅建筑内光纤到户通信设施工程施工及验收规范》GB 50847—2012

2. 《智能建筑工程施工规范》GB 50606—2010

23 租赁模板脚手架维修保养

23.1 全钢大模板及配套模板

23.1.1 退场验收

全钢大模板及配套模板退场验收标准及检验工具与方法，应符合表 23.1.1 的规定。

全钢大模板及配套模板退场验收标准
及检验工具与方法 表 23.1.1

检验项目	验收标准	检验工具与方法
模板外形和几何尺寸	应符合合同要求；面板无明显翘曲、变形；边框、背楞结构完好	卷尺、游标卡尺、目测
模板外观	表面粘结物按 GB 50829—2013 第 3.2.7 条第 1、2 款验收，无破损	目测
焊缝	无明显开焊	
模板及配件	无损坏或丢失	
吊环	无缺损、变形	
孔眼	对拉螺栓孔和模板连接孔无任意开孔和损坏现象	

23.1.2 维修与保养

全钢大模板维修前应根据表 23.1.2 规定的各项目的缺陷确定相应的维修方法。

全钢大模板的缺陷程度及维修方法 表 23.1.2

项 目	缺陷程度描述	维修方法
模板面板表面清洁度	水泥垢污染、锈蚀，锈蚀总面积小于 35%	应采用除垢剂，也可采用简易扁铲、磨石机打磨方法清理，不应采取剔凿方法清理
模板背面清洁度	有污染、锈蚀	背面混凝土清理可采用简易扁铲剔凿等方法，不应使用大锤清理
模板整体	翘曲	平台上采用千斤顶矫正，矫正后应对焊缝进行检查，对开焊焊缝应及时补焊
面板开孔、损坏	修补总面积小于 35%	补孔、满焊，打磨，更换面板
模板外形和几何尺寸	边框变形	手锤矫正
	模板企口的变形	模板面板向下放置于平台，采用手锤、平锤矫正
	几何尺寸变形	宜采用机械方法，采用火焰方法调整时，应对尺寸调整后的部位进行打磨、抛光和找直

项 目	缺陷程度描述	维修方法
模板的平整度	局部小于 8mm	宜采用千斤顶调整，采用大锤方法调整时，大锤下应用平锤过渡，不应直接锤打模板面板
模板翘曲	对角平整度误差小于 10mm	宜采用千斤顶矫正
焊缝	焊缝开焊数量小于 30%	应对所有开焊焊缝进行补焊，焊缝长度、高度和间距应符合设计要求
纵横肋损坏	变形、丢失、断裂	按原产品设计要求更换
孔眼	对拉螺栓孔、模板连接孔增加	冲一个相同直径的钢板补焊上，打磨

23.1.3 质量检验评定与报废

维修后的全钢大模板的质量检查与验收，应符合现行行业标准《建筑工程大模板技术规范》JGJ 74 的有关规定。其主要检验项目和要求及允许偏差应符合表 23.1.3 的规定。

全钢大模板检验项目和要求

及允许偏差 表 23.1.3

序号	检验项目	要求及允许偏差	验收方法
1	模板正反面混凝土清理	干净、光洁	目测全数检查
2	模板结构损坏维修	按设计要求	全数检查
3	模板平整度调整	≤3mm/2m	2m 靠尺塞尺全数检查

序号	检验项目	要求及允许偏差	验收方法
4	模板几何尺寸改制误差	≤±2.0mm	卷尺检查
5	相邻模板拼装高低差	≤1mm	钢板尺塞尺检查
6	相邻模板拼缝间隙	≤1mm	塞尺检查
7	焊缝长度	≥3.0mm	卷尺全数检查
8	吊环螺栓紧固	不允许松动	扳手、目测全数检查
9	油漆	无流淌	目测
10	模板编号	按设计要求	全数检查

23.2 组合钢模板

23.2.1 退场验收

组合钢模板退场验收标准及检验工具与方法，应符合表 23.2.1 的规定。

组合钢模板退场验收标准及检验工具与方法 表 23.2.1

检验项目	验收标准	检验工具与方法
模板外形和几何尺寸	应符合合同要求；面板无明显变形	卷尺、游标卡尺、目测
模板外观	表面粘结物按规范验收，无破损	目测
焊缝	无明显开焊	

23.2.2　维修与保养

组合钢模板维修前应根据表 23.2.2 规定的缺陷程度确定相应的维修方法。

组合钢模板的缺陷程度及维修方法　　　表 23.2.2

项　目	缺陷程度描述	维修方法
钢模板外观清洁度	污染、锈蚀	用专用机械或人工清理面板表面，并涂刷防锈漆
钢模板焊缝开焊	≤10 处	全部补焊
钢模板板面开孔	孔眼直径≤20mm，且数量≤4 处	补孔打磨
钢模板板面平面度	≤10mm	应在专用设备上维修，或采用人工方法维修
钢模板凸棱直线度	≤10mm	在专用机械上矫正
钢模板边肋不直度	≤8mm	
U 形卡	卡口变形	
肋板	缺失	按设计要求补齐

23.2.3　质量检验评定与报废

1. 维修后的组合钢模板的质量检查与验收，应符合现行国家标准《组合钢模板技术规范》GB 50214 的有关规定。单块模板质量主要检验项目和要求及允许偏差应符合表 23.2.3-1 的规定。

组合钢模板单块质量检验项目和
要求及允许偏差　　　　表 23.2.3-1

检验项目	要求及允许偏差（mm）	检验方法
板面光洁度	无明显锈蚀、麻坑、水泥垢	目测
板面平整度	≤2.0	2m靠尺、塞尺
板面孔眼修补平整度	≤1.0	钢直尺、塞尺
模板长宽度尺寸	0 −0.8	钢卷尺、卡尺
边肋通长平直度 边肋不直度	≤2.0 不应超过凸棱高度	2m靠尺、塞尺
边肋与面板垂直度	≤0.5	直尺、塞尺
角模垂直度	≤1.0	
焊缝补焊	焊缝外形应光滑均匀，不应有漏焊、焊穿、裂纹等缺陷	目测
油漆	无遗漏、流淌、起皱	

2. 维修后的模板完成单块质量验收后，还应按现行国家标准《组合钢模板技术规范》GB 50214 的有关规定进行组装验收，组装质量检验项目和要求及允许偏差应符合表 23.2.3-2 的要求。

组合钢模板组装质量检验
项目和允许偏差　　表 23.2.3-2

检验项目	允许偏差（mm）	检验方法
相邻模板拼缝间隙	≤2.0	塞尺
相邻模板组装高低差	≤2.0	2m 靠尺、
组装模板整体平整度	≤3.0	塞尺
组装模板长、宽尺寸累计误差	≤4.0	钢卷尺
组装模板对角线误差	≤7.0	

23.3　钢框胶合板模板

23.3.1　退场验收

钢框胶合板模板退场验收标准及检验工具与方法，应符合表 23.3.1 的规定。

钢框胶合板模板退场验收标准
及检验工具与方法　　表 23.3.1

检验项目	验收标准	检验工具与方法
模板外形和几何尺寸	应符合合同要求，面板无明显变形	卷尺、游标卡尺、目测
模板外观	表面粘结物按 GB 50829—2013 规范第 3.2.7 条第 1、2 款验收，无破损	目测
钢框结构与焊接	结构完好，无明显开焊	
模板及配件	无损坏或丢失	
板面	无明显变形和破损	

23.3.2 维修与保养

钢框胶合板模板维修前应根据表 23.3.2 规定的缺陷程度确定相应的维修方法。

钢框胶合板模板的缺陷程度及维修方法 表 23.3.2

序号	项 目	缺陷程度描述	维修方法
1	钢框外观	污染	应将表面的杂物清理干净
		锈蚀总面积<50%	可采用角磨机打磨方法，并应做好钢框的成品保护
2	钢框焊缝	焊缝开焊<30%	应按产品设计要求进行补焊
3	钢框主次肋	位移、变形、损坏主肋断裂<30%	应按产品设计要求进行复位、整形或更换，其修复应在工装上进行
4	钢框边肋	通长变形，平直度不符合要求	边肋通长变形应用专用工装或锤击方法矫正；空腹钢框边肋通长平直度变形矫正后，还应进行截面变形矫正
5	空腹钢框边肋	截面变形<50%	应更换边框

序号	项　目	缺陷程度描述	维修方法
6	钢框整体翘曲	—	应在专用工装上采用千斤顶矫正，矫正后应对开焊焊缝进行补焊
7	面板外观清洁度	有水泥浆等粘结物	可采用简易扁铲、角磨机打磨方法，不应采用剔凿方法
8	面板	面膜破坏	可采取将原面板翻面
		胶合分层	采取更换面板的修复方法
		孔洞	补孔或更换面板
9	面板紧固螺钉	松动、失效	应紧固松动螺钉，更换失效螺钉
10	模板钢框外形几何尺寸	变形	人工调整

23.3.3　质量检验评定与报废

钢框胶合板模板检验规则和方法，应符合现行行业标准《钢框竹胶合板模板》JG/T 3059 的要求。模板应在平台上进行检验，模板维修后质量检验项目和要求及允许偏差应符合表 23.3.3 的要求。

模板维修质量检验项目和要求及
允许偏差及检验方法　　表 23.3.3

检验项目	要求及允许偏差	检验方法
模板清理	干净、光洁	目测全数检查
钢框结构损坏补强、焊缝补焊	不允许有漏焊、夹渣、咬肉、气孔、裂纹、错位等缺陷	按设计要求全数检查
钢框主次肋位移	≤1.5mm	卷尺拉线检查
边肋平直度	≤2.0mm	2.0m靠尺、塞尺检查
连接孔中心距	≤±0.5mm	游标卡尺检查
面板与边肋间缝隙	≤1.5mm	塞尺检查
面板与边肋高低差	−1.5，−0.5	游标卡尺检查
面板与钢框连接	螺钉或铆接应牢固可靠，沉头螺钉的平头应与面板平齐	螺丝刀抽检20%
模板长度	0，−1.5mm	钢尺检查
模板宽度	0，−1.0mm	钢尺检查
模板对角线差	≤2.0mm	钢尺检查
模板平整度	≤2.0mm	2.0m靠尺、塞尺检查
油漆、防水处理	全面处理，无遗漏、流淌、起皱	目测

23.4 碗扣式钢管脚手架构件

23.4.1 退场验收

碗扣式钢管脚手架退场验收标准及检验工具与方法，应符合表 23.4.1 的规定。

碗扣式钢管脚手架退场验收标准

及检验工具与方法　　　　表 23.4.1

检验项目		验收标准	检验工具与方法
杆件尺寸		长度、外径、壁厚等应符合合同要求； 杆件无明显弯曲，无死弯	卷尺、游标卡尺、目测
杆件及碗扣件完整性	横杆头	无丢失、开焊	目测
	外套管、内插管	无丢失、开裂、变形	
	横、竖挡销	无丢失	
	上碗扣	无变形和开裂	
	下碗扣	无变形、开裂和开焊	
杆件外观清洁		杆配件表面清洁，无粘结物	
标识		字迹、图案清晰完整、准确	

448

23.4.2 维修与保养

碗扣式钢管脚手架构件维修前应根据表23.4.2规定的缺陷程度确定相应的维修及改制方法。

碗扣式钢管脚手架构件缺陷程度和维修及改制方法 表 23.4.2

项　目	缺陷程度描述	维修方法	改　制
外观	杆件有裂纹，或有孔洞，或锈蚀严重	—	将有裂纹、孔洞、锈蚀严重部分切割掉，改制成小规格构件
杆件直线度	偏差≤5L/1000	利用调直机械矫正调直，应根据杆件长度及损坏程度，进行矫正调直	—
	偏差＞5L/1000	—	将弯曲部分切割掉，改制成小规格构件
立杆杆件端面对轴线垂直度	偏差≤1mm	在专用工装上切割或打磨，矫正	—
	偏差＞1mm	—	将弯曲部分切割掉，改制成小规格构件

项　目	缺陷程度描述	维修方法	改　制
立杆端头孔径变形	轻微变形	用专用扩孔工装矫正修复	—
	明显变形出现扁头	—	将扁头部分切割掉，改制成小规格构件
下碗扣内圆锥与立杆同轴度	偏差≤φ2mm	在专用工装上矫正	
	偏差>φ2mm	—	将不能矫正的下碗扣和立杆部分切割掉，改制成小规格构件
横杆两接头弧面平行度	偏差>1.00mm	割开后，在专用工装上重新焊接	—
焊缝	焊缝开裂	应全部补焊	
横、竖挡销	缺失	补焊	

注：L 为钢管的长度。

23.4.3　质量检验评定与报废

维修后的碗扣式钢管脚手架构件的质量检查与验收，应符合国家现行标准《碗扣式钢管脚手架构件》GB 24911 和《建筑施工碗扣式钢管脚手架安全技术规范》JGJ 166 的相关规定。其主要检验项目和要求及允许偏差应符合表 23.4.3

的规定。

检验项目		要求及允许偏差	检验方法
钢管壁厚		壁厚≥3.0mm	卡尺
立杆	杆件长度	900mm±0.7mm	钢卷尺
		1200mm±0.85mm	
		1800mm±1.15mm	
		2400mm±1.4mm	
		3000mm±1.65mm	
	钢管直线度	偏差≤1.5L/1000	专用量具
	杆件端面对轴线垂直度	偏差≤0.3mm	角尺（端面 150mm 范围内）
	下碗扣内圆锥与立杆同轴度	偏差≤φ0.5mm	专用量具
	碗扣节点间距	600mm±0.50mm	
横杆	杆件长度	300mm±0.40mm	钢卷尺
		600mm±0.50mm	
		900mm±0.70mm	
		1200mm±0.80mm	
		1500mm±0.95mm	
		1800mm±1.15mm	
		2400mm±1.40mm	
	横杆两接头弧面平行度	偏差≤1.00mm	专用量具

检验项目		要求及允许偏差	检验方法
焊接	下碗扣与立杆焊缝高度	4mm±0.5mm，无表面缺陷	焊接检验尺
	下套管与立杆焊缝高度	4mm±0.5mm，无表面缺陷	
	横杆接头与杆件焊缝高度	≥3.5mm，无表面缺陷	

注：L 为钢管的长度。

23.5 扣件式钢管脚手架构件

23.5.1 退场验收

钢管退场验收标准及检验工具与方法应符合表 23.5.1-1 的规定。扣件退场验收标准及检验方法应符合表 23.5.1-2 的规定。

钢管退场验收标准及检验工具与方法　　　　表 23.5.1-1

检验项目	验收标准	检验工具与方法
钢管规格尺寸	长度、外径、壁厚应符合合同要求	卷尺、游标卡尺
钢管弯曲	钢管没有明显弯曲	直尺、目测
钢管焊缝	无开焊，无裂缝	目测
外观清洁	表面清洁，无焊接其他异物	

452

检验项目	验收标准	检验工具与方法
下凹、孔洞、划道	表面凹度<3mm（非急弯取直后造成），无孔洞，无造成壁厚小于3.0mm的划道	直尺、专用工具
产品标识	字迹、图案清晰完整、准确	目测

扣件退场验收标准及检验方法

表 23.5.1-2

检验项目	验收标准	检验方法
外观	表面清洁，且无其他异物附着，扣件各部位无明显变形和裂纹	目测
组件	盖板、T形螺栓、螺母、垫圈、铆钉没有缺损	目测
活动部位	转动灵活	手动
产品标识	字迹、图案清晰完整、准确	目测

23.5.2 维修与保养

钢管维修前应根据表 23.5.2-1 规定的缺陷程度确定相应的维修及改制方法。扣件维修前应根据表 23.5.2-2 规定的缺陷程度确定相应的维修及更换方法。

扣件式钢管缺陷程度和
维修及改制方法 　　表 23.5.2-1

项 目	缺陷程度描述	维修方法	改 制
外观	杆件非焊缝部位有裂纹，或有孔洞	—	将裂纹、孔洞部分切割掉，改制成小规格的杆件
钢管外表面锈蚀深度	>0.18mm	—	将锈蚀部分切割掉，改制成小规格的杆件
焊缝	有轻微开焊，开缝长度在50mm 以内，位置距管端200mm 以外，且每根钢管开焊不多于3处	全长补焊并修磨与原始轮廓圆滑过渡	—
焊缝	开焊，开缝长度在 50mm 以上，位置距管端 200mm 以内	—	将开焊部分切割掉，改制成小规格的杆件
钢管两端面切斜偏差	偏 差 >1.70mm	在专用工装上切割或打磨，矫正	—

项　目		缺陷程度描述	维修方法	改　制
钢管两端		轻微变形	用专用扩孔工装矫正修复	—
		存在扁头、墩头	—	将扁头、墩头部分切割掉，改制成小规格的杆件
钢管表面		砸扁、压扁，凹扁部分的最大外径与最外径的差小于或等于3mm	在专用扩口工装上，矫正修复	—
		砸扁、压扁，凹扁部分的最大外径与最小外径的差大于3mm	—	将凹扁部分切割掉，改制成小规格的杆件
钢管的端头弯曲偏差	$l \leqslant 1.5\text{m}$	5mm＜偏差≤10mm	应根据杆件长度及损坏程度、利用调直机械进行校正调直	—
		偏差＞10mm	—	应将弯曲部分切割掉，改制成小规格的杆件

455

项 目		缺陷程度描述	维修方法	改 制
钢管弯曲（L为钢管长度）	3m<L≤4m	12mm<偏差≤20mm	应根据杆件长度及损坏程度，利用调直机械进行校正调直	—
		偏差>20mm	—	改制成小规格的杆件
	4m<L≤6.5m	20mm<偏差≤40mm	应根据杆件长度及损坏程度，利用调直机械进行校正调直	—
		偏差>40mm	—	改制成小规格的杆件

注：L为钢管的长度，l为钢管的端面弯曲长度。

扣件缺陷程度和维修及更换方法　　表 23.5.2-2

序号	项 目	缺陷程度描述	维修及更换方法
1	组件	盖板、T形螺栓、螺母、垫圈、铆钉部分丢失或损坏	应补充或更换符合标准的盖板、T形螺栓、螺母、垫圈、铆钉

序号	项　目	缺陷程度描述	维修及更换方法
2	扣件表面黏砂面积	$>150\text{mm}^2$	应将表面的杂物清理干净
3	活动部件	转动不灵活，有阻碍	检查并清理异物堵塞，对活动部位加油保养
4	扣件与钢管接触部位	有氧化皮、黏砂	应使用专用工具，如钢丝刷打磨，清除氧化皮、黏砂
5	扣件其他部位氧化皮	面积累计大于 150mm^2	应使用专用工具，如钢丝刷打磨，清除氧化皮
6	扣件盖板	轻微变形	进行人工矫正修复，重点检查保证盖板应无裂纹，转动灵活，与钢管接合面紧密接触

23.5.3　质量检验评定与报废

维修后的钢管质量检查与验收方法，应符合现行行业标准《建筑施工扣件式钢管脚手架安全技术规范》JGJ 130 的规定。维修后的扣件质量检查与验收方法，应符合现行国家标准《钢管脚手架扣件》GB 15831 或《钢板冲压扣件》GB 24910 的规定。钢管维修质量要求及允许偏差与检验方法，应符合表 23.5.3-1 的要求。扣件维修质量检验项目和要求及允许偏差，应符合表23.5.3-2 的要求。

钢管维修质量检验项目和
要求及允许偏差　　表 23.5.3-1

检验项目	要求及允许偏差	检验方法与工具
外观	钢管表面清洁，平直光滑，不应有裂缝、结疤、分层、错位、深的划道和孔洞，端头无闷塞	目测、游标卡尺
钢管的尺寸	外径 48.3mm，允许偏差±0.5mm 壁厚 3.0mm，不允许负偏差；定尺长度±5mm	游标卡尺、钢卷尺
钢管两端面切斜偏差	≤1.70mm	塞尺、拐角尺
钢管外表面锈蚀程度	≤0.18mm	游标卡尺
各种杆件钢管的端头弯曲	l≤1.5m，允许偏差≤5mm	拉线、钢板尺
钢管弯曲	3m<L≤4m，允许偏差≤12mm 4m<L≤6.5m，允许偏差≤20mm L≤6.5m，允许偏差≤30mm	拉线、钢板尺
压痕及砸伤程度	平面凹度<3mm（非急弯取直所致）	外径千分尺或专用工具
标识	清晰、准确	目测

注：L 为钢管的长度，l 为钢管的端面弯曲长度。

扣件维修质量要求及

允许偏差与检验方法 表 23.5.3-2

检验项目	要求及允许误差	检验方法与工具
外观	表面清洁，且无其他异物附着，主要部位不应有疏松、夹渣、气孔等铸造缺陷；大于 10mm² 砂眼不允许超过 3 处，累计面积不应大于 50mm²；各部位不得有裂纹	目测
组件及扭力矩实验	盖板、T 形螺栓、螺母、垫圈、铆钉等配件齐全，与钢管接合面应紧密接触；经过 65N·m 扭力矩试压，各部位不应有裂痕	目测、扭力扳手
扣件表面黏砂面积	≤150mm²	目测、钢卷尺
表面凸（或凹）的高（或深）	≤1mm	专用验具
氧化皮	扣件与钢管接触部位不应有氧化皮，其他部位氧化皮面积≤150mm²	目测、钢卷尺
铆接	铆接处牢固，不应有裂纹	目测
旋转扣件两旋转面间隙	<1mm	塞尺
标识	产品型号、商标、生产年号应醒目，字迹、图案应清晰、完整	目测

23.6 承插型盘扣式钢管脚手架构件

23.6.1 退场验收

承插型盘扣式钢管脚手架退场验收标准及检验工具与方法，应符合表 23.6.1 的规定。

承插型盘扣式钢管脚手架退场验收标准及检验工具与方法 表 23.6.1

检验项目	验收标准	检验工具与方法
杆件尺寸	符合合同要求	卷尺、游标卡尺
杆件弯曲	杆件无明显弯曲，无死弯	目测
连接盘	无变形，无损坏	
水平杆和承插接头	完整，承插接头无缺损、变形	
斜杆和承插接头	完整，无变形	
杆件外观清洁	杆配件表面清洁，无粘结物	
标识	字迹、图案清晰完整、准确	

23.6.2 维修与保养

承插型盘扣式钢管脚手架构件缺陷程度和维修及改制方法 表 23.6.2

项目	缺陷程度描述	维修方法	改 制
外观	杆件有裂纹	—	将有裂纹部分切割掉，改制成小规格构件

项目	缺陷程度描述	维修方法	改制
钢管表面	砸扁、压扁，凹扁部分的最大外径与最小外径的差小于或等于3mm	在专用扩口工装上矫正修复	—
	砸扁、压扁，凹扁部分的最大外径与最小外径的差大于3mm	—	将凹扁部分切割掉，改制成小规格构件
立杆杆件直线度	偏差 ≤ 5L/1000	应根据杆件长度及损坏程度，利用调直机械进行校正调直	—
	偏差 > 5L/1000	—	将弯曲部分切割掉，改制成小规格构件
立杆端头孔径变形	轻微变形	用专用扩孔工装校正修复	—
	明显变形，出现扁头	—	将扁头部分切割掉，改制成小规格构件

项目	缺陷程度描述	维修方法	改　制
连接盘	小于3mm变形	矫正	—
	与钢管外表面的垂直度偏差小于3mm	矫正	—
杆件插销	变形或丢失	应更换	
杆件焊接	焊缝开裂	—	将开裂部分切割掉，改制成小规格构件
镀锌层	脱落或锈蚀	除锈、镀锌	—

注：L 为钢管的长度。

23.6.3　质量检验评定与报废

维修后的承插型盘扣式钢管脚手架构件的质量检查与验收，应符合现行行业标准《建筑施工承插型盘扣式钢管支架安全技术规程》JGJ 231 的相关规定。主要检验项目和要求及允许偏差应符合表 23.6.3 的要求。

承插型盘扣式钢管脚手架构件维修后
质量检验项目和要求及允许偏差　　表 23.6.3

检验项目		要求及允许偏差	检验方法
立杆	杆件长度	±0.7mm	钢卷尺
	杆件直线度	≤L/1000	专用量具
	杆端面对轴线垂直度	≤0.3mm	角尺
	外套管插入长度	铸钢套管不应小于 75mm，无缝钢管不应小于 110mm	钢卷尺
水平杆和水平斜杆	杆件长度	±0.5mm	
	接头插口与水平杆平行度	≤1.0mm	专用量具
	杆件直线度	≤L/500	平尺、塞尺
连接盘	垂直度	≤1mm	角尺
标识		产品型号、商标、生产年号应醒目，字迹、图案应清晰完整	目测

注：L 为钢管的长度。

23.7　门式钢管脚手架构配件

23.7.1　退场验收

　　门式钢管脚手架退场验收标准及检验方法应符合表 23.7.1 的规定。

标准及检验方法　　　　表 23.7.1

项　目	验收标准	检验方法
门架和构配件	门架和构配件齐全，无损坏缺失，基本尺寸无变化	目测
表面清洁	表面清洁，无粘结物	
外观	外表平整光滑，管件无硬弯及凹坑	
表面锈蚀	门架和构配件镀锌层、油漆膜面基本完好，无明显锈蚀	
焊缝	焊缝无裂纹	
锁扣、锁孔和锁柱	无损坏变形	
产品标识	字迹、图案清晰完整、准确	

23.7.2　维修与保养

门式钢管脚手架构件维修前应根据表23.7.2规定的各项目的缺陷程度确定相应的维修方法。

门式钢管脚手架构件缺陷

程度和维修方法　　　　表 23.7.2

部位及项目		缺陷程度描述	维修方法
门架	整体变形、翘曲	有变形、翘曲	应采用矫直机或机械模具矫正其垂直度和平面度，严禁用大锤敲打

部位及项目		缺陷程度描述	维修方法
立杆	弯曲（门架平面外）	≤8mm 且无明显死弯	校正调直
	下凹	<4mm	平整矫圆
	端面不平整	≤0.3mm	脚手架管口变形或卷边宜采用特制扩管器修复，并用锉刀清除锐边和毛刺
	锁销损坏	损伤或脱落	更换部件并焊接
	锈蚀	深度≤0.3mm	应将锈蚀部位打磨除掉浮锈，露出金属本色后浸涂一遍防锈漆和一遍面漆，宜采用浸漆方式
	下部堵塞	堵塞严重	清理并矫圆
横杆和加强杆	弯曲	有弯曲，但无明显死弯	校正调直
	下凹	≤3mm	平整矫圆
	锈蚀	深度≤0.3mm	应将锈蚀部位打磨除掉浮锈，露出金属本色后浸涂一遍防锈漆和一遍面漆，宜采用浸漆方式

部位及项目		缺陷程度描述	维修方法
脚手板	整体变形、翘曲	有变形、翘曲	应采用矫直机或机械模具矫正其垂直度和平面度
	裂纹	轻微	焊接
	下凹	有轻微下凹	矫正
	锈蚀	深度≤0.2mm	应将锈蚀部位打磨除掉浮锈，露出金属本色后浸涂一遍防锈漆和一遍面漆，宜采用浸漆方式

本章参考文献

《租赁模板脚手架维修保养技术规范》GB 50829—2013

24 施工测量

24.1 场区控制测量

建筑方格网的建立，应符合下列规定：

1. 建筑方格网测量的主要技术要求，应符合表 24.1 的规定。

建筑方格网的主要技术要求 表 24.1

等级	边长（m）	测角中误差（″）	边长相对中误差
一级	100～300	5	≤1/30000
二级	100～300	8	≤1/20000

2. 点位归化后，必须进行角度和边长的复测检查。角度偏差值，一级方格网不应大于 90°±8″，二级方格网不应大于 90°±12″；距离偏差值，一级方格网不应大于 $D/25000$，二级方格网不应大于 $D/15000$（D 为方格网的边长）。

24.2 工业与民用建筑施工测量

24.2.1 建筑物施工控制网

1. 建筑物施工平面控制网，应根据建筑物的分布、结构、高度、基础埋深和机械设备传动的连接方式、生产工艺的连续程度，分别布设一级或二级控制网。其主要技术要求，应符合表24.2.1的规定。

建筑物施工平面控制网的

主要技术要求 表 24.2.1

等　级	边长相对中误差	测角中误差
一级	≤1/30000	$7''/\sqrt{n}$
二级	≤1/15000	$15''/\sqrt{n}$

注：n 为建筑物结构的跨数。

2. 建筑物施工平面控制网的建立，应符合下列规定：控制网轴线起始点的定位误差，不应大于2cm；两建筑物（厂房）间有联动关系时，不应大于1cm，定位点不得少于3个。

3. 建筑物的围护结构封闭前，应根据施工需要将建筑物外部控制转移至内部。内部的控制点，宜设置在浇筑完成的预埋件上或预埋的测量标板上。引测的投点误差，一级不应超过2mm，二级不应超过 1mm。

24.2.2 建筑物施工放样

1. 建筑物施工放样、轴线投测和标高传递的偏差，不应超过表 24.2.2-1 的规定。

建筑物施工放样、轴线投测和
标高传递的允许偏差　表 24.2.2-1

项　目	内　容		允许偏差(mm)
基础桩位放样	单排桩或群桩中的边桩		±10
	群　桩		±20
各施工层上放线	外廓主轴线长度 L(m)	$L \leqslant 30$	±5
		$30 < L \leqslant 60$	±10
		$60 < L \leqslant 90$	±15
		$30 < L$	±20
	细部轴线		±2
	承重墙、梁、柱边线		±3
	非承重墙边线		±3
	门窗洞口线		±3
轴线竖向投测	每　层		3
	总高 H(m)	$H \leqslant 30$	5
		$30 < H \leqslant 60$	10
		$60 < H \leqslant 90$	15
		$90 < H \leqslant 120$	20
		$120 < H \leqslant 150$	25
		$150 < H$	30

项　目	内　容		允许偏差(mm)
标高竖向传递	每　层		±3
	总高 H (m)	H≤30	±5
		30<H≤60	±10
		60<H≤90	±15
		90<H≤120	±20
		120<H≤150	±25
		150<H	±30

2. 结构安装测量的精度，应分别满足下列要求：

（1）柱子、桁架和梁安装测量的偏差，不应超过表 24.2.2-2 的规定。

柱子、桁架和梁安装
测量的允许偏差　　表 24.2.2-2

测　量　内　容		允许偏差（mm）
钢柱垫板标高		±2
钢柱±0 标高检查		±2
混凝土柱（预制）±0 标高检查		±3
柱子垂直度检查	钢柱牛腿	5
	柱高 10m 以内	10
	柱高 10m 以上	$H/1000$，且≤20
桁架和实腹梁、桁架和钢架的支承结点间相邻高差的偏差		±5
梁间距		±3
梁面垫板标高		±2

注：H 为柱子高度（mm）。

（2）构件预装测量的偏差，不应超过表 24.2.2-3 的规定。

构件预装测量的允许偏差 表 24.2.2-3

测量内容	测量的允许偏差（mm）
平台面抄平	±1
纵横中心线的正交度	$\pm 0.8\sqrt{L}$
预装过程中的抄平工作	±2

注：L 为自交点起算的横向中心线长度的米数。长度不足 5m 时，以 5m 计。

（3）附属构筑物安装测量的偏差，不应超过表 24.2.2-4 的规定。

附属构筑物安装测量的允许偏差 表 24.2.2-4

测量项目	测量的允许偏差（mm）
栈桥和斜桥中心线的投点	±2
轨面的标高	±2
轨道跨距的丈量	±2
管道构件中心线的定位	±5
管道标高的测量	±5
管道垂直度的测量	$H/100$

注：H 为管道垂直部分的长度（mm）。

3. 设备安装测量的主要技术要求，应符合下列规定：

（1）设备基础竣工中心线必须进行复测，两次测量的较差不应大于5mm。

（2）对于埋设有中心标板的重要设备基础，其中心线应由竣工中心线引测，同一标中心标点的偏差不应超过±1mm。纵横中心线应进行正交度的检查，并调整横向中心线。同一设备基准中些线的平行偏差或同一生产系统的中心线的直线度应在±1mm以内。

（3）每组设备基础，均应设立临时标高控制点。标高控制点的精度，对于一般设备基础，其标高偏差，应在±2mm以内；对于与传动装置有联系的设备基础，其相邻两标高控制点的标高偏差，应在±1mm以内。

24.3 施工测量准备工作

施工道路、临时水电管线与暂设建（构）筑物的平面、高程位置，应根据场区测量控制点与施工现场总平面图进行测设，技术要求应符合表24.3的规定。

施工场地测量允许误差　　表 24.3

项目内容	平面位置（mm）	高程（mm）
场地平整方格网点	50	±20
场地施工道路	70	±50
场地临时给水管道	50	±50
场地临时排水管道	50	±30
场地临时电缆管线	70	±70
暂设建（构）筑物	50	±30

24.4 大型预制构件的弹线与结构安装测量

24.4.1 构件进场后，应按表 24.4.1 的规定检查其几何尺寸。

构件几何尺寸允许偏差　　表 24.4.1

项　　目		允许偏差（mm）
长度	梁	+10～-5
	柱	+5～-10
宽度	梁	±5
	柱	±5
高度	梁	±5
	柱	±5

24.4.2 预制梁柱安装前，应在梁两端与柱身三

面分别弹出几何中线或安装线，弹线限差为±2mm。

24.4.3 预制柱安装前，应检查结构支承埋件的平面位置与标高，其允许偏差应符合表 24.4.3 的规定，并绘简图记录偏差情况。

结构支承埋件限差   表 24.4.3

项　　目	允许偏差（mm）
中心位置	±5
顶面标高	0～—5

24.5　滑模施工测量

24.5.1 检测模板竖直度的仪器、设备，可根据建（构）筑物高度与施工现场条件选用经纬仪、激光铅垂仪、线坠等，其精度不应大于1/10000。

24.5.2 各层室内水平线的测设，在逐间引测后，应与起始标高点校核，限差为±3mm。

24.6　建筑装饰测量

24.6.1 精度要求

1. 室内外水平线测设，每3m距离的两端高

差应小于 1mm，同一条水平线的标高限差为
±3mm。

 2. 室外铅垂线，采用经纬仪投测两次结果
较差应小于 2mm。当高度角超过 40°时，可采用
陡角棱镜或弯管目镜。

 3. 室内铅垂线，可采用线坠或经纬仪投测，
其相对误差不应大于 1/3000。

 4. 在基层上以十字直角定位线为基准弹线
分格，量距相对误差不应大于 1/10000，测设直
角的限差为±20″。

24.6.2 木制地板施工测量

 1. 检查龙骨标高、平整度，限差为±3mm。

 2. 拼花地板铺设前，应先弹出十字直角定
位线，后弹周圈线（300mm 为宜），长宽相差小
于 100mm。

24.6.3 幕墙安装测量

 幕墙与主体结构连接的预埋件，应按设计要
求埋设，高程限差不应大于±3mm，埋件中线
限差不应大于 7mm。

24.7 设备安装测量

24.7.1 直升梯（包括观景梯）安装测量

 1. 测设直升梯井轨道中心位置，并用钢丝

固定，各条铅垂线固定后，应分别丈量垂线间距离，两铅垂线全高相互偏差应小于 1mm，铅垂线的偏差应小于 1/7000。

2. 每层弹 50cm（或 100cm）水平控制线，每层梯门套两边弹两条竖直线，竖直线相对误差应小于 1/3000，并确保直升梯门坎与门地面水平度一致。

24.7.2 自动扶梯安装测量

1. 应按平面图放线，检测绞车基础水平度与标高位置是否符合设计要求，并在自动扶梯四个角抄测水平点，两次独立观测各点高差之差应小于 1mm，四点高差互差应小于 2mm。

2. 绞车主轴轴承最低点平面位置及标高与设计位置之差均不应大于 1mm。

3. 检测电梯绞车主轴水平度的误差应小于 1/10000 的轴长。

24.8 特殊工程施工测量

24.8.1 工作内容

特殊工程施工测量的主要内容宜包括运动场馆、高耸塔形建（构）筑物、超高层建筑、钢结构等建筑工程的施工测量。

24.8.2　运动场馆施工测量

1. 运动场馆比赛道平面控制点的点位误差不应大于测量限差的 $1/\sqrt{3}$。

2. 平面细部点及结构曲面细部点，可采用全站仪三维坐标法、极坐标法、交会法等测设，并应使用不同的测量方法或相邻细部点的间距进行校核，其误差应小于测量限差的 $\sqrt{2}$。

3. 精度要求较高的运动场馆的高程控制网，宜采用国家二等水准测量，细部高程点的精度不应大于测量限差的 $1/\sqrt{3}$。

24.8.3　运动场馆钢网架施工测量

网架支承柱实测高程的限差应为 ±3mm，支承柱距离限差应为 ±3mm。

24.8.4　高耸塔形建（构）筑物施工测量

1. 根据平面及高程控制网直接测定施工轴线及标高，其限差均为 ±3mm。

2. 设置铅垂仪的点位应从控制轴线上直接测定，并以不同的测设方法进行校核，其投测误差不应大于 3mm。

3. 高耸塔形建（构）筑物铅垂度的测量误差应符合表 24.8.4 的规定；高大水塔、广播电视发射塔的施工测量，其限差应符合表 24.8.4 的规定，对有特殊要求的工程应由设计、开发、监理等单位共同协商确定。

高耸塔形建（构）筑物中心铅

垂度测量限差　　　　表 24.8.4

高度（m）	＞150	＞200	＞250	＞300	＞350
限差（mm）	30	35	40	45	50

4. 高耸塔形建（构）筑物标高的测定，宜用一级钢尺沿塔身铅垂线方向丈量，向上向下两次丈量的精度应小于 1/10000。亦可悬吊钢尺，用水准仪直接从地面将标高传递到各施工层面，其精度应与基础高程精度相同。

5. 高耸塔形建（构）筑物施工用滑模平台的扭转调整须遵守如下规定：圆形筒体不大于 140mm，方形或矩形筒体不大于 70mm。

24.8.5　钢结构施工放线

1. 施工至±0 后，应测设出柱行列中轴线，相邻柱中心间跟的测量限差为±1mm，第 1 根柱至 n 根柱间距的测量限差为 $1 \times \sqrt{n-1}$mm。

2. 预埋钢板应水平，并与地脚螺栓垂直，依据纵、横控制轴线交会出定位钢板上的轴线，限差为±0.5mm。

3. 在浇筑基础混凝土前检查、调整纵、横轴线位置，限差为±0.5mm。

4. 预埋钢板，应采用 DS$_{05}$ 级水准仪进行水平控制，限差为 ±0.5mm。

24.8.6　钢结构安装测量

1. 在基础混凝土面层上安装第一节钢柱时，应对地脚螺栓的位置进行检测，限差为 0.5mm。

2. 在焊接时，除执行保持柱身铅直度的有关规定外，还应采用经纬仪随时进行监测校正，10m 高的结构柱，铅垂度的允许偏差为 5mm，建筑总高度（H）的铅垂度限差应符合表 24.8.6-1 的规定。

建筑总高度（H）的铅垂度限差　　表 24.8.6-1

建筑总高度（m）	限差（mm）
30＜H≤60	10
60＜H≤90	15
90＜H≤120	20
120＜H≤150	25
150＜H≤180	30
180＜H	符合设计要求

3. 层间高差与建筑总高度，应采用直接水准测量或用一级钢尺沿柱身丈量的方法测定，每层层间高差限差为 13mm，建筑总高度（H）限差应符合表 24.8.6-2 的规定。

建筑总高度（H）限差　　表 24.8.6-2

建筑总高度（m）	限差（mm）
30＜H≤60	±10
60＜H≤90	±15
90＜H≤120	±20
120＜H≤150	±25
150＜H≤180	±30
180＜H	符合设计要求

本章参考文献

1. 《工程测量规范》GB 50026—2007
2. 《建筑变形测量规范》JGJ 8—2007
3. 《北京市工程测量技术规程》DB11/T 339—2006

25 烟囱工程

烟囱工程分部工程、子分部工程和分项工程划分见表25。

烟囱工程分部工程、子分部工程和分项工程划分　　表25

序号	分部工程	子分部工程	分项工程
1	基础	土方工程	土方开挖、土方回填
		钢筋混凝土基础或桩基承台	垫层、模板、钢筋、混凝土、基础防腐蚀
		无筋扩展基础	砖砌体、石砌体、混凝土与毛石混凝土
2	筒身	钢筋混凝土筒壁	模板、钢筋、混凝土
		砖筒壁	砖砌体、钢筋
		砖内筒	耐酸砖砌体、耐酸砂浆封闭层、钢筋
		钢筒壁或钢内筒	筒体制作、筒体预拼装、焊接、筒体安装
		塔架	塔架制作、塔架预拼装、焊接、塔架安装
		内衬与隔热层	砌筑类内衬与隔热层、浇筑类内衬与隔热层、喷涂类内衬与隔热层

序号	分部工程	子分部工程	分项工程
3	烟囱平台	钢平台	钢平台制作、钢平台安装、焊接
		组合平台	钢构件制作、钢构件安装、焊接、压型钢板、钢筋、栓钉、混凝土、混凝土预制构件
		混凝土平台	模板、钢筋、混凝土、金属灰斗制作与安装
4	烟囱防腐蚀	涂料类防腐蚀工程	基层、涂装
		耐酸砖和水玻璃类防腐蚀工程	耐酸砖、水玻璃耐酸胶泥和耐酸砂浆、水玻璃轻质耐酸混凝土
5	烟囱附属工程	—	爬梯与平台、航空障碍灯、航空色标漆、避雷设施

25.1 基础

25.1.1 模板工程

环壁的模板当采用分节支模时，各节模板应在同一锥面上，相邻模板间高低偏差不应超过5mm。

25.1.2 质量检验

1. 烟囱基础钢筋工程的质量标准及检验方法应符合表25.1.2-1的规定。

烟囱基础钢筋工程的质量
标准及检验方法　　　表 25.1.2-1

类别	序号	项目	质量标准/允许偏差	单位	检验方法
主控项目	1	钢筋的品种、级别、规格和数量	应符合设计要求和现行国家标准《混凝土结构工程施工质量验收规范》GB 50204 的有关规定	—	检查质量合格证明文件、标志及检验报告
	2	纵向受力钢筋的连接方式	应符合设计要求	—	观察
	3	接头试件	应做力学性能检验，其质量应符合国家现行标准《钢筋焊接及验收规程》JGJ 18 和《钢筋机械连接通用技术规程》JGJ 107 的有关规定	—	检查产品合格证、试验报告
一般项目	1	接头位置和数量	宜设在受力较小处。同一竖向受力钢筋不宜设置 2 个或 2 个以上接头。接头末端至钢筋弯起点距离不应小于钢筋直径的 10 倍	—	观察，钢尺检查
	2	接头外观质量	应符合国家现行标准《钢筋焊接及验收规程》JGJ 18 的有关规定	—	观察

类别	序号	项目	质量标准/允许偏差	单位	检验方法
一般项目	3	钢筋绑扎、焊接和机械连接接头设置	应符合 GB 50078—2008 规范第 4.2.3 条和第 4.2.4 条的规定	—	观察，钢尺检查
	4	主筋间距	±20	mm	尺量检查，抽查数量不少于 10 处
	5	钢筋保护层	+15 −5		
	6	预留插筋 中心位移	10		
		预留插筋 外露长度	+30 0		

2. 混凝土烟囱基础模板安装质量标准及检验方法应符合表 25.1.2-2 的规定。一般项目检查数量不应少于 10 处。

混凝土烟囱基础模板安装质量标准及检验方法   表 25.1.2-2

类别	序号	项目	质量标准/允许偏差	单位	检验方法
主控项目	1	模板及其支撑结构与加固措施	应根据工程结构形式、荷载大小、地基土类别、施工设备和材料供应等条件设计，应具有足够的承载能力、刚度和稳定性	—	观察检查
	2	避免隔离剂玷污	在涂刷模板隔离剂时不得玷污钢筋和混凝土接槎处		

类别	序号	项目			质量标准/允许偏差	单位	检验方法
一般项目	1	模板安装的一般要求			1. 模板的接缝不应漏浆，在浇筑混凝土前木模板应浇水湿润，模板内不应有积水； 2. 模板与混凝土接触面应清理干净并涂刷隔离剂，不得采用影响结构性能或妨碍装饰工程施工的隔离剂； 3. 浇筑前，模板内杂物应清理干净	—	观察检查
	2	用作模板的地坪、胎膜质量			应平整光洁，不得产生影响混凝土质量的下沉、裂缝、起砂或起鼓	—	
	3	烟道模板起拱高度（大于半径）			+10 +5		
	4	预埋件、预留孔洞	预埋钢板中心线位置		3	mm	钢尺检查
			预埋管、预留孔中心线位置		3		
			预埋螺栓	中心线位置	2		
				外露长度	+10 0		
			预留孔洞	中心线位置	10		
				尺寸	+10 0		

类别	序号	项目	质量标准/允许偏差	单位	检验方法
一般项目	5	模板安装	基础中心点相对设计坐标的位移	10	mm	线坠、经纬仪、尺量检查
			底板或环板的外半径	外半径的1%，且≤50		
			环壁或壳体的内半径	内半径的1%，且≤40		
			烟道口中心线	10		尺量检查
			烟道口标高	±15		
			烟道口的高度和宽度	+20 −5		
			相邻模板高低差	5		

3. 烟囱基础混凝土质量标准及检验方法应符合表 25.1.2-3 的规定。一般项目检查数量不应少于 10 处。

烟囱基础混凝土质量标准及检验方法　表 25.1.2-3

类别	序号	项目	质量标准/允许偏差	单位	检验方法
主控项目	1	混凝土组成材料的品种、规格和质量	应符合设计要求和现行国家标准《混凝土结构工程施工质量验收规范》GB 50204 的有关规定	—	检查合格证和检验报告
	2	配合比设计	应根据混凝土强度等级、耐久性和工作性等进行配合比设计，并应符合国家现行标准《普通混凝土配合比设计规程》JGJ 55 的有关规定	—	检查配合比设计资料
	3	混凝土强度等级及试件的取样和留置	应符合现行国家标准《混凝土结构工程施工质量验收规范》GB 50204的有关规定		检查施工记录及试件检验报告
	4	原材料每盘称量的偏差	应符合现行国家标准《混凝土结构工程施工质量验收规范》GB 50204的有关规定		检查衡器计量合格证和复称

类别	序号	项目	质量标准/允许偏差	单位	检验方法
一般项目	1	基础中心点相对设计坐标的位移	15	mm	线坠、钢尺或经纬仪
	2	环壁或环梁上表面标高	±20		水准仪检查
	3	环壁的厚度	±20		
	4	壳体的厚度	+20 −5		
	5	环壁或壳体的内半径	内半径的1‰，且≤40		
	6	环壁或壳体内表面局部凹凸不平（沿半径方向）	内半径的1‰，且≤40		尺量检查
	7	底板或环板的外半径	外半径的1‰，且≤50		
	8	底板或环板的厚度	+20 0		
	9	烟道口 中心线	15		
		标高	±20		
		高度和宽度	+30 −10		

25.2 砖烟囱筒壁

25.2.1 砖烟囱筒壁应每 10m 划分为一个检

验批。

25.2.2 砖烟囱筒壁质量标准及检验方法应符合表 25.2.2 的规定。

砖烟囱筒壁质量标准及检验方法　　表 25.2.2

类别	序号	项目			质量标准/允许偏差	单位	检验方法
主控项目	1	砖烟囱筒壁材料质量			应符合设计要求和现行国家标准《砌体结构工程施工质量验收规范》GB 50203 的有关规定	—	检查进场合格证和试验报告
	2	砂浆饱满度			≥80%	—	抽查 3 处，每处掀起 3 块砖，用百格网检查粘结面积，取平均值
一般项目	1	筒壁中心线垂直度	筒壁高度	20m	35	mm	尺量、线坠或经纬仪检查
				40m	50		
				60m	65		
	2	筒壁砖缝厚度			10		在 5m² 的表面上抽查 10 处，用塞尺检查，其中允许有 5 处砖缝厚度的偏差为 +5mm

类别	序号	项目	质量标准/允许偏差	单位	检验方法
一般项目	3	筒壁高度	筒壁全高的0.15%	mm	尺量检查或水准仪
	4	筒壁任何截面上的半径	该截面筒壁半径的1%，且≤30		尺量检查
	5	筒壁内外表面的局部的凹凸不平（沿半径方向）	该截面筒壁半径的1%，且≤30		尺量检查
	6	烟道口中心线	15		尺量检查
	7	烟道口标高	+30 −20		尺量检查或水准仪
	8	烟道口高度和宽度	+30 −20		尺量检查

注：1. 筒壁中心线垂直度允许偏差值系指一座烟囱在不同标高的允许偏差。

2. 中间值用插入法计算。

（抽查数量不少于10处）

25.3 钢筋混凝土烟囱筒壁

25.3.1 钢筋混凝土烟囱筒壁应每10m划分为一个检验批。

25.3.2 钢筋混凝土烟囱筒壁模板安装质量标准及检验方法应符合表 25.3.2 的规定。一般项目抽查数量均不应少于 10 处。

钢筋混凝土烟囱筒壁模板安装
质量标准及检验方法　　表 25.3.2

类别	序号	项目	质量标准/ 允许偏差	单位	检验方法
主控项目	1	模板的外观质量	应四角方正、板面平整,无卷边、翘曲、孔洞及毛刺等	—	观察检查
	2	钢模板几何尺寸	应符合现行国家标准《组合钢模板技术规范》GB 50214 的要求	—	尺量检查
	3	烟囱中心引测点与基准点的偏差	5	mm	激光经纬仪或吊线坠
	4	任何截面上的半径	±20		尺量检查

类别	序号	项目		质量标准/允许偏差	单位	检验方法
一般项目	1	模板内部清理		干净、无杂物	—	观察检查
	2	模板与混凝土接触面		无粘浆、隔离剂涂刷均匀	—	
	3	内外模板半径差		10		尺量检查
	4	相邻模板高低差		3		直尺和楔形塞尺检查
	5	同层模板上口标高差		20		水准仪和尺量检查
	6	预留洞口起拱度(L≥4m)		应符合设计要求或全跨长的1‰～3‰		尺量检查
	7	围圈安装的水平度		1%		水平直尺
	8	预留孔洞、烟道口	中心线	10	mm	经纬仪和尺量检查
			标高	±15		水准仪和尺量检查
			截面尺寸	$+15$ 0		尺量检查
	9	预埋铁件中心		10		水准仪和尺量检查
	10	预埋暗榫中心		20		经纬仪和尺量检查
	11	预埋螺栓中心		3		
	12	预埋螺栓外露长度		$+20$ 0		尺量检查

25.3.3 钢筋混凝土烟囱筒壁钢筋安装质量标准及检验方法应符合表 25.3.3 的规定。一般项目检查数量均不应少于 10 处。

钢筋混凝土烟囱筒壁钢筋安装
质量标准及检验方法　　表 25.3.3

类别	序号	项目	质量标准/允许偏差	单位	检验方法
主控项目	1	钢筋的品种、级别、规格、数量和质量	应符合设计要求和现行国家标准《混凝土结构工程施工质量验收规范》GB 50204 的规定	—	检查质量合格证明文件、标识及检验报告
	2	竖向受力钢筋的连接方式	应符合设计要求	—	观察
	3	钢筋焊接质量	应符合国家现行标准《钢筋焊接及验收规程》JGJ 18 的规定	—	检查外观及接头力学性能试验报告
	4	接头试件	应作力学性能检验，其质量应符合国家现行标准《钢筋焊接及验收规程》JGJ 18 和《钢筋机械连接通用技术规程》JGJ 107 的规定	—	检查接头力学性能试验报告

类别	序号	项目		质量标准/允许偏差	单位	检验方法
一般项目	1	钢筋表面质量		应平直、洁净，不应有损伤、油渍、漆污、片状老锈和麻点，不应有变形	—	观察
	2	钢筋机械连接或焊接接头位置		接头应相互错开；在同一连接区段内接头的根数不应多于钢筋总数的50%	—	
	3	钢筋绑扎搭接接头位置		相邻受力钢筋的绑扎搭接接头应相互错开。在同一连接区段内绑扎接头的根数不应多于钢筋总数的25%，搭接长度应符合设计和现行国家标准《混凝土结构工程施工质量验收规范》GB 50204 的规定	—	观察，钢尺检查
	4	钢筋间距		±20	mm	尺量检查，抽查数量不少于10处
	5	钢筋保护层		+10 −5		
	6	预留插筋	中心位移	10		
			外露长度	+30 0		

25.3.4 钢筋混凝土烟囱筒壁混凝土质量标准及检验方法应符合表 25.3.4 的规定。一般项目检查数量均不应少于 10 处。

钢筋混凝土烟囱筒壁混凝土质量
标准及检验方法　　　　表 25.3.4

类别	序号	项　目	质量标准/允许偏差	单位	检验方法
主控项目	1	混凝土组成材料的品种、规格和质量	应符合设计要求和现行国家标准《混凝土结构工程施工质量验收规范》GB 50204 的规定	—	检查合格证和检验报告
	2	混凝土配合比及组成材料计量偏差	应符合现行国家标准《混凝土结构工程施工质量验收规范》GB 50204 的规定	—	检查混凝土搅拌记录
	3	混凝土强度评定和试块组数	应符合现行国家标准《混凝土结构工程施工质量验收规范》GB 50204 的规定	—	检查试验记录
一般项目	1	混凝土外观质量 露筋、蜂窝、拉裂、明显凹痕	不应有露筋、蜂窝、拉裂和明显凹痕	—	观察

类别	序号	项 目		质量标准/允许偏差	单位	检验方法
一般项目	2	轴线位移		3	mm	经纬仪和尺量检查
	3	表面平整度		5		尺量检查
	4	相邻两板面高低差		3		靠尺和楔形塞尺检查
	5	筒壁厚度偏差		±20		尺量检查
	6	任何截面上的半径		±25		
	7	筒壁内外表面局部凸凹不平（沿半径方向）		25		
	8	预埋暗榫中心		20		经纬仪和尺量检查
	9	预埋螺栓中心		3		
	10	预埋螺栓外露长度		+20 0		尺量检查
	11	筒壁的扭转（滑模）	10m	100		经纬仪和尺量检查，测量筒壁外表面的弧长
			全高程内	500		
	12	预留洞口、烟道口	中心线	15		经纬仪和尺量检查
			标高	±20		水准仪检查
			截面尺寸	±20		尺量检查
	13	筒壁高度偏差		±0.1%（筒身全高）		尺量、仪器检查

类别	序号	项　　目		质量标准/允许偏差	单位	检验方法
一般项目	14	筒身中心线的垂直度偏差	高度 20m	25	mm	仪器、线坠及尺量检查
			高度 40m	35		
			高度 60m	45		
			高度 80m	55		
			高度 100m	60		
			高度 120m	65		
			高度 150m	75		
			高度 180m	85		
			高度 210m	95		
			高度 240m	105		
			高度 270m	115		
			高度 300m	125		

注：1. 允许偏差值指一座烟囱在不同标高的允许偏差。
　　2. 中间值用插入法计算。
　　3. 烟囱中心线的测定工作，应在风荷和日照温差较小的情况下进行。

25.4　钢烟囱和钢内筒

25.4.1　钢烟囱和钢内筒可按结构制作或安装，应每 20m 高划分为一个检验批。

25.4.2　钢烟囱和钢内筒零部件制作质量标准及检验方法应符合表 25.4.2 的规定。

钢烟囱和钢内筒零部件制作质量
标准及检验方法　　　表 25.4.2

类别	序号	项　目			质量标准/允许偏差	单位	检验方法
主控项目	1	钢材的品种、规格、性能等			应符合设计要求和国家现行有关材料标准的规定	—	检查出厂检验报告和标志
	2	钢材切割面或剪切面			应无裂纹、夹渣、分层和大于1mm的缺棱		观察或用放大镜
	3	制孔	A、B级	孔壁表面粗糙度	12.5	μm	用游标卡尺或孔径量规、粗糙度测量仪检查，抽查10%，且不少于3处
				孔径 10～18	+0.18 0.00	mm	
				孔径 18～30	+0.21 0.00		
				孔径 30～50	+0.25 0.00		
			C级	孔壁表面粗糙度	25	μm	
				直径	+1.0 0.0	mm	
				圆度	2.0		
				垂直度	0.03t，且≤2.0		
一般项目	1	钢材的规格尺寸及允许偏差			应符合国家现行有关材料标准的规定	—	用游标卡尺检查，每种规格抽查数不少于10处
	2	钢材的外观质量			应符合国家现行有关材料标准的规定	—	观察检查

498

类别	序号	项　目			质量标准/允许偏差	单位	检验方法
一般项目	3	切割	气割	零件宽度、长度	±3.0	mm	观察检查或使用放大镜、焊缝量规和钢尺检查,抽查10%,且不少于3处
				切割面平面度	0.05t,且≤2.0		
				割纹深度	0.3		
				局部缺口深度	1.0		
			机械剪切	零件宽度、长度	±3.0		
				边缘缺棱	1.0		
				型钢端部垂直度	2.0		
	4	矫正	钢板局部平整度	t≤14	1.5	mm	观察检查和实测检查
				t>14	1.0		
			型钢弯曲矢高		L/1000,且≤5.0		
			角钢肢垂直度		b/100,≤90°(双肢栓接)		
			翼缘对腹板垂直度	槽钢	b/80		
				工字钢、H型钢	b/100,且≤2.0		
	5	边缘加工	零件宽度、长度		±1.0	mm	
			加工边直线度		L/3000,且≤2.0		
			相邻两边夹角		±6′	—	
			加工面垂直度		0.025t,且≤0.5	mm	
			加工面表面粗糙度		50	μm	
	6	螺栓孔孔距	一组内任意两孔间距离	≤500	±1.0	mm	钢尺检查,抽查数不少于10处
				501~1200	±1.2		
			相邻两组的端孔间距离	≤500	±1.2		
				501~1200	±1.5		
				1201~3000	±2.0		
				>3000	±3.0		

注:b为宽度或板的自由外伸宽度,t为板的厚度,L为构件的长度。

25.4.3 钢烟囱和钢内筒制作、安装焊接质量标准及检验方法应符合表 25.4.3 的规定。

钢烟囱和钢内筒制作、安装焊接质量
标准及检验方法　　　　表 25.4.3

类别	序号	项　目	质量标准/允许偏差	单位	检验方法
主控项目	1	焊接材料的品种、规格、性能等	应符合设计要求和国家现行有关材料标准的规定	—	检查质量合格证明文件、中文标记及检验报告
	2	焊工	必须经考试合格并取得合格证书且在其考试合格项目及其认可范围内施焊	—	检查焊工合格证书及其认可范围、有效期
	3	设计要求全焊透的一、二级焊缝	探伤检验应符合现行国家标准《钢焊缝手工超声波探伤方法和探伤结果分级》GB 11345 和《钢熔化焊对接接头射线照相和质量分级》GB 3323 的规定	—	检查探伤报告
	4	焊缝质量等级及缺陷分级	应符合 GB 50078—2008 规范第 7.3.2 条的规定	—	

类别	序号	项　目	质量标准/允许偏差	单位	检验方法
主控项目	5	焊接材料与母材的匹配	应符合设计要求和国家现行标准《建筑钢结构焊接技术规程》JGJ 81 的规定	—	检查质量证明文件
	6	首次采用的钢材、焊接材料、焊接方法、焊后热处理等	应进行焊接工艺评定，并应根据评定报告确定焊接工艺	—	检查焊接工艺评定报告
	7	焊缝表面质量	不得有裂纹、焊瘤等缺陷。一、二级焊缝不得有表面气孔、夹渣、弧坑裂纹、电弧擦伤等缺陷；且一级焊缝不得有咬边、未焊满、根部收缩等缺陷	—	观察检查或使用放大镜、焊缝量规和钢尺检查，抽查10%，且不少于3处
	8	要求焊透的组合焊缝焊脚尺寸	+4 0	mm	观察检查，用焊缝量规测量，抽查数不少于10处
一般项目		焊条外观质量	不应有药皮脱落、焊芯生锈等缺陷；焊剂不应受潮结块	—	观察检查
	1	对于需要进行焊前预热或焊后热处理的焊缝	应符合国家现行标准《建筑钢结构焊接技术规程》JGJ 81 的规定或通过工艺试验确定	—	检查预、后热施工记录和工艺试验报告

类别	序号	项目			质量标准/允许偏差	单位	检验方法
一般项目	1	凹形的角焊缝			焊出凹形的角焊缝应过渡平缓；加工成凹形的角焊缝，不得有切痕	—	观察检查，抽查10%，且不少于3处
		焊缝感观			外形均匀、成型较好，焊渣和飞溅物基本清除干净	—	观察检查
		二、三级焊缝外观质量	未焊满	二级	$0.2+0.02t$，且$\leqslant 1.0$	mm	观察检查或使用放大镜、焊缝量规和钢尺检查，抽查数不少于10处
				三级	$0.2+0.04t$，且$\leqslant 2.0$		
			根部收缩	二级	$0.2+0.02t$，且$\leqslant 1.0$		
				三级	$0.2+0.04t$，且$\leqslant 2.0$		
			咬边	二级	$0.05t$，且$\leqslant 0.5$，连续长度$\leqslant 100.0$		
				三级	$0.1t$，且$\leqslant 1.0$		
			弧坑裂纹	三级	允许存在个别长度$\leqslant 5.0$		
			电弧擦伤	三级	允许个别存在		
			接头不良	二级	缺口深度$0.05t$，且$\leqslant 0.5$		
				三级	缺口深度$0.1t$，且$\leqslant 1.0$		
			表面夹渣	三级	深度$0.2t$，长$0.5t$，且$\leqslant 2.0$		
			表面气孔	三级	每50.0mm焊缝长度允许直径$0.4t$，且$\leqslant 3.0$，数量不多于2个，孔距$\geqslant 6$倍孔径		

类别	序号	项　　目			质量标准/允许偏差	单位	检验方法
一般项目	2	对接焊缝尺寸	焊缝余高	$B<20$ 一级	$+2.0$ $+0.5$	mm	焊缝量规检查，抽查数不少于10处
				$B<20$ 二级	$+2.5$ $+0.5$		
				$B<20$ 三级	$+3.5$ $+0.5$		
				$B\geqslant20$ 一级	$+3.0$ $+0.5$		
				$B\geqslant20$ 二级	$+3.5$ $+0.5$		
				$B\geqslant20$ 三级	$+3.5$ 0.0		
			焊缝错边	一级、二级	$0.1t$，且$\leqslant2.0$		
				三级	$0.15t$，且$\leqslant3.0$		
	3	焊透组合焊缝尺寸	焊脚尺寸	$h_f\leqslant6$	$+1.5$ 0.0		
				$h_f>6$	$+3.0$ 0.0		
			角焊缝余高	$h_f\leqslant6$	$+1.5$ 0.0		
				$h_f>6$	$+3.0$ 0.0		

注：t为板的厚度，h_f为焊脚尺寸。

25.4.4 钢烟囱和钢内筒组装质量标准及检验方法应符合表25.4.4的规定。

钢烟囱和钢内筒组装质量标准及检验方法 表 25.4.4

类别	序号	项目		质量标准/允许偏差	单位	检验方法
主控项目	1	外观表面		表面不应有焊疤、明显凹面，划痕应小于 0.5mm	—	观察检查
	2	标记		基准线、点、标高及编号应完备、清楚	—	
	3	椭圆度	筒直径 D≤5m	10	mm	钢尺检查，抽查数不少于 10 处
			筒直径 D>5m	20		
	4	焊接		应符合表 25.4.3 的规定	—	查看焊接验评表
一般项目	1	外径周长偏差		+6 0	mm	钢尺检查 抽查数不少于10处
	2	对口错边		1		直尺和塞尺检查
	3	两端面与轴线的垂直度		3		吊线和钢尺检查
	4	相邻两节焊缝错开		≥300		钢尺检查
	5	直线度		1		1m 钢尺和塞尺检查
	6	圆弧度		2		用≥1.5 弦长样板和塞尺检查
	7	表面平整度		1.5		1m 钢尺和塞尺检查
	8	高度偏差		±H/2000，且±50		钢尺检查

注：H 为组装段的高度。

25.4.5 钢烟囱和钢内筒安装质量标准及检验方法应符合表 25.4.5 的规定。

钢烟囱和钢内筒安装质量标准及检验方法　**表 25.4.5**

类别	序号	项　　目		质量标准/允许偏差	单位	检验方法	
主控项目	1	钢构件验收		应符合设计要求和现行国家标准《钢结构工程施工质量验收规范》GB 50205 的规定，无变形及涂层脱落	—	拉线、钢尺现场实测或观察检查	
	2	焊接		应符合表 25.4.3 的规定	—	查看焊接检验表	
	3	椭圆度	筒直径 D≤5m	10	mm	钢尺检查	抽查数不少于10处
			筒直径 D＞5m	20			
一般项目	1	与支座环同心度	D≤5m	10	mm		
			D＞5m	20			
	2	与支座环间隙		1.5		塞尺检查	
	3	相邻两节焊缝错开		≥300		钢尺检查	
	4	对口错边		1		直尺和塞尺检查	
	5	止晃点标高		±10		钢尺检查	
	6	中心偏差		H/1000，且≤100		吊线，用钢尺或全站仪检查	
	7	总高度		±100		钢卷尺或测距仪检查	
	8	烟道口中心		≤15		经纬仪检查	
	9	烟道口标高		±20			
	10	烟道口高和宽		±20		钢尺检查	

注：H 为钢烟囱和钢内筒的安装高度。

25.4.6 高强度螺栓连接质量标准及检验方法应符合表 25.4.6 的规定。

高强度螺栓连接质量标准及检验方法　表 25.4.6

类别	序号	项　目	质量标准/允许偏差	检验方法
主控项目	1	高强度螺栓的品种、规格、性能	应符合设计要求和国家现行有关材料标准的规定	检查产品的质量合格证明文件、中文标记及检验报告
	2	摩擦面的抗滑移系数	应符合设计要求	检查摩擦面的抗滑移系数试验报告
	3	高强度大六角螺栓的连接副扭矩系数或扭剪型高强度螺栓连接副预拉力复验	应符合国家现行标准《钢结构高强度螺栓连接的设计施工及验收规程》JGJ 82的规定	检查复验报告
	4	终拧扭矩	应符合国家现行标准《钢结构高强度螺栓连接的设计施工及验收规程》JGJ 82 的规定	扭矩法、转角法或观察检验，按节点数抽查10%，且不少于10 个；每个被抽查节点按螺栓数抽查 10%，且不少于2个
一般项目	1	螺母、螺栓、垫圈外观表面	应涂油保护，不应出现生锈和沾染脏物等现象，螺纹不应损伤	观察检查，全数检查

506

类别	序号	项　　目	质量标准/允许偏差	检验方法
一般项目	2	高强度螺栓表面硬度试验	高强度螺栓不得有裂纹或损伤，表面硬度试验应符合国家现行标准《钢结构高强度螺栓连接的设计施工及验收规程》JGJ 82 的规定	检查质量合格证明文件
	3	高强度螺栓连接副的施拧顺序和初拧、复拧扭矩	应符合国家现行标准《钢结构高强度螺栓连接的设计施工及验收规程》JGJ 82 的规定	检查扳手标定记录和螺栓施工记录
	4	摩擦面外观	应干燥、整洁，不应有飞边、毛刺、焊接飞溅物、焊疤、氧化铁皮等，且不得涂油漆（设计要求除外）	观察检查，全数检查
	5	连接外观质量	丝扣外露 2～3 扣，允许丝扣外露 1 扣或 4 扣数量不大于 10%	观察检查，按节点数抽查 5%，且不少于 10 个
	6	扩孔孔径	1.2d	观察及卡尺检查，全数检查

25.5　烟囱平台

25.5.1　焊接钢梁制作质量标准及检验方法除应符合表 25.4.2 的规定外，还应符合表 25.5.1 的规定。一般项目检查数量不应少于 10 处。

焊接钢梁制作的质量标准及检验方法　表 25.5.1

类别	序号	项	目		质量标准/允许偏差	单位	检验方法
主控项目	1	钢材品种、规格和性能			应符合设计要求和国家现行有关材料标准的规定	—	检查出厂合格证和试验报告
	2	切割面或剪切面			应无裂纹、夹层和不大于 1mm 缺棱	—	观察和钢尺检查，必要时做超声波检查
	3	制孔	A、B级	孔壁表面粗糙度	12.5	μm	用游标卡尺或孔径量规、粗糙度测量仪检查，抽查 10%，且不少于 3 处
				孔径 10～18mm	+0.18　0.00	mm	
				18～30mm	+0.21　0.00		
				30～50mm	+0.25　0.00		
			C级	孔壁表面粗糙度	12.5	μm	
				直径	+1.0　0.0	mm	
				圆度	2.0		
				垂直度	$0.03t$，且≤2.0		

类别	序号	项目		质量标准/允许偏差	单位	检验方法
一般项目	1	梁长度	端部凸缘支座板	0 −5	mm	尺量检查
			其他形式	$+L/2500$，且≤+10 $-L/2500$，且≥−10		
	2	端部高度	H≤2m	±2		
			H>2m	±3		
	3	侧向弯曲矢高		$L/2000$，且≤10		拉线和尺量检查
	4	扭曲		$H/250$，且≤10		
	5	腹板局部平面度	t≤14mm	5.0		1m直尺和尺量检查
			t>14mm	4.0		
	6	翼缘板对腹板的垂直度		$b/100$，且≤3.0		直角尺和尺量检查
	7	腹板中心线偏移		3		拉线和尺量检查
	8	翼缘板宽度偏差		±3		尺量检查
	9	箱形截面对角线差		5.0		
	10	箱形截面两腹板至翼缘板中心线距离	连接处	±1.0		
			其他处	±1.5		

注：L 为梁长度，H 为梁高度，t 为钢板厚度，b 为翼缘板宽度。

25.5.2 钢平台和钢梯安装质量标准及检验方法除应符合表25.4.2的规定外，尚应符合表25.5.2的规定。一般项目检查数量不应少于10处。

钢平台和钢梯安装质量标准及检验方法　　表 25.5.2

类别	序号	项目		质量标准/允许偏差	单位	检验方法
主控项目	1	基础验收		应符合设计要求和现行国家标准《钢结构工程施工质量验收规范》GB 50205 的规定	—	检查资料，复测尺寸
	2	构件验收		应符合设计要求和现行国家标准《钢结构工程施工质量验收规范》GB 50205 的规定，无变形及涂层脱落	—	拉线，钢尺现场实测或观察检查
一般项目	1	外观质量		所有构件表面应光滑、无毛刺，不应有歪斜、扭曲、变形及其他缺陷	—	观察检查
	2	平台梁垂直度		$h/250$，且 $\leqslant 10$		尺量检查
	3	平台梁侧向弯曲		$L/1000$，且 $\leqslant 10$		
	4	主体结构的整体平面弯曲		总长度的 1/1500，且 $\leqslant 25$		
	5	平台	支柱垂直度	支柱高度的 1/1000	mm	垂线和尺量检查
			长度、宽度	±4		尺量检查
			两对角线差	6		
			支柱长度	±5		
			平台表面平面度	3		1m 靠尺检查

类别	序号	项 目			质量标准/允许偏差	单位	检验方法
一般项目	6	格栅板	栅板片间距离		±3		尺量检查
			对角线差	板长>3m	6		
				板长≤3m	3		
			栅板平面度		3		2m靠尺和钢尺检查
	7	钢梯	梯梁纵向挠曲矢高		梯梁长度的1/1000	mm	拉线和尺量检查
			梯梁长度		±5		尺量检查
			梯安装孔距		±3		
			梯宽		±5		
			踏步平面度		$b/100$		
			踏步间距		±5		
	8	栏杆	栏杆高度		±5		
			栏杆立柱间距		±10		

注：L 为平台梁长度，b 为钢梯宽度，h 为平台梁高度。

25.5.3 压型钢板质量标准及检验方法应符合表 25.5.3 的规定。

压型钢板质量标准及检验方法　表 25.5.3

类别	序号	项目		质量标准/允许偏差	单位	检验方法
主控项目	1	压型钢板品种、规格和质量		应符合设计要求和国家现行有关材料标准的规定	—	检查出厂质量证明文件
	2	外观质量		无涂层损伤、变形和颜色不匀	—	观察检查
	3	连接		应符合设计要求和现行国家标准《钢结构工程施工质量验收规范》GB 50205 的规定，连接处应严密、不漏浆	—	
一般项目	1	铺设缝		相邻两排长边的搭接缝应错开	—	观察检查
	2	孔洞加固		应满足设计要求，位置准确、牢固	—	观察和钢尺检查
	3	压型钢板固定质量		焊钉（栓钉）施工应符合设计要求和现行国家标准《钢结构工程施工质量验收规范》GB 50205 的规定	—	检查焊接工艺评定、现场焊接参数
	4	搭接长度	纵向	应符合设计要求或不小于 20	mm	钢尺检查
			横向	应符合设计要求或不小于 1 波		

25.5.4 混凝土平台模板安装质量标准及检验方法应符合表25.5.4的规定。

混凝土平台模板安装质量标准及检验方法

表 25.5.4

类别	序号	项目		质量标准/允许偏差	单位	检验方法	
主控项目	1	模板及其支架		应具有足够的承载能力、刚度和稳定性，能可靠地承受浇筑混凝土的重量、侧压力以及施工荷载	—	检查计算书，观察和手摇动检查	
	2	隔离剂		不得玷污钢筋与混凝土接合处	—	观察检查	
一般项目	1	预埋件、预埋孔（洞）		应齐全、正确、牢固	—		抽查数量不少于10处
	2	起拱度（长度≥4m）	设计有要求	应符合设计要求	—	水准仪或钢尺检查	
			设计无要求	应为全跨长的1/1000～3/1000			
	3	底模上表面标高		±5	mm	水准仪、拉线或钢尺检查	
	4	相邻两模板表面高低差		2		钢尺检查	

类别	序号	项目		质量标准/允许偏差	单位	检验方法	
一般项目	5	表面平整度		5		2m靠尺和塞尺检查	抽查数量不少于10处
	6	预埋件中线位置		3	mm	钢尺检查	
	7	预埋孔（洞）	中心线位置	10			
			尺寸	$+10$ 0			

25.6 内衬和隔热层

25.6.1 砖内衬（筒）应每 30m 高为一个检验批。

25.6.2 砖内衬（筒）和隔热层质量标准及检验方法应符合表 25.6.2 的规定。

砖内衬(筒)和隔热层质量标准及检验方法 表 25.6.2

类别	序号	检验项目		质量标准/允许偏差	单位	检验方法
主控项目	1	内衬、隔热层材料品种、牌号、配合比		应符合设计要求和国家现行有关材料标准的规定	—	检查出厂合格证和试验报告
	2	灰浆饱满度	烧结普通黏土砖	≥80%	—	每次检查不少于3处。每处掀起3块砖，用百格网检查粘结面积，取平均值
			黏土质耐火砖、轻质隔热砖	≥90%	—	
	3	隔热层的隔热材料填充		应符合设计要求，填充饱满	—	观察检查

514

类别	序号	检验项目		质量标准/允许偏差		单位	检验方法
一般项目	1	内衬(筒)砖缝	烧结普通黏土砖 8mm	+4 0	合格率 ≥80		在 5m² 的表面上抽查 10 处，用塞尺检查
			黏土质耐火砖、轻质隔热砖 4mm	±2	合格率 ≥90		
			耐火混凝土预制块 6mm	+3 −1	合格率 ≥80		
	2	内衬表面凹凸不平		半径方向 30		mm	半径方向尺量，竖向 2m 靠尺、楔形塞尺检查
				竖向 8			
	3	砖内筒	半径	±20			尺量和仪器检查
			高度	±0.1%			
	4	砖内筒烟道口	中心线	15			检查 10 处
			标高	±20			
			截面尺寸	±20			
	5	隔热层厚度		±5			尺量检查
	6	支承内衬的环形悬臂上表面平整度		5			2m 水平尺、楔形塞尺检查

25.6.3 不定形材料内衬质量标准及检验方法应符合表 25.6.3 的规定。

不定形材料内衬质量标准及检验方法　　表 25.6.3

类别	序号	检验项目		质量标准/允许偏差	单位	检验方法
主控项目	1	原材料品种、牌号、配合比		应符合设计要求和国家现行有关材料标准的规定	—	检查出厂合格证和试验报告
	2	内衬结构层间		应各层紧贴或填充饱满；表面平整、圆弧均匀，无环形断裂、裂缝和空洞松散现象	—	观察检查
	3	浇注料试块		应符合设计要求	—	检查试块检验报告
	4	锚固件和支承件		应符合设计要求，焊接应牢固	—	观察检查
一般项目	1	内衬表面凹凸不平	半径方向	20	mm	半径方向尺量检查，竖向2m靠尺和楔形塞尺检查，检查10处
			竖向	8		
	2	内衬厚度		+10 −5		测针和尺量检查
	3	不定形材料与结合面基层处理		应符合设计要求	—	观察检查

516

25.7 烟囱的防腐蚀

25.7.1 涂料类防腐蚀

钢烟囱、钢内筒及钢构件防腐蚀涂料工程质量标准及检验方法应符合表 25.7.1 的规定。

钢烟囱、钢内筒及钢构件防腐蚀涂料工程质量标准及检验方法　表 25.7.1

类别	序号	项目		质量标准/允许偏差	单位	检验方法
主控项目	1	防腐蚀涂料、稀释剂、固化剂材料品种、规格、性能等		应符合设计要求	—	检查出厂资料、合格证
	2	涂装前钢材表面除锈		应符合设计要求和现行国家标准《涂装前钢材表面锈蚀等级和除锈等级》GB 8923 的有关规定	—	铲刀、观察检查
	3	涂料、涂装遍数、厚度		应符合设计要求	—	采用漆膜测厚仪检查
	4	每遍涂层厚度偏差		$\geqslant -5$		
	5	涂层总厚度偏差（设计无要求时）	室外 $150\mu m$	$\geqslant -25$	μm	
			室内 $125\mu m$	$\geqslant -25$		

类别	序号	项目	质量标准/允许偏差	单位	检验方法
一般项目	1	防腐蚀涂料的型号、名称、颜色及有效期	应与其质量证明文件相符	—	观察检查
	2	构件表面	不应漏涂、涂层应均匀，无脱皮、返锈且无明显皱皮、流坠、针眼和气泡等	—	
	3	涂层附着力测试	应符合现行国家标准《涂层附着力测定法 拉开法》GB/T 5210 的有关规定	—	划格检查
	4	构件的标志、标记、编号	应清晰、完整	—	观察检查

25.7.2 水玻璃耐酸胶泥和耐酸砂浆防腐蚀

水玻璃耐酸胶泥和耐酸砂浆砌筑的内衬质量标准及检验方法，应符合表 25.7.2 的规定。

水玻璃耐酸胶泥和耐酸砂浆砌筑的内衬

质量标准及检验方法　　　表 25.7.2

类别	序号	项　目	质量标准	单位	检验方法
主控项目	1	水玻璃类材料的品种、规格、性能	应符合设计要求和国家现行标准《火力发电厂烟囱（烟道）内衬防腐材料》DL/T 901 的有关规定	—	检查产品出厂质量证明文件和现场取样检验
	2	水玻璃类材料的施工配合比	应符合设计要求	—	检查材料施工使用指南、现场试验和搅拌记录
一般项目	1	表面平整度	沿半径方向不大于 30	mm	半径方向尺量检查，检查 10 点
	2	厚度	不小于设计厚度		测针和尺量检查，检查 10 点
	3	外观	填充饱满，表面平整，圆弧均匀。无环形断裂、裂缝和空壳松散现象	—	检查数量 50m² 一处

25.7.3　耐酸砖防腐蚀

耐酸砖防腐蚀内衬质量标准及检验方法应符合表 25.7.3 的规定。

耐酸砖防腐蚀内衬质量标准及检验方法 表 25.7.3

类别	序号	项 目		质量标准/允许偏差	单位	检验方法
主控项目	1	耐酸砖的品种、规格、性能		应符合设计要求和国家现行标准《火力发电厂烟囱（烟道）内衬防腐材料》DL/T 901 的有关规定	—	检查出厂质量证明文件和现场取样检测
	2	耐酸砖的外观质量	裂纹	宽度小于 0.2，长度不限	mm	塞尺量测
				宽度 0.2~0.5，长度小于 50		
				宽度大于 0.5，不允许有裂纹		
			釉面（工作面）	不允许有开裂和釉裂	—	目测
			变形	翘曲：大面 1.0	mm	直尺和塞尺量测
				大小头：大面 2.5		
				条面、顶面：1.0		
一般项目	1	砖缝	胶泥饱满度	≥90%	—	用百格网检查，抽查 3 处，每处检查 3 块，取平均值
			厚度 4mm	允许增大量为 2	mm	塞尺检查，在 5m² 表面抽取 10 点，允许增大不超过 5 点

520

25.7.4 水玻璃轻质耐酸混凝土防腐蚀

水玻璃轻质耐酸混凝土质量标准及检验方法应符合表 25.7.4 的规定。

水玻璃轻质耐酸混凝土质量
标准及检验方法　　　　表 25.7.4

类别	序号	项目		质量标准	单位	检验方法
主控项目	1	材料的品种、规格、性能		应符合设计要求和国家现行标准《火力发电厂烟囱（烟道）内衬防腐材料》DL/T 901 的有关规定	—	检查出厂产品质量证明文件和现场取样检测
	2	水玻璃轻质混凝土的施工配合比		应符合设计要求	—	检查材料施工使用指南、现场试验和搅拌记录
一般项目	1	内表面	平整度	沿半径方向不大于 30	mm	尺量
	2		厚度	不小于设计厚度		测针和尺量检查
	3		外观	应平整、无裂缝和蜂窝麻面，无起壳、脱层	—	检查数量 50m² 一处，目测检查

本章参考文献

《烟囱工程施工及验收规范》GB 50078—2008

26 建筑结构加固工程

结构加固工程是对可靠性不足的承重结构、构件及其相关部分进行增强或调整其内力，使之具有足够的安全性和耐久性，并力求保持其适用性。

26.1 纤维材料

26.1.1 纤维织物单位面积质量的检测结果，其允许偏差为±3%；板材纤维体积含量的检测结果，其允许偏差为$^{+5}_{-2}$%。

检查数量：按进场批次，每批抽取 6 个试样。

检验方法：检查产品进场复验报告。

26.1.2 纤维织物和纤维预成型板的尺寸偏差应符合表 26.1.2 的规定。

纤维材料尺寸偏差允许值　　表 26.1.2

检验项目	纤维织物	纤维预成型板
长度偏差（%）	±1.5	±1.0
宽度偏差（%）	±0.5	±0.5
厚度偏差（mm）	—	±0.05

检查数量：每批 6 个试样。

检验方法：长度采用精度为 1mm 钢尺测量；宽度采用精度为 0.5mm 的钢尺测量；厚度采用精度为 0.02mm 的游标卡尺测量。

26.2 混凝土构件增大截面工程

新增钢筋的保护层厚度抽样检验结果应合格，其抽样数量、检验方法以及验收合格标准应符合现行国家标准《混凝土结构工程施工质量验收规范》GB 50204 的规定，但对结构加固截面纵向钢筋保护层厚度的允许偏差，应改按下列规定执行：

（1）对梁类构件，为 +10mm，-3m；

（2）对板类构件，仅允许有 8mm 的正偏差，无负偏差；

（3）对墙、柱类构件，底层仅允许有 10mm 的正偏差，无负偏差；其他楼层按梁类构件的要求执行。

26.3 混凝土构件绕丝工程

26.3.1 绕丝的净间距应符合设计规定，且仅允许有 3mm 负偏差。

检查数量：每个构件抽检绕丝间距 3 处。

检验方法：钢尺量测。

26.3.2 钢丝的保护层厚度不应小于 30mm，且仅允许有 3mm 正偏差。

检查数量：随机抽取不少于 5 个构件，每一构件测量 3 点。若构件总数不多于 5 个，应全数检查。

检验方法：采用钢筋位置测定仪探测。

26.3.3 混凝土面层拆模后的尺寸偏差应符合下列规定：

（1）面层厚度：仅允许有 5mm 正偏差，无负偏差；

（2）表面平整度：不应大于 0.5%，且不应大于设计规定值。

检查数量：每一检验批不少于 3 个构件。

检验方法：用钢尺检查厚度，用靠尺和塞尺检查平整度。

26.4 混凝土构件外加预应力工程

26.4.1 锚固区传力预埋件、挡板、承压板等的安装，其位置和方向应符合设计要求；其安装位置偏差不得大于 5mm。

检查数量：全数检查。

检验方法：观察，钢尺检查。

26.4.2 预应力拉杆锚固后，其实际建立的预应力值与设计规定的检验值之间相对偏差不应超过±5%。

检查数量：同一检验批抽查不少于1%，且不少于3根。

检验方法：检查见证张拉记录及预应力拉杆应力检测记录。

26.5 外粘纤维复合材工程

纤维复合材粘贴位置，与设计要求的位置相比，其中心线偏差不应大于10mm；长度负偏差不应大于15mm。

检查数量：全数检查。

检验方法：钢尺测量。

26.6 外粘钢板工程

外粘钢板中心位置与设计中心线位置的线偏差不应大于5mm；长度负偏差不应大于10mm。

检查数量：全数检查。

检验方法：钢尺量测。

26.7 钢丝绳网片外加聚合物砂浆面层工程

26.7.1 钢丝绳网片安装

网片中心线位置与设计中心线位置的偏差不应大于 10mm；网片两组纬绳之间的净间距偏差不应大于 10mm。

检查数量：全数检查。

检验方法：钢尺测量。

26.7.2　施工质量检验

1. 聚合物砂浆面层的保护层厚度检查，宜采用钢筋探测仪测定，且仅允许有 8mm 的正偏差。

2. 聚合物砂浆面层尺寸的允许偏差应符合下列规定：

（1）面层厚度：仅允许有 5mm 正偏差。

（2）表面平整度：≤0.3%。

检查数量：全数检查。

检验方法：钢尺检查厚度；用 2m 靠尺及塞尺检查平整度。

26.8　砌体或混凝土构件外加钢筋网—砂浆面层工程

26.8.1　钢筋网安装及砂浆面层施工

钢筋网片的钢筋间距应符合设计要求；钢筋网片间的搭接宽度不应小于 100mm；钢筋网片与原构件表面的净距应取 5mm，且仅允许有 1mm 正偏差，不得有负偏差。

检查数量：每检验批抽查 10%，且不应少于 5 处。

检验方法：钢尺量测。

26.8.2 施工质量检验

新加砂浆面层的钢筋保护层厚度检测，可采用局部凿开检查法或非破损探测法。检测时，应按钢筋网保护层厚度仅允许有 5mm 正偏差；无负偏差进行合格判定。

注：钢筋保护层厚度检验的检测误差不应大于 1mm。

检查数量：每检验批抽取 5%，且不少于 5 处。

检验方法：检查检测报告。

26.9 钢构件增大截面工程

新增钢部件加工规定如下：

26.9.1 A、B 级螺栓孔（Ⅰ类孔）应具有 H12 的精度；C 级螺栓孔（Ⅱ类孔）的孔径允许偏差为 $_0^{+1}$mm。A、B 级螺栓孔的孔壁表面粗糙度 Ra 不应大于 12.5μm。C 级螺栓孔（Ⅱ类孔），孔壁表面粗糙度 Ra 不应大于 25μm。

检查数量：按钢构件数量抽查 10%，且不应少于 3 件。

检验方法：用游标卡尺或孔径量规检查。

26.9.2 气割的偏差不应大于表 26.9.2 对允许

偏差的规定。

检查数量：按切割面数抽查 10%，且不应少于 3 个。

检验方法：用钢尺、直角尺、斜角尺、塞尺检查。

气割的允许偏差　　　表 26.9.2

检 查 项 目	允 许 偏 差
零部件宽度、长度	+1.0mm −3.0mm
切割面平面度	0.05t，且不应大于 2.0mm
割纹深度（表面粗糙度）	0.5mm
局部缺口深度	1.0mm

注：1. t 为切割面厚度；
　　2. 对重要加固部位，表面粗糙度应不大于 0.3mm。

26.9.3 机械剪切的偏差不应大于表 26.9.3 对允许偏差的规定值。

检查数量：按切割面数抽查 10%，且不应少于 3 个。

检验方法：用钢尺、直角尺、塞尺检查。

机械剪切的允许偏差（mm）　表 26.9.3

项　目	允 许 偏 差
零件宽度、长度	+1.0 −3.0
边缘缺棱	1.0
型钢端部垂直度	2.0

26.9.4 边缘加工偏差不应大于表 26.9.4 对允许偏差的规定。

检查数量：按加工面数抽查 10%，且不应少于 3 件。

检验方法：用钢尺及量规检查。

边缘加工允许偏差　　　　　表 26.9.4

项　　目	允　许　偏　差
零件宽度、长度	$+0.5$mm -1.0mm
加工边直线度	$l/3000$，且不大于 2.0mm
相邻两边夹角	$\pm0.5°$
加工面垂直度	$0.025t$，且不应大于 0.5mm
加工面表面粗糙度	一般部位 $\overset{50}{\diagdown}$ ；嵌入部位 $\overset{25}{\diagdown}$

注：t 为钢板边缘厚度，l 为钢板长度。

26.10　植筋工程

植筋工程施工时，植筋钻孔孔径的偏差应符合表 26.10-1 的规定。钻孔深度及垂直度的偏差应符合表 26.10-2 的规定。

植筋钻孔孔径允许偏差（mm）　表 26.10-1

钻孔直径	孔径允许偏差	钻孔直径	孔径允许偏差
＜14	≤+1.0	22～32	≤+2.0
14～20	≤+1.5	34～40	≤+2.5

植筋钻孔深度、垂直度和位置
的允许偏差　表 26.10-2

植筋部位	钻孔深度允许偏差（mm）	钻孔垂直度允许偏差（mm/m）	位置允许偏差（mm）
基础	+20, 0	50	10
上部构件	+10, 0	30	5
连接节点	+5, 0	10	5

注：当钻孔垂直度偏差超过允许值时，应由设计单位确认该孔洞是否可用；若需返工，应由施工单位提出技术处理方案，经设计单位认可后实施。对经处理的孔洞，应重新检查验收。

检查数量：每种规格植筋随机抽查 5%，且不少于 5 根。

检验方法：量角规、靠尺、钢尺量测；重新钻孔时，尚应检查技术处理方案。

26.11　锚栓工程

锚栓安装施工时，钻孔偏差应符合下列规定：

（1）垂直度偏差不应超过 2.0%；

（2）直径偏差不应超过表 26.11 的规定值，且不应有负偏差；

（3）孔深偏差仅允许正偏差，且不应大于 5mm；

（4）位置偏差应符合施工图规定；若无规定，应按不超过 5mm 执行。

检查数量：每一种孔径随机抽检 5%，且不少于 5 个。

检验方法：直角靠尺、探针、钢尺量测。

锚栓钻孔直径的允许偏差（mm）表 26.11

钻孔直径	允许偏差	钻孔直径	允许偏差
≤14	≤+0.3	24～28	≤+0.5
16～22	≤+0.4	30～32	≤+0.6

本章参考文献

《建筑结构加固工程施工质量验收规范》GB 50550—2010

27　钢筋混凝土筒仓工程

钢筋混凝土筒仓分项工程允许偏差和检验方法应符合表 27 的规定。

钢筋混凝土筒仓分项工程允许
偏差和检验方法　　　表 27

检查项目			允许偏差（mm）	检验方法
筒体截面尺寸（构件厚度）			+4，-5	钢尺检查
模板工程	预埋件	中心位置	5	尺量检查
		高低差（安装水平度）	2	尺量和水平尺检查
		与模板面的不平度	1	尺量和塞尺检查
	预留洞	位置偏差	10	尺量检查
		水平度	3	水平尺检查
	圆形筒体半径	半径≤6m	±5	仪器测量、钢尺检查
		半径≤13m	半径的 1/1000 且≤±10	仪器测量、钢尺检查
		半径>13m	半径的 1/1000 且≤±20	仪器测量、钢尺检查
	滑动模板扭转	任意 3m 高度	20	经纬仪或吊线、钢尺检查
		全高（H）	$H/1000$ 且≤100 拖带施工时，不得有影响被拖带构件安装的偏差	经纬仪或吊线、钢尺检查

检查项目			允许偏差（mm）	检验方法
钢筋工程	受力钢筋	间距 筒体水平钢筋	±5	钢尺量两端、中间各一点，取最大值
		间距 筒体竖向钢筋	±10	
		保护层厚度 筒体	0，＋10	钢尺检查
混凝土工程	轴线位置		15	钢尺检查
	联体仓轴线间相对位移		5	钢尺检查
	圆形筒体半径	半径≤6m	±10	仪器测量、钢尺检查
		筒体直径≤25m	不大于半径的1/800且不大于±15	仪器测量、钢尺检查
		筒体直径＞25m	不大于半径的1/800且不大于±25	
	表面平整度	有饰面	8	2m靠尺和塞尺检查
		无饰面	5	2m靠尺和塞尺检查
		内衬基层混凝土	5	2m靠尺和塞尺检查
	预埋件	中心位置	10	尺量检查
		安装水平度	3	尺量和水平尺检查
		平整度与表面的不平度	2	尺量和塞尺检查
	预留洞	位置偏差	15	尺量检查
		水平度	5	水平尺检查

注：1. 筒体结构主体各分项工程宜按每5m左右周长划分一个检查面(处)，同一检验批应抽查总数的20%，且不少于5面(处)。

2. 本表未包含的检查项目，检查数量应按《钢筋混凝土筒仓施工与质量验收规范》GB 50669—2011 第11.3.1条执行。

本章参考文献

《钢筋混凝土筒仓施工与质量验收规范》GB
50669—2011

28 土方与爆破工程

28.1 土方回填

28.1.1 填料应符合设计要求，不同填料不应混填。设计无要求时，应符合下列规定：不同土类应分别经过击实试验测定填料的最大干密度和最佳含水量，填料含水量与最佳含水量的偏差控制在±2%范围内。

28.1.2 检验批质量验收合格应符合下列规定：一般项目中的实测（允许偏差）项目抽样检验的合格率应不低于80%，且超差点的最大偏差值不得大于允许偏差限值的1.5倍。

28.2 土方开挖

28.2.1 场地平整开挖区的标高允许偏差为±50mm；其他开挖区的标高允许偏差为 0 ～ —50mm。

检查数量：每400m² 测1点，至少测5点。

检查方法：用水准仪测量。

28.2.2 场地平整开挖区表面平整度允许偏差为50mm，其他开挖区表面平整度允许偏差为20mm。

检查数量：每 400m² 测 1 点，至少测 5 点。

检查方法：用 2m 靠尺和钢尺检查。

28.2.3 分级放坡边坡平台宽度允许偏差为－50～＋100mm。

检查数量：每 20 延长米平台测 1 点，每段平台至少测 3 点。

检查方法：用钢尺量。

28.2.4 分层开挖的土方工程，除最下面一层土方外的其他各层土方开挖区表面标高允许偏差为±50mm。

检查数量：每 400m² 测 1 点，至少测 5 点。

检查方法：标高用水准仪等量测。

28.3 土方回填

28.3.1 场地平整回填区的标高允许偏差为±50mm；其他回填区的标高允许偏差为 0～－50mm。

检查数量：每 400m² 测 1 点，至少测 5 点。

检查方法：用水准仪等量测。

28.3.2 场地平整回填区表面平整度允许偏差为 30mm；其他回填区表面平整度允许偏差为 20mm。

检查数量：每 400m² 测 1 点，至少测 5 点。

检查方法：用 2m 靠尺和塞尺检查。

28.4 爆破工程

光面、预裂爆破钻孔的要求应符合下列规定：

（1）钻孔前做好测量放线，标明孔口位置和孔底标高；

（2）钻孔深度误差不得超过 ±2.5% 的炮孔设计深度；

（3）孔口偏差不得超过 1 倍炮孔直径；

（4）炮孔方向偏斜不得超过设计方向的 1°。

本章参考文献

《土方与爆破工程施工及验收规范》GB 50201—2012

29 地下建筑工程逆作法

逆作法（top-down construction method）是在逆作面处先形成竖向结构，以下各层地下水平结构自上而下施工，并利用地下水平结构平衡抵消围护结构侧向土压力的施工方法。

竖向结构构件施工允许偏差应符合表 29 的规定。

竖向结构构件施工允许偏差（mm）　表 29

竖向结构构件			垂直度允许偏差		构件尺寸允许偏差	
柱	混凝土桩施工工艺		H/100		桩径 D	－20
	钢管混凝土施工工艺	单层柱	H≤10m	H/1000	直径 D	±D/500 ±5.0
			H>10m	H/1000 且不大于 25.0		
		多节柱	单节柱	H/1000 且不大于 10.0	构件长度 L	±3.0
			柱全高	35.0		

竖向结构构件		垂直度允许偏差		构件尺寸允许偏差		
柱	型钢柱施工工艺	单层柱	$H \leqslant 10m$	$H/1000$	截面高度H	$H < 500$	± 2.0
			$H > 10m$	$H/1000$且不大于25.0		$500 < H < 1000$	± 3.0
		多节柱	单节柱	$H/1000$且不大于10.0		$H > 1000$	± 4.0
			柱全高	35.0	截面宽度B		± 3.0
墙	地下连续墙施工工艺	$H/350$		宽度W		$W+35$
				墙面平整度		< 5.0
	下返墙施工工艺	$H/300$		宽度W		$W+40$
				墙面平整度		< 5.0

本章参考文献

《地下建筑工程逆作法技术规程》JGJ 165—2010

30 装配整体式混凝土结构施工

装配整体式混凝土结构是以预制混凝土构件为主要构件，经装配和连接，并与现场浇筑的混凝土形成整体的装配式结构。

30.1 基本规定

装配整体式混凝土结构为子分部工程，子分部工程划分应符合表 30.1 的规定。

装配整体式结构子分部工程划分　　表 30.1

序号	子分部工程	分项工程	主 要 验 收 内 容
1	装配整体式混凝土结构	预制结构分项工程	构件质量证明文件 连接材料、防水材料质量证明文件 预制构件安装、连接、外观
2		模板分项工程	模板安装、模板拆除
3		钢筋分项工程	原材料、钢筋加工、钢筋连接、钢筋安装
4		混凝土分项工程	混凝土质量证明文件 混凝土配合比及强度报告
5		现浇结构分项工程	外观质量、位置及尺寸偏差

30.2 预制构件质量检查

30.2.1 预制构件外观质量应根据缺陷类型和缺陷程度进行分类，并应符合表 30.2.1 的分类规定。

预制构件外观质量缺陷 表 30.2.1

名 称	现 象	严重缺陷	一般缺陷
露筋	构件内钢筋未被混凝土包裹而外露	主筋有露筋	其他钢筋有少量露筋
蜂窝	混凝土表画缺少水泥砂浆面形成石子外露	主筋部位和搁置点位置有蜂窝	其他部位有少量蜂窝
孔洞	混凝土中孔穴深度和长度均超过保护层厚度	构件主要受力部位有孔洞	不应有孔洞
夹渣	混凝土中夹有杂物且深度超过保护层厚度	构件主要受力部位有夹渣	其他部位有少量夹渣
疏松	混凝土中局部不密实	构件主要受力部位有疏松	其他部位有少量疏松
裂缝	缝隙从混凝土表面延伸至混凝土内部	构件主要受力部位有影响结构性能或使用功能的裂缝	其他部位有少量不影响结构性能或使用功能的裂缝

名 称	现 象	严重缺陷	一般缺陷
连接部位缺陷	构件连接处混凝土缺陷及连接钢筋、连接件松动、灌浆套筒未保护	连接部位有影响结构传力性能的缺陷	连接部位有基本不影响结构传力性能的缺陷
外形缺陷	内表面缺棱掉角、棱角不直、翘曲不平等外表面面砖粘结不牢、位置偏差、面砖嵌缝没有达到横平竖直，转角面砖棱角不直、面砖表面翘曲不平等	清水混凝土构件有影响使用功能或装饰效果的外形缺陷	其他混凝土构件有不影响使用功能的外形缺陷
外表缺陷	构件内表面麻面、掉皮、起砂、沾污等 外表面面砖污染、预埋门窗框破坏	具有重要装饰效果的清水混凝土构件、门窗框有外表缺陷	其他混凝土构件有不影响使用功能的外表缺陷，门窗框不宜有外表缺陷

30.2.2 预制墙板构件的尺寸允许偏差应符合表 30.2.2 的规定。

检查数量：对同类构件，按同日进场数量的 5% 且不少于 5 件抽查，少于 5 件则全数检查。

检查方法：钢尺、拉线、靠尺、塞尺检查。

预制墙板构件尺寸允许偏差及检查方法　表 30.2.2

项　目		允许偏差(mm)	检 查 方 法
外墙板	高度	±3	钢尺检查
	宽度	±3	钢尺检查
	厚度	±3	钢尺检查
	对角线差	5	钢尺量两个对角线
	弯曲	$L/1000$ 且≤20	拉线、钢尺量最大侧向弯曲处
	内表面平整	4	2m 靠尺和塞尺检查
	外表面平整	3	2m 靠尺和塞尺检查

注：L 为构件长边的长度。

30.2.3 预制柱、梁构件的尺寸允许偏差应符合表 30.2.3 的规定。

检查数量：对同类构件，按同日进场数量的 5% 且不少于 5 件抽查，少于 5 件则全数检查。

检查方法：钢尺、拉线、靠尺、塞尺检查。

预制柱、梁构件尺寸允许偏差
及检查方法　　　　表 30.2.3

项　目		允许偏差(mm)	检 查 方 法
预制柱	长度	±5	钢尺检查
	宽度	±5	钢尺检查
	弯曲	$L/750$ 且≤20	拉线、钢尺量最大侧向弯曲处
	表面平整	4	2m 靠尺和塞尺检查
预制梁	高度	±5	钢尺检查
	长度	±5	钢尺检查
	弯曲	$L/750$ 且≤20	拉线、钢尺量最大侧向弯曲处
	表面平整	4	2m 靠尺和塞尺检查

注：L 为构件长度。

30.2.4 预制叠合板、阳台板、空调板、楼梯构件的尺寸允许偏差应符合表 30.2.4 的规定。

检查数量：对同类构件，按同日进场数量的 5％且不少于 5 件抽查，少于 5 件则全数检查。

检查方法：钢尺、拉线、靠尺、塞尺检查。

叠合板、阳台板、空调板、楼梯构件的
尺寸偏差和检查方法　　　　表 30.2.4

项　　目		允许偏差（mm）	检 查 方 法
叠合板、阳台板、空调板、楼梯	长度	±5	钢尺检查
	宽度	±5	钢尺检查
	厚度	±3	钢尺检查
	弯曲	$L/750$ 且≤20	拉线、钢尺量最大侧向弯曲处
	表面平整	4	2m 靠尺和塞尺检查

注：L 为构件长度。

30.2.5 预埋件和预留孔洞的尺寸允许偏差应符合表 30.2.5 的规定。

检查数量：根据 30.2.2、30.2.3、30.2.4 条规定抽查的构件进行全数检查。

检查方法：钢尺、靠尺、塞尺检查。

预埋件和预留孔洞的允许偏差
和检查方法　　　　表 30.2.5

项　　目		允许偏差（mm）	检查方法
预埋钢板	中心线位置	5	钢尺检查
	安装平整度	2	靠尺和塞尺检查

项　　目		允许偏差（mm）	检查方法
预埋管、预留孔	中心线位置	5	钢尺检查
预埋吊环	中心线位置	10	钢尺检查
	外露长度	+8，0	钢尺检查
预留洞	中心线位置	5	钢尺检查
	尺寸	±3	钢尺检查
预埋螺栓	螺栓位置	5	钢尺检查
	螺栓外露长度	±5	钢尺检查

30.2.6 预制构件预留钢筋规格和数量应符合设计要求，预留钢筋位置及尺寸允许偏差应符合表30.2.6的规定。

　　检查数量：根据 30.2.2、30.2.3、30.2.4条规定抽查的构件进行全数检查。

　　检查方法：观察、钢尺检查。

预制构件预留钢筋位置及尺寸
允许偏差和检查方法　　　　表30.2.6

项　　目		允许偏差（mm）	检　查　方　法
预留钢筋	间距	±10	钢尺量连续三档，取最大值
	排距	±5	钢尺量连续三档，取最大值
	弯起点位置	20	钢尺检查
	外露长度	+8，0	钢尺检查

30.2.7 预制构件饰面板（砖）的尺寸允许偏差

应符合表 30.2.7 的规定。

检查数量：根据 30.2.2、30.2.3、30.2.4 条规定抽查的构件进行全数检查。

检查方法：钢尺、靠尺、塞尺检查。

预制构件饰面板（砖）的尺寸

允许偏差和检查方法　　　　表 30.2.7

项 目	允许偏差（mm）	检 查 方 法
表面平整度	2	2m 靠尺和塞尺检查
阳角方正	2	2m 靠尺检查
上中平直	2	拉线，钢直尺检查
接缝平直	3	钢直尺和塞尺检查
接缝深度	1	钢直尺和塞尺检查
接缝宽度	1	钢直尺检查

30.2.8 预制构件门框和窗框位置及尺寸允许偏差应符合表 30.2.8 的规定。

检查数量：根据 30.2.2、30.2.3、30.2.4 条规定抽查的构件进行全数检查。

检查方法：钢尺、靠尺检查。

预制构件门框和窗框安装允许

偏差和检查方法　　　　表 30.2.8

项 目		允许偏差（mm）	检查方法
门窗框	位置	±1.5	钢尺检查
	高、宽	±1.5	钢尺检查
	对角线	±1.5	钢尺检查

项　　目		允许偏差（mm）	检查方法
门窗框	平整度	1.5	靠尺检查
锚固脚片	中心线位置	5	钢尺检查
	外露长度	+5，0	钢尺检查

30.3　预制构件安装与连接的质量验收

　　预制构件安装尺寸允许偏差应符合表 30.3 的规定。

　　检查数量：全数检查。

　　检验方法：观察，钢尺检查。

安装位置允许偏差（mm）　　表 30.3

检 查 项 目		允许偏差（mm）	检 验 方 法
柱、墙等竖向结构构件	标高	±5	水准仪和钢尺检查
	轴线位置	5	钢尺检查
	垂直度	5	靠尺和塞尺检查
	墙板两板对接缝	±3	钢尺检查
	构件单边尺寸	±3	钢尺量一端及中部，取其中较大值
梁、楼板等水平构件	轴线位置	5	钢尺检查
	标高	±5	水准仪和钢尺检查
	相邻两板表面高低差	2	靠尺和塞尺检查

检 查 项 目		允许偏差（mm）	检 验 方 法
外墙装饰面	板缝宽度	±5	钢直尺检查
	通常缝直线度	5	拉通线和钢直尺检查
	接缝高差	3	钢直尺和塞尺检查
连接件	临时斜撑杆	±20	钢尺检查
	固定连接件	±5	钢尺检查

本章参考文献

《装配整体式混凝土结构施工及质量验收规范》DGJ 08—2117—2012

31 膜结构

31.1 定义

膜结构（membrane structure）是由膜材、支承系统及膜附属构件组成的结构或构筑物。各部位的具体含义见表31.1。

膜结构的组成 表31.1

名称	定义
膜材	用于膜结构的覆膜材料，包括由基材和聚合物涂层构成的织物类膜材和由高分子化学材料共聚物构成的热塑性薄膜类膜材。其中，基材是由玻璃纤维或合成纤维等织成的高强度织物，是织物类膜材的主要受力部分
支承结构	指膜单元的承重结构体系，可为钢结构、混凝土结构、木结构等多种结构体系
膜附件	膜单元与膜支撑钢构件及拉索连接的转接件，包括三元乙丙胶条、铝合金夹具及紧固件等

31.2 膜材

31.2.1 膜材料的规格允许偏差要求见表31.2。

规格允许偏差　　　　表 31.2

项　　目	允　　差
膜材重量	标称值±5%
膜材厚度	标称值±10%
膜材幅宽	不得存在负公差

注：根据标称值考核膜材的重量、厚度和幅宽，偏差率%＝
　　100×（测试值－标称值）/标称值

31.2.2　当设计对膜材料的透光率有特殊要求时，应进行复检。膜材料的光学性能参数允许偏差为标称值±3%。

检查数量：全数检查。

检查方法：检查复验报告。

31.2.3　膜材厚度应均匀一致，其厚度的允许偏差应满足表 31.2 的有关要求。

检查数量：全数检查。

检查方法：用测厚仪检查。

31.2.4　膜材的单位重量应与厂家提供的数据一致，其允许偏差应满足表 31.2 的有关规定。

检查数量：每个检验批抽查 3 卷。

检查方法：用秤称量每捆膜材重量，再除以每捆材料的面积。

31.2.5　膜材幅宽应满足表 31.2 的有关规定。

检查数量：每个检验批抽查 3 卷，每隔 10m 测量一次。

检查方法：用钢卷尺测量。

31.3　拉索制作

31.3.1　成品拉索交货长度偏差应符合设计要求。当设计无要求时，应符合表 31.3 的规定。

拉索长度允许偏差　　　　表 31.3

拉索长度 L	允许偏差 ΔL
≤50m	±10mm
50<L≤100m	±15mm
>100m	±20mm

检查数量：全数检查。

检查方法：检查产品质量证明文件。

31.3.2　拉索的索体挤包护层时，各规格索体的挤包外径应符合标准规定。索体外径公差应为：+2mm，−1mm。

检查数量：全数检查。

检查方法：检查检验记录。

31.4　膜及膜附件制作

31.4.1　织物类膜单元制作

1. 膜片放样工作应由专职放样工按照图纸进行，要求放样精确、标号醒目、膜片清洁，放样尺寸允许偏差：±1.0mm。

检查数量：全数检查。

检查方法：观察检查和用钢尺检查。

2. 膜片裁剪工作应由专职裁剪工按照图纸进行，裁剪下料尺寸允许误差：±2.0mm。

检查数量：全数检查。

检查方法：用钢尺检查。

3. 热合后的膜单元，各向尺寸允许偏差不应大于 2mm；周边尺寸与设计尺寸的允许偏差，G 类膜材不应大于 0.5%，P 类膜材不应大于 1.0%。

检查数量：全数检查。

检查方法：用钢尺和钢卷尺检查。

4. 膜单元的打孔尺寸：膜单元边长大于 1.5m 时，允许偏差为边长值的 ±2%；膜单元边长小于等于 1.5m 时，允许偏差为边长值的 ±3.5%。

检查数量：全数检查。

检查方法：用钢尺和钢卷尺检查。

5. 热合缝的宽度误差值不应超过 5%，且应满足 ±2mm。

检查数量：每隔 4m 测量一次。

检查方法：用钢尺检查。

31.4.2 热塑类膜单元制作

1. 膜片放样工作应由专职放样工按照图纸进行。操作前，必须检查原材料。要求放样精确、标号醒目、膜片清洁，放样尺寸允许偏差：±0.5mm。

检查数量：全数检查。

检查方法：观察检查和用钢尺和游标卡尺检查。

2. 膜片裁剪工作应由专职裁剪工按照图纸进行，裁剪下料尺寸允许偏差：±1.0mm。

检查数量：全数检查。

检查方法：用钢尺测量。

3. 膜片热合成型后，其尺寸应符合设计要求。边长尺寸允许偏差应不大于 $0.00125 \times$ 边长，对角线长度允许偏差应满足表 31.4.2 的要求。

对角线允许偏差（mm）　　**表 31.4.2**

对角线长度（L）	$L \leqslant 2000$	$2000 < L \leqslant 4000$	$L > 4000$
允许偏差	±5.0	±10.0	±20.0

检查数量：按检验批进行抽查。

检查方法：测量检查。

4. 膜片热合缝宽度符合设计要求，允许偏差±1.0mm。

检查数量：每隔 4m 测量一次。

检查方法：用直尺和游标卡尺检查。

31.4.3　膜附件制作

铝合金夹板加工质量应符合《铝合金建筑型材》GB/T 5237 的相关规定和设计要求，其允许偏差应满足表 31.4.3 的规定。

检查数量：按检验批进行抽查 10%，且不应少于 3 件。

检查方法：钢尺检查。

铝合金夹板的允许偏差（mm）　　　表 31.4.3

项　　目	允许偏差
长度	0，−2
宽度	−1，+1
厚度	−1，+1
孔间距	−1，+1
平面度	1.5

31.5　膜支撑钢构件安装

31.5.1　支承面和基础预埋件

1. 柱及拉索锚座在基础上平面位置和标高应符合设计要求。如设计无要求，应符合表 31.5.1-1 的有关要求。

建筑物定位轴线、柱及拉索锚座在
基础上的定位轴线和标高

允许偏差（mm）　　表 31.5.1-1

项 目	允许偏差	图　　例
基础上柱及拉索锚座的定位轴线	1.0	
基础上柱底及拉索锚座的标高	±2.0	

检查数量：按柱基和锚座数量抽查 10%，且不应少于 3 件。

检查方法：用经纬仪、水准仪、全站仪和钢尺现场实测。

2. 基础顶面直接作为柱的支承面和基础顶面预埋钢板或支座作为柱的支承面时，其支承面、地脚螺栓位置的允许偏差应符合表31.5.1-2的规定。

支承面、地脚螺栓位置的

允许偏差（mm）　　表 31.5.1-2

项　目		允许偏差
支承面	标高	±3.0
	相邻高差	3.0
	水平度	1/1000
地脚螺栓	螺栓中心偏移	5.0
预留孔中心偏移		10.0

检查数量：按柱基和锚座数量抽查 10%，且不应少于 3 件。

检查方法：用经纬仪、水准仪、全站仪、水平尺和钢尺实测。

3. 预埋张拉螺栓的规格及其紧固应符合设计要求，其位置允许偏差应符合表 31.5.1-3 的规定。

地脚螺栓、预埋张拉锚栓位置的

允许偏差（mm）　　表 31.5.1-3

项　目		允许偏差
预埋张拉锚栓	锚栓中心偏差	5.0
	锚栓外伸角度偏差	$\rho/100$
	锚栓对角线长度相对偏差	10.0

注：ρ 系指锚栓外伸长度。

检查数量：按柱基和锚座数量抽查 10%，且不应少于 3 件。

检查方法：用经纬仪、水准仪、全站仪和钢尺现场实测。

4. 预埋张拉锚栓尺寸的偏差应符合表 31.5.1-4 的规定。预埋张拉锚栓的螺纹应进行保护。

预埋张拉锚栓尺寸的
允许偏差（mm） 表 31.5.1-4

项　　目	允许偏差
预埋张拉锚栓露出长度	+30.0 0.0
预埋张拉锚栓螺纹长度	+30.0 0.0

检查数量：按柱基和锚座数量抽查 10%，且不应少于 3 件。

检查方法：用钢尺现场实测。

31.5.2 安装和校正

1. 连膜钢板上相邻两螺栓孔间距的允许偏差应符合表 31.5.2-1 的规定。

连膜钢板螺栓孔孔距允许偏差值（mm）

表 31.5.2-1

螺栓孔孔距范围	≤500	501～1200	1201～3000	3000
允许偏差值	±1.5	±2.0	±2.5	±3.0

检查数量：按同类构件数量抽查 10%，且不应少于 3 件。

检查方法：用钢尺检查。

2. 连膜钢板、连膜钢管在支承结构上的角度偏差应符合表 31.5.2-2 的规定。

连膜钢板、连膜钢管允许

角度偏差（mm）　　　**表 31.5.2-2**

项 目	允许偏差	图 例
连膜钢板角度	b/50	
连膜钢管角度	b/50	

检查数量：按同类构件数量抽查 10%，且不应少于 3 件。

检查方法：用钢尺检查。

3. 焊于支承结构的连接耳板，其销孔位置的允许偏差应符合：在 X、Y、Z 三个方向上的偏差值均不超过 5mm。

检查数量：按同类构件数量抽查 10%，且不应少于 3 件。

检查方法：用水准仪、全站仪、水平尺和钢尺现场实测。

31.6 拉索安装

根据结构的位置和拉索的受力状态，调整索力，达到设计要求，拉索张拉时应作施工记录；对于索系支承式膜结构，环索、谷索、脊索等重要部位的拉索应进行索力和位移的双控。对于其他膜结构类型中的拉索，应以施力点的位移值作为控制标准。各阶段张拉力值及位移允许偏差为 ±10%。

检查数量：按检验批抽查 10%，且应不少于 3 处。

检查方法：检查施工记录和测力仪检查。

31.7　膜单元安装

膜预张力施加应以施力点位移达到设计值为控制标准，位移允许偏差为±10%。对有代表性的施力点还应进行张力值抽查，张力值允许偏差为±10%。施力点应由设计单位、监理单位和施工单位共同选定。

检查数量：按检验批抽查10%。

检查方法：用钢尺和应力测试仪检查。

本章参考文献

《膜结构施工质量验收规范》DB11/T 743—2010

32 建筑施工升降机安装

安装作业规定如下：

32.1 导轨架安装时，应对施工升降机导轨架的垂直度进行测量校准。施工升降机导轨架安装垂直度偏差应符合使用说明书和表 32.1 的规定。

安装垂直度偏差 表 32.1

导轨架架设高度 h （m）	$h \leqslant 70$	$70 < h \leqslant 100$	$100 < h \leqslant 150$	$150 < h \leqslant 200$	$h > 200$
垂直度偏差 （mm）	不大于 $h/1000$	$\leqslant 70$	$\leqslant 90$	$\leqslant 110$	$\leqslant 130$
	对钢丝绳式施工升降机，垂直度偏差不大于 $1.5h/1000$				

32.2 施工升降机最外侧边缘与外面架空输电线路的边线之间，应保持安全操作距离。最小安全操作距离应符合表 32.2 的规定。

最小安全操作距离 表 32.2

外电线电路电压 （kV）	<1	1～10	35～110	220	330～500
最小安全操作距离 （m）	4	6	8	10	15

本章参考文献

《建筑施工升降机安装、使用、拆卸安全技术规程》
JGJ 215—2010

33 采光顶与金属屋面

33.1 构造及连接设计

压型金属板屋面中，金属屋面板长度方向的搭接端不得与支承构件固定连接，搭接处可采用焊接或泛水板，非焊接处理时搭接部位应设置防水堵头，搭接部分长度方向中心宜与支承构件中心一致，搭接长度应符合设计要求，且不宜小于表33.1规定的限值。

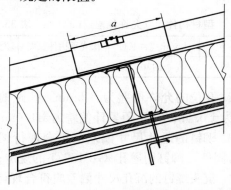

图 33.1 金属屋面板搭接图

金属屋面板长度方向最小搭接长度（mm）

表 33.1

项　　目		搭接长度 *a*
	波高＞70	375
波高≤70	屋面坡度＜1/10	250
	屋面坡度≥1/10	200
面板过渡到立面墙面后		120

33.2 加工制作

33.2.1 铝合金构件

采光顶的铝合金构件的加工应符合下列要求：

1. 型材构件尺寸允许偏差应符合表 33.2.1 的规定；

型材构件尺寸允许偏差（mm）　　表 33.2.1

部　位	主支承构件长度	次支承构件长度	端头斜度
允许偏差	±1.0	±0.5	−15′

2. 孔位的允许偏差为 0.5mm，孔距的允许偏差为±0.5mm，孔距累计偏差为±1.0mm；

3. 铆钉的通孔尺寸偏差应符合现行国家标准《紧固件　铆钉用通孔》GB 152.1 的规定；

4. 沉头螺钉的沉孔尺寸偏差应符合现行国家标准《紧固件　沉头用沉孔》GB 152.2 的规定。

33.2.2 玻璃、聚碳酸酯板

1. 采光顶用单片玻璃、夹层玻璃、中空玻璃的加工精度除应符合国家现行相关标准的规定外，还应符合下列要求：

（1）玻璃边长尺寸允许偏差应符合表33.2.2-1 的要求。

玻璃尺寸允许偏差（mm） 表 33.2.2-1

项　目	玻璃厚度（mm）	长度 $L \leqslant 2000$	长度 $L > 2000$
边长	5，6，8，10，12	±1.5	±2.0
	15，19	±2.0	±3.0
对角线差（矩形、等腰梯形）	5，6，8，10，12	2.0	3.0
	15，19	3.0	3.5
三角形、梯形的高	5，6，8，10，12	±1.5	±2.0
	15，19	±2.0	±3.0
菱形、平行四边形、任意梯形对角线	5，6，8，10，12	±1.5	±2.0
	15，19	±2.0	±3.0

（2）钢化玻璃与半钢化玻璃的弯曲度应符合表33.2.2-2 的要求。

钢化玻璃与半钢化玻璃的弯曲度 表 33.2.2-2

项　目	最　大　值	
	水平法	垂直法
弓形变形（mm/mm）	0.3%	0.5%
波形变形（mm/300mm）	0.2%	0.3%

（3）夹层玻璃尺寸允许偏差应符合表 33.2.2-3 的要求。

夹层玻璃尺寸允许偏差（mm）

表 33.2.2-3

项　　目	允许偏差（L 为测量长度）	
边长	$L \leqslant 2000$	±2.0
	$L > 2000$	±2.5
对角线差（矩形、等腰梯形）	$L \leqslant 2000$	2.5
	$L > 2000$	3.5
三角形、梯形的高	$L \leqslant 2000$	±2.5
	$L > 2000$	±3.5
菱形、平行四边形、任意梯形对角线	$L \leqslant 2000$	±2.5
	$L > 2000$	±3.5
叠差	$L < 1000$	2.0
	$1000 \leqslant L < 2000$	3.0
	$L \geqslant 2000$	4.0

（4）中空玻璃尺寸允许偏差应符合表

33.2.2-4 的要求。

<table>
<tr><td colspan="3" align="center">中空玻璃尺寸允许偏差　　　表 33.2.2-4</td></tr>
<tr><td align="center">项　　目</td><td colspan="2" align="center">允许偏差（L 为测量长度）</td></tr>
<tr><td rowspan="3" align="center">边长</td><td align="center">L<1000</td><td align="center">±2.0</td></tr>
<tr><td align="center">1000≤L<2000</td><td align="center">+2.0，−3.0</td></tr>
<tr><td align="center">L≥2000</td><td align="center">±3.0</td></tr>
<tr><td rowspan="2" align="center">对角线差
（矩形、等腰梯形）</td><td align="center">L≤2000</td><td align="center">2.5</td></tr>
<tr><td align="center">L>2000</td><td align="center">3.5</td></tr>
<tr><td rowspan="2" align="center">三角形、梯形的高</td><td align="center">L≤2000</td><td align="center">±2.5</td></tr>
<tr><td align="center">L>2000</td><td align="center">±3.5</td></tr>
<tr><td rowspan="2" align="center">菱形、平行四边形、
任意梯形对角线</td><td align="center">L≤2000</td><td align="center">±2.5</td></tr>
<tr><td align="center">L>2000</td><td align="center">±3.5</td></tr>
<tr><td rowspan="3" align="center">厚度 t</td><td align="center">t<17</td><td align="center">±1.0</td></tr>
<tr><td align="center">17≤t<22</td><td align="center">±1.5</td></tr>
<tr><td align="center">t≥22</td><td align="center">±2.0</td></tr>
<tr><td rowspan="3" align="center">叠差</td><td align="center">L<1000</td><td align="center">2.0</td></tr>
<tr><td align="center">1000≤L<2000</td><td align="center">3.0</td></tr>
<tr><td align="center">L≥2000</td><td align="center">4.0</td></tr>
</table>

2. 热弯玻璃尺寸允许偏差、弧面扭曲允许偏差应分别符合表 33.2.2-5 和表 33.2.2-6 的要求。

热弯玻璃尺寸允许偏差　　表 33. 2. 2-5

项　目	允　许　偏　差	
高度 H	$H \leqslant 2000$	± 3.0
	$H > 2000$	± 5.0
弧长	弧长 $D \leqslant 1500$	± 3.0
	弧长 $D > 1500$	± 5.0
弧长吻合度	弧长 $D \leqslant 2400$	3.0
	弧长 $D > 2400$	5.0
弧面弯曲	弧长 $D \leqslant 1200$	2.0
	$1200 <$ 弧长 $D \leqslant 2400$	3.0
	弧长 $D > 2400$	5.0

热弯玻璃弧面扭曲允许偏差（mm）

表 33. 2. 2-6

高度 H	弧长 （D）	
	$D \leqslant 2400$	$D > 2400$
$H \leqslant 1800$	3.0	5.0
$1800 < H \leqslant 2400$	5.0	5.0
$H > 2400$	5.0	6.0

3. 点支承玻璃加工应符合下列要求：

（1）面板及其孔洞边缘应倒棱和磨边，倒棱宽度不应小于 1mm，边缘应进行细磨或精磨；

（2）裁切、钻孔、磨边应在钢化前进行；

（3）加工允许偏差除应符合"1"的规定外，还应符合表33.2.2-7的规定。

点支承玻璃加工允许偏差　　表33.2.2-7

项　目	孔　位	孔中心距	孔轴与玻璃平面垂直度
允许偏差	0.5mm	±1.0mm	12′

4. 聚碳酸酯板的加工允许偏差应符合表33.2.2-8的规定。

聚碳酸酯板加工允许偏差（mm）

表33.2.2-8

项　目	边长 $L \leqslant 2000$	边长 $L > 2000$
边长	±1.5	±2.0
对角线差（矩形、等腰梯形）	2.0	3.0
菱形、平行四边形、任意梯形的对角线	±2.0	±3.0
边直度	1.5	2.0
钻孔位置	0.5	0.5
孔的中心距	±1.0	±1.0
三角形、菱形、平行四边形、梯形的高	±2.5	±3.5

33.2.3 隐框采光顶组件

硅酮结构密封胶完全固化后，隐框玻璃采光顶装配组件的尺寸偏差应符合表 33.2.3 的规定。

结构胶完全固化后隐框玻璃组件的

尺寸允许偏差（mm）　　　表 33.2.3

序号	项　目	尺寸范围	允许偏差
1	框长、宽	—	±1.0
2	组件长、宽	—	±2.5
3	框内侧对角线差及组件对角线差（矩形和等腰梯形）	长度≤2000	2.5
		长度＞2000	3.5
4	三角形、菱形、平行四边形、梯形的高	—	±3.5
5	菱形、平行四边形、任意梯形对角线	—	±3.0
6	组件平面度	—	3.0
7	组件厚度	—	±1.5
8	胶缝宽度	—	+2.0，0
9	胶缝厚度	—	+0.5，0
10	框组装间隙	—	0.5
11	框接缝高度差	—	0.5
12	组件周边玻璃与铝框位置差	—	±1.0

33.3　金属屋面板

33.3.1 金属压型板的基板尺寸允许偏差应符合表 33.3.1 的规定。

基板尺寸允许偏差（mm） 表 33.3.1

项　目	允许偏差（mm）		检测要求
	钢卷板	铝卷板	
镰刀弯	25	75	测量标距为 10m
波高	8	15	波峰与波谷平面的竖向距离

33.3.2　压型金属板材加工（图 33.3.2）允许偏差应符合表 33.3.2 的规定。

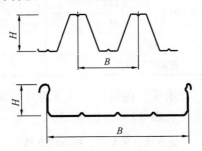

图 33.3.2　压型金属板材加工图

屋面压型金属板材加工
允许偏差（mm）　　　　表 33.3.2

项　目　内　容		允许偏差
波距	≤200	±1.0
	>200	±1.5

项　目　内　容			允许偏差
波高	钢板、钛锌板	$H \leqslant 70$	±1.5
		$H > 70$	±2.0
	铝合金板		±2.0
侧向弯曲（在长度范围内）	铝合金板钢板		20.0
	铝、钛锌等合金板		25.0
覆盖宽度	钢板、钛锌板	$H \leqslant 70$	+8.0，−2.0
		$H > 70$	+5.0，−2.0
	铝合金板	$H \leqslant 70$	+10.0，−2.0
		$H > 70$	+7.0，−2.0
板长			+9.0，0
横向剪切偏差			5.0

33.3.3 泛水板、包角板、排水沟几何尺寸的允许偏差应符合表 33.3.3 的规定。

泛水板、包角板、排水沟几何

尺寸加工允许偏差　　　　表 33.3.3

项　目	下料长度（mm）	下料宽度（mm）	弯折面宽度（mm）	弯折面夹角（°）
允许偏差	±5.0	±2.0	±2.0	2

注：表中的允许偏差适用于弯板机成型的产品。用其他方法成型的产品也可参照执行。

33.4 安装施工

33.4.1 安装施工准备

采光顶、金属屋面与主体结构连接的预埋件，应在主体结构施工时按设计要求埋设，预埋件的位置偏差不应大于 20mm。采用后置埋件时，其方案应经确认后方可实施。

33.4.2 采光顶

1. 框支承采光顶构件安装允许偏差应符合表 33.4.2-1 的规定。

框支承采光顶构件安装允许偏差

表 33.4.2-1

序号	项　目	尺寸范围	允许偏差（mm）
1	水平通长构件吻合度	构件总长度≤30m	10.0
		30m＜构件总长度≤60m	15.0
		60m＜构件总长度≤90m	20.0
		构件总长度＞90m	25.0
2	采光顶坡度	坡起长度≤30m	+10
		30m＜坡起长度≤60m	+15
		60m＜坡起长度≤90m	+20
		坡起长度＞90m	+25
3	单一纵向、横向构件直线度	构件长度≤2000mm	2.0
		构件长度＞2000mm	3.0

序号	项　目	尺寸范围	允许偏差（mm）
4	横向、纵向构件直线度	采光顶长度或宽度≤35m	5.0
		采光顶长度或宽度＞35m	7.0
5	分格框对角线差	对角线长度≤2000mm	3.0
		对角线长度＞2000mm	3.5
6	檐口位置差	相邻两组件	2.0
		长度≤10m	3.0
		长度＞10m	6.0
		全长方向	10.0
7	组件上缘接缝的位置差	相邻两组件	2.0
		长度≤15m	3.0
		长度＞30m	6.0
		全长方向	10.0
8	屋脊位置差	相邻两组件	3.0
		长度≤10m	4.0
		长度＞10m	8.0
		全长方向	12.0
9	同一缝隙宽度差	与设计值比	±2.0

2. 点支承的采光顶安装应符合表 33.4.2-2 的规定。

点支承采光顶安装允许偏差　　**表 33.4.2-2**

序号	项　目	尺寸范围	允许偏差（mm）
1	脊（顶）水平高差	—	±3.0
2	脊（顶）水平错位	—	±2.0
3	檐口水平高差	—	±3.0
4	檐口水平错位	—	±2.0
5	跨度（对角线或角到对边垂高）差	≤3000mm	3.0
		≤4000mm	4.0
		≤5000mm	6.0
		>5000mm	9.0
6	胶缝宽度	与设计值相比	0，+2.0
7	胶缝厚度	同一胶缝	0，+0.5
8	采光顶接缝及大面玻璃水平度	采光顶长度≤30m	±10.0
		30m<采光顶长度≤60m	±15.0
9	采光顶接缝直线度	采光顶长度或宽度≤35m	±5.0
		采光顶长度或宽度>35m	±7.0
10	相邻面板平面高低差	—	2.5

33.4.3　金属平板、直立锁边板屋面

1. 直立锁边板咬合应符合设计要求，平行咬口间距应准确、立边高度应一致。咬口顶部不得有裂纹，咬口连接处直径（或高度）应满足系

统供应商技术要求，偏差不得超过 2mm。

2. 直立锁边金属屋面构件安装允许偏差（图 33.4.3）应符合表 33.4.3 的规定。

直立锁边金属屋面构件安装允许偏差　表 33.4.3

序号	项　　目	允许偏差
1	支座直线度	$\pm L/200$mm
2	支座与连接表面垂直度	$\pm 1.0°$
3	横向相邻支座位置差	± 5.0mm

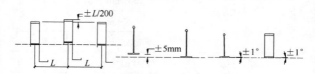

图 33.4.3　直立锁边金属屋面构件安装允许偏差

33.5　工程验收

33.5.1　一般规定

1. 采光顶与金属屋面工程质量验收应分别进行观感检验和抽样检验，并应按下列规定划分检验批：

（1）安装节点设计相同，使用材料，安装工艺和施工条件基本相同的采光顶工程每 500～1000m² 为一个检验批，不足 500m² 应划分为一个检验批；每个检验批每 100m² 应至少抽查一处，每处不得少于 10m²；金属屋面工程每 3000～5000m² 为一个检验批，不足 3000m² 应划分为一个检验批；每个检验批每 1000m² 应至少抽查一处，每处不得少于 100m²；

（2）天沟或排水槽应单独划分检验批，每个检验批每 20m 应至少抽查一处，每处不得小于 2m。

2. 采光顶与金属屋面工程的构件或接缝应进行抽样检查，每个采光顶的构件或接缝应各抽查 5%，并均不得少于 3 根（处）；采光顶的分格应抽查 5%，并不得少于 10 个。每个金属屋面的构件或接缝应各抽查 5%，并均不得少于 3 根（处）。

33.5.2 采光顶

1. 框支承采光顶抽样检验应符合下列要求：每平方米玻璃的表面质量应符合表 33.5.2-1 的规定；

每平方米玻璃表面质量要求　　表 33.5.2-1

项　　目	质　量　要　求
0.1～0.3mm 宽划伤痕	长度小于 100mm；不超过 8 条
擦伤总面积	不大于 500mm²

2. 一个分格铝合金框架或钢框架表面质量

应符合表 33.5.2-2 的规定；

一个分格铝合金框架或钢

框架表面质量要求 　　　表 33.5.2-2

项　目	质　量　要　求	
	铝合金框架	钢框架
擦伤，划伤深度	不大于膜层厚度	不大于氟碳喷涂层的厚度
擦伤总面积（mm²）	不大于 500	不大于 250
划伤总长度（mm）	不大于 150	不大于 75
擦伤划伤处	不大于 4	不大于 2

3. 框支承采光顶框架构件安装质量应符合表 33.5.2-3 的规定。

框支承采光顶框架构件安装质量要求

表 33.5.2-3

	项　目		允许偏差（mm）	检查方法
1	水平通长构件吻合度	构件总长度≤30m	10.0	水准仪、经纬仪或激光经纬仪
		30m<构件总长度≤60m	15.0	
		60m<构件总长度≤90m	20.0	
		构件总长度>90m	25.0	

项　目		允许偏差（mm）	检查方法
2	采光顶坡度	坡起长度≤30m	+10.0	水准仪、经纬仪或激光经纬仪
		30m<坡起长度≤60m	+15.0	
		60m≤坡起长度≤90m	+20.0	
		坡起长度>90m	+25.0	
3	单一纵向或横向构件直线度	长度≤2000mm	2.0	水平尺
		长度>2000mm	3.0	
4	相邻构件的位置差	—	1.0	钢板尺、塞尺
5	纵向通长或横向通长构件直线度	构件长度≤35m	5.0	经纬仪或激光经纬仪
		构件长度>35m	7.0	
6	分格框对角线差	对角线长≤2000mm	3.0	对角线尺或钢卷尺
		对角线长>2000mm	3.5	

注：纵向构件或接缝是指垂直于坡度方向的构件或接缝；横向构件或接缝是指平行于坡度方向的构件或接缝。

4. 框支承隐框采光顶的安装质量除应符合表 33.5.2-3 中的规定外，还应符合表 33.5.2-4 的规定。

框支承隐框采光顶安装
质量要求　　表 33.5.2-4

	项　目		允许偏差 （mm）	检查方法
1	相邻面板的接缝直线度		2.5	2m 靠尺， 钢板尺
2	纵向通长或横向 通长接缝直线度	接缝长度≤35m	5.0	经纬仪或激 光经纬仪
		接缝长度＞35m	7.0	
3	玻璃间接缝宽度（与设计值比）		±2.0	卡尺

5. 点支承采光顶安装允许偏差应符合表 33.5.2-5 的规定。

点支承采光顶安装质量要求　　表 33.5.2-5

	项　目		允许偏差 （mm）	检查方法
1	水平通 长接缝 吻合度	接缝长度≤30m	10.0	水准仪、经 纬仪或激 光经纬仪
		30m＜接缝 长度≤60m	15.0	
		接缝长度＞60m	20.0	
2	采光顶 坡度	接缝长度≤30m	+10.0	经纬仪或激 光经纬仪
		30m＜接缝 长度≤60m	+20.0	
		接缝长度＞60m	+30.0	

	项 目	允许偏差 (mm)	检查方法
3	相邻面板的平面高低差	±2.5	2m靠尺, 钢板尺
4	相邻面板的接缝直线度	2.5	2m靠尺, 钢板尺
5	玻璃间接缝宽度（与设计值比）	±2.0	卡尺

6. 钢爪安装偏差应符合下列要求：

（1）相邻钢爪距离偏差不应大于 1.5mm；

（2）同一平面钢爪的高度允许偏差应符合表 33.5.2-6 的规定；

（3）同一平面相邻面板钢爪的高度允许偏差不应大于 1.0mm。

同一平面钢爪的高度允许偏差　表 33.5.2-6

	项 目	允许偏差(mm)	检查方法
1	单元长度≤30m	5.0	水准仪、经纬仪或激光经纬仪
2	30m<单元长度≤60m	7.5	
3	单元长度>60m	10.0	

33.5.3　金属平板屋面

1. 金属屋面工程抽样检验的一般要求应符合下列规定：每平方米金属面板的表面质量应符

合表 33.5.3-1 的规定。

每平方米金属面板的表面质量

表 33.5.3-1

项　　目	质　量　要　求
0.1～0.3mm 宽划伤	长度小于 100mm；不超过 8 条
擦伤	不大于 500mm²

注：1. 露出金属基体的为划伤。

　　2. 没有露出金属基体的为擦伤。

2. 金属平板屋面的安装质量应符合表 33.5.3-2 的规定。

金属平板屋面安装质量要求　　　表 33.5.3-2

项　　目		允许偏差 (mm)	检查方法
1	水平通长接缝的吻合度	接缝长度≤30m	10	水准仪、经纬仪或激光经纬仪
		30m＜接缝长度≤60m	15	
		60m＜接缝长度≤90m	20	
		90m＜接缝长度≤150m	25	
		接缝长度＞150m	30	
2	金属屋面坡度	起坡长度≤30m	+10	水准仪、经纬仪或激光经纬仪
		30m＜起坡长度≤60m	+15	
		60m＜起坡长度≤90m	+20	
		起坡长度＞90m	+25	

项 目		允许偏差（mm）	检查方法
3	通长纵缝或横缝直线度	纵向、横向长度≤35m	5	经纬仪或激光经纬仪
		纵向、横向长度＞35m	7	

33.5.4 压型金属屋面

直立锁边式金属屋面板安装质量应符合表33.5.4的规定。

直立锁边式金属屋面板安装质量要求

表 33.5.4

项 目		允许偏差（mm）	检查方法
1	纵向通长构件的吻合度	构件长度≤35m	5	水准仪、经纬仪或激光经纬仪
		构件长度＞35m	7	
2	金属屋面坡度	起坡长度≤50m	+20	水准仪、经纬仪或激光经纬仪
		起坡长度＞50m	+30	

	项　目		允许偏差(mm)	检查方法
3	横向通长构件直线度	横向构件长度≤35m	5	经纬仪或激光经纬仪
		横向构件长度>35m	7	

本章参考文献

《采光顶与金属屋面技术规程》JGJ 255—2012

34 建筑结构长城杯标准

34.1 混凝土结构工程质量评审标准

34.1.1 模板工程质量评审标准

现浇结构模板安装质量允许偏差及检查方法，应符合规范和表 34.1.1 的规定。

模板安装允许偏差及检查方法　　表 34.1.1

项次	项　目		允许偏差值（mm）		检查方法
			国家规范标准	结构长城杯标准	
1	轴线位移	柱、墙、梁	5	3	尺量
2	底模上表面标高		±5	±3	水准仪或拉线尺量
3	截面模内尺寸	基础	±10	±5	尺量
		柱、墙、梁	±4，−5	±3	
4	层高垂直度	层高不大于5mm	6	3	经纬仪或吊线、尺量
		大于 5m	8	5	
5	相邻两板表面高低差		2	2	尺量
6	表面平整度		5	2	靠尺、塞尺
7	阴阳角	方正		2	方尺、塞尺
		顺直		2	线尺

项次	项目		允许偏差值（mm）		检查方法
			国家规范标准	结构长城杯标准	
8	预埋铁件中心线位移		3	2	拉线、尺量
9	预埋管、螺栓	中心线位移	3	2	拉线、尺量
		螺栓外露长度	+10、-0	+5、-0	
10	预留孔洞	中心线位移	+10	5	拉线、尺量
		尺寸	+10、0	+5、-0	
11	门窗洞口	中心线位移		3	拉线、尺量
		宽、高		±5	
		对角线		6	
12	插筋	中心线位移	5	5	尺量
		外露长度	+10、0	+10、0	

34.1.2 钢筋工程质量评审标准

钢筋工程安装质量允许偏差及检查方法应符合规范和表34.1.2的规定。

钢筋工程安装允许偏差及检查方法

表 34.1.2

项次	项目		允许偏差值（mm）		检查方法
			国家规范标准	结构长城杯标准	
1	绑扎骨架	宽、高	±5	±5	尺量
		长	±10	±10	
2	受力主筋	间距	±10	±10	尺量
		排距	±5	±5	
		弯起点位置	20	±5	

项次	项目		允许偏差值（mm）		检查方法
			国家规范标准	结构长城杯标准	
3	箍筋，横向筋焊接网片	间距	±20	±10	尺量连续5个间距
		网格尺寸	±20	±10	
4	保护层厚度	基础	±10	±5	尺量
		柱、梁	±5	±3	
		板、墙、壳	±3	±3	
5	钢筋电弧焊连接焊缝	宽度不小于0.7d	—	+0.1d、−0	量规或尺量
		厚度不小于0.3	—	+0.2d、−0	
		长度	—	+5、−0	
6	电渣压力焊焊包凸出钢筋表面				
7	不等强锥螺纹接头外露丝扣	锥筒外露整扣	1个	≤1个	目测
		锥筒外露半扣	—	≤2个	
8	梁、板受力钢筋搭接锚固长度	入支座、节点搭接	—	+10、−5	尺量
		入支座、节点锚固	—	+5、−5	
9	两端墩头的预应力钢丝束长度	同一束钢丝长度	≤5	+5、−5	尺量
		同一组钢丝长度	≤2	+2、−2	
10	无粘结筋位置垂直偏差	板内	±5	+5、−5	尺量
		梁内	±10	+5、−5	

587

项次	项　目		允许偏差值（mm）		检查方法
			国家规范标准	结构长城杯标准	
11	预应力筋承压板	中心线位置	—	3	尺量
		垂直度	—	0	

34.1.3　混凝土工程质量评审标准

混凝土工程质量允许偏差及检查方法应符合规范和表 34.1.3 的规定。

混凝土工程质量允许偏差及检查方法　表 34.1.3

项次	项　目		允许偏差值（mm）		检查方法
			国家规范标准	结构长城杯标准	
1	轴线位置	基础	15	10	尺量
		独立基础	10	10	
		墙、柱、梁	8	5	
2	垂直度	层高不大于5m	8	5	经纬仪吊线尺量
		层高大于5m	10	8	
		全高（H）	$H/1000$，且≤30	$H/1000$，且≤30	
3	标高	层高	±10	±5	水准仪尺量
		全高	±30	±30	
4	截面尺寸	基础高、宽	+8，−5	±5	尺量
		柱、墙、梁宽、高	+8，−5	±3	
5	表面平整度		8	3	2m靠尺、塞尺

项次	项 目		允许偏差值（mm）		检查方法
			国家规范标准	结构长城杯标准	
6	角、线顺直度		—	3	拉线、尺量
7	保护层厚度	基础	—	±5	尺量
		柱、梁、墙、板	—	+5、−3	
8	楼梯踏步板宽度、高度		—	±3	尺量
9	电梯井筒	长、宽对定位中心线	+25、0	+20、0	经纬仪尺量
		筒全高（H）垂直度	H/1000,且≤30	H/1000,且≤30	
10	阳台、雨罩位移		—	±5	吊线、尺量
11	预留空洞中心线位置		15	10	尺量
12	预埋螺栓	中心线位置	10	3	尺量
		螺栓外露长度	5	+5、−0	
13	张拉端预应力筋的内缩量限值	支承式锚具螺帽缝隙	1	4	观察钢板尺量
		支承式锚具加每块垫板缝隙	1	1	
		锥塞式锚具	5	3	
		夹片式锚具有顶压	5	3	
		夹片式锚具无顶压	6～8	6	
14	锚固端保护层厚度	凸出式锚固端锚具	≥50	≥50	观察钢板尺量
		外露预应力筋	≥20	≥20	
		易腐蚀环境外露预应力筋	≥50	≥50	

34.2 钢结构工程质量评审标准

钢结构安装工程允许偏差及检查方法，应符合规范和表 34.2 的规定。

钢结构安装允许偏差及检查方法　　表 34.2

项次	项　目		允许偏差值（mm）		检查方法
			国家规范标准	结构长城杯标准	
1	定位轴线	基础上柱、柱高	1	1	经纬仪尺量
		杯口位置	10	5	
		地脚螺栓（锚栓）位移	2	1	
		底层柱对定位轴线	3	2	
2	标高	支承面、地脚锚栓	±3	2	水准仪尺量
		坐浆垫板顶面	0、−3	0、−3	
		杯口底面	0、−5	0、−3	
		基础上柱底	±2	±2	
3	垂直度	杯口、单节柱	$H/1000$，且≤10	8	经纬仪尺量
		单层结构跨中	$H/250$，且≥15	10	
		多层、高层整体结构	$H/1000$，且≥25	20	

项次	项 目		允许偏差值（mm）		检查方法
			国家规范标准	结构长城杯标准	
4	网架结构安装	支承面顶板位置	15	10	水准仪尺量
		支座锚栓中心位移	±5	±5	
		支座中心偏移	≥30	≥20	
		纵向、横向长度	±30	±20	
		相连支座高差（周边）	$L/400$、≥15	≥10	
5	压金属板安装	檐口与屋脊平行度	12	10	尺量
		檐口相连板端错位	6	5	
		墙板包角板垂直度	$H/800$、≥25	≥20	
		墙板相连板下端错位	6	5	
6	现场焊缝组对间隙	无垫板间隙	0、+3	0、+3	尺量
		有垫板间隙	−2、+3	0、+3	

34.3 砌体工程质量评审标准

砌体质量允许偏差及检查方法，应符合规范和表 34.3 的规定。

砌体允许偏差及检查方法 表 34.3

项次	项　　目		允许偏差值 (mm)		检查方法
			国家规范标准	结构长城杯标准	
1	轴线位移		10	10	尺量
2	标高	基础顶面	±15	±10	水准仪或拉线尺量
		楼面	±15	±15	
3	垂直度	每层	5	5	经纬仪吊线、尺量
		全高 不大于10m	10	8	
		全高 大于10m	20	15	
4	表面平整度	清水墙、柱	5	5	2m靠尺塞尺
		混水墙、柱	8	5	
5	门窗洞口	高、宽度	±5	±5	拉线尺量
		上下口偏移	20	10	
6	灰缝	清水墙、水平缝	7	5	拉线、尺量
		混水墙、水平缝	10	7	
		清水墙竖缝	20	10	吊线、尺量

注：表中国家规范允许偏差值为砖砌体一般尺寸允许偏差。

本章参考文献

《建筑结构长城杯工程质量评审标准》DBJ/T 01—69—2003

35 脚手架

35.1 扣件式钢管脚手架

为建筑施工而搭设、承受荷载的由扣件和钢管等构成的脚手架与支撑架，统称为扣件式钢管脚手架。

35.1.1 扣件式钢管脚手架构配件允许偏差应符合表 35.1.1 的规定。

扣件式钢管脚手架构配件允许偏差

表 35.1.1

序号	项目	允许偏差 Δ (mm)	示意图	检查工具
1	焊接钢管尺寸 (mm) 外径 48.3 壁厚 3.6	±0.5 ±0.36		游标卡尺
2	钢管两端面切斜偏差	1.70		塞尺、拐角尺

序号	项目	允许偏差 Δ (mm)	示意图	检查工具
3	钢管外表面锈蚀深度	≤0.18		游标卡尺
4	钢管弯曲 ①各种杆件钢管的端部弯曲 l≤1.5m	≤5		钢板尺
	②立杆钢管弯曲 3m<l≤4m 4m<l≤6.5m	≤12 ≤20		
	③水平杆、斜杆的钢管弯曲 l≤6.5m	≤30		
5	冲压钢脚手板 ①板面挠曲 l≤4m l>4m	≤12 ≤16		钢板尺
	②板面扭曲 (任一角翘起)	≤5		
6	可调托撑支托板变形	1.0		钢板尺、塞尺

35.1.2 扣件式钢管脚手架检查与验收

1. 扣件式钢管脚手架使用中，应定期检查下列要求内容：高度在 24m 以上的双排、满堂脚手架，其立杆的沉降与垂直度的偏差应符合表项次 1、2 的规定；高度在 20m 以上的满堂支撑架，其立杆的沉降与垂直度的偏差应符合表项次 1、3 的规定。

2. 扣件式钢管脚手架搭设的技术要求、允许偏差与检验方法，应符合表 35.1.2 的规定。

扣件式钢管脚手架搭设的技术
要求、允许偏差与检验方法　　　　表 35.1.2

项次	项目		技术要求	允许偏差 Δ (mm)	示意图	检查方法与工具
1	地基基础	表面	坚实平整	—	—	观察
		排水	不积水			
		垫板	不晃动			
		底座	不滑动			
			不沉降	−10		
2	单、双排与满堂脚手架立杆垂直度 20~50m	最后验收立杆垂直度	—	±100		用经纬仪或吊线和卷尺

595

项次	项目	技术要求	允许偏差 Δ (mm)	示意图			检查方法与工具
2	单、双排与满堂脚手架立杆垂直度	下列脚手架允许水平偏差（mm）					用经纬仪或吊线和卷尺
		搭设中检查偏差的高度（m）	总高度				
			50m	40m	20m		
		$H=2$	±7	±7	±7		
		$H=10$	±20	±25	±50		
		$H=20$	±40	±50	±100		
		$H=30$	±60	±75			
		$H=40$	±80	±100			
		$H=50$	±100				
		中间档次用插入法					
3	满堂支撑架立杆垂直度	最后验收垂直度 30m	—	±90			用经纬仪或吊线和卷尺
		下列满堂支撑架允许水平偏差（mm）					
		搭设中检查偏差的高度（m）	总高度				
			30m				
		$H=2$	±7				
		$H=10$	±30				
		$H=20$	±60				
		$H=30$	±90				
		中间档次用插入法					

项次	项目		技术要求	允许偏差 Δ (mm)	示意图	检查方法与工具
4	单双排、满堂脚手架间距	步距 纵距 横距	— — —	±20 ±50 ±20	—	钢板尺
5	满堂支撑架间距	步距 立杆间距	— —	±20 ±30	—	钢板尺
6	纵向水平杆高差	一根杆的两端	—	±20		水平仪或水平尺
		同跨内两根纵向水平杆高差	—	±10		
7	剪刀撑斜杆与地面的倾角	45°～60°		—	角尺

项次	项目		技术要求	允许偏差 Δ（mm）	示意图	检查方法与工具
8	脚手板外伸长度	对接	a=130～150mm l≤300mm	—		卷尺
		搭接	a≥100mm l≥200mm	—		卷尺
9	扣件安装	主节点处各扣件中心点相互距离	a≤150mm	—		钢板尺
		同步立杆上两个相隔对接扣件的高差	a≥500mm			钢卷尺
		立杆上的对接扣件至主节点的距离	a≤h/3			

项次	项目	技术要求	允许偏差 Δ (mm)	示意图	检查方法与工具
9	扣件安装	纵向水平杆上的对接扣件至主节点的距离	$a \leqslant l_a/3$		钢卷尺
		扣件螺栓拧紧扭力矩	40～65N·m	—	扭力扳手

注：图中1—立杆；2—纵向水平杆；3—横向水平杆；4—剪刀撑。

35.1.3 安装后的扣件螺栓拧紧扭力矩应采用扭紧扳手检查，抽样方法应按随机分布原则进行。抽样检查数目与质量判定标准，应按表 35.1.3 的规定确定。不合格的应重新拧紧至合格。

扣件式拧紧抽样检查数目及

质量判定标准　　表 35.1.3

项次	检查项目	安装扣件数量（个）	抽检数量（个）	允许的不合格数量（个）
1	连接立杆与纵（横）向水平杆或剪刀撑的扣件；接长立杆、纵向水平杆或剪刀撑的扣件	51～90	5	0
		91～150	8	1
		151～280	13	1
		281～500	20	2
		501～1200	32	3
		1201～3200	50	5
2	连接横向水平杆与纵向水平杆的扣件（非主节点处）	51～90	5	1
		91～150	8	2
		151～280	13	3
		281～500	20	5
		501～1200	32	7
		1201～3200	50	10

35.2　门式钢管脚手架搭设检查与验收

　　门式脚手架与模板支架搭设的技术要求、允许偏差及检验方法，应符合表 35.2 的规定。

门式脚手架与模板支架搭设技术要求、

允许偏差及检验方法　　　表 35.2

项次	项目		技术要求	允许偏差（mm）	检验方法
1	隐蔽工程	地基承载力	符合 JGJ 128—2010 规范 5.6.1 条、5.6.3 条的规定	—	观察、施工记录检查
		预埋件	符合设计要求	—	
2	地基与基础	表面	坚实平整	—	观察
		排水	不积水		
		垫板	稳固		
		底座	不晃动	—	钢直尺检查
			无沉降		
			调节螺杆高度符合规范的规定	≤200	
		纵向轴线位置	—	±20	尺量检查
		横向轴线位置	—	±10	
3	架体构造		符合规范及专项施工方案的要求	—	观察尺量检查
4	门架安装	门架立杆与底座轴线偏差	—	≤2.0	尺量检查
		上下榀门架立杆轴线偏差	—		
5	垂直度	每步架		$h/500$、±3.0	经纬仪或线坠、钢直尺检查
		整体		$H/500$、±50.0	

项次	项目		技术要求	允许偏差（mm）	检验方法
6	水平度	一跨距内两榀门架高差	—	±5.0	水准仪水平尺钢直尺检查
		整体	—	±100	
7	连墙件	与架体、建筑结构连接	牢固	—	观察、扭矩测力扳手检查
		纵向、横向间距	—	±300	尺量检查
		与门架横杆距离	—	≤200	
8	剪刀撑	间距	按设计要求设置	±300	尺量检查
		与地面的倾角	45°～60°	—	角尺、尺量检查
9	水平加固杆		按设计要求设置	—	观察、尺量检查
10	脚手板		铺设严密、牢固	孔洞≤25	观察、尺量检查
11	悬挑支撑结构	型钢规格	符合设计要求	—	观察、尺量检查
		安装位置		±3.0	
12	施工层防护栏杆、挡脚板		按设计要求设置	—	观察、手扳检查
13	安全网		按规定设置	—	观察
14	扣件拧紧力矩		40～65N·m	—	扭矩测力扳手检查

注：h—步距；H—脚手架高度。

35.3 竹脚手架检查与验收

竹脚手架搭设的技术要求、允许偏差与检验方法应符合表 35.3 的规定。

竹脚手架搭设的技术要求、允许
偏差与检验方法　　　表 35.3

项次	项目		技术要求	允许偏差 Δ (mm)	示意图	检查方法与工具
1	地基基础	表面	坚实平整	—	—	观察
		排水	不积水			
		垫板	不松动			
2	各杆件小头有效直径	纵向、横向水平杆	≥90mm	0	—	卡尺或钢尺
		搁栅、栏杆	≥60mm			
		其他杆件	≥75mm		—	
3	杆件弯曲	端部弯曲 L≤1.5m	≤20mm	0		钢尺
		顶撑	≤20mm			
		其他杆件	≤50mm	0		

项次	项目	技术要求	允许偏差 Δ (mm)	示意图	检查方法与工具
4	立杆垂直度	搭设中检查偏差的高度 不得朝外倾斜，当高度为： $H=10m$ $H=15m$ $H=20m$ $H=24m$	 25 50 75 100		用经纬仪或吊线和钢尺
		最后验收垂直度	不得朝外倾斜	100		
5	顶撑	直径	与水平杆直径相匹配	与水平杆直径相差不大于顶撑的 1/3	—	钢尺
6	间距	步距 纵距 横距	—	±20 ±50 ±20		钢尺

项次	项目		技术要求	允许偏差 Δ (mm)	示意图	检查方法与工具
7	纵向水平杆高差	一根杆的两端	—	±20		
		同跨内两根纵向水平杆	—	±10		水平仪或水平尺
		同一排纵向水平杆	—	不大于架体纵向长度的1/300或200mm	—	

项次	项目		技术要求	允许偏差 Δ (mm)	示意图	检查方法与工具
8	横向水平杆外伸长度偏差	出外侧立杆	≥200mm	0	—	钢尺
		伸向墙面	≤450mm	0		
9	杆件搭接长度	纵向水平杆	≥1.5m	0	—	钢尺
		其他杆件	≥1.2m	0		
10	斜道防滑条	外观	不松动	—	—	观察
		间距	300mm	±30		钢尺
11	连墙件	设置间距	二步三跨或三步二跨	—	—	观察
		离主节点距离	≤300mm	0	—	钢尺

注：1—立杆；2—纵向水平杆。

35.4　工具式脚手架

35.4.1　附着式升降脚手架安装

安装时应符合下列规定：

1. 相邻竖向主框架的高差不应大于 20mm；

2. 竖向主框架和防倾导向装置的垂直偏差

不应大于 5‰，且不得大于 60mm；

3. 预留穿墙螺栓孔和预埋件应垂直于建筑结构外表面，其中心误差应小于 15mm。

35.4.2　高处作业吊篮安装

1. 悬挑横梁应前高后低，前后水平高差不应大于横梁长度的 2%。

2. 当使用两个以上的悬挂机构时，悬挂机构吊点水平间距与吊篮平台的吊点间距应相等，其误差不应大于 50mm。

35.5　碗扣式钢管脚手架施工

35.5.1　双排脚手架搭设

1. 双排脚手架搭设应按立杆、横杆、斜杆、连墙件的顺序逐层搭设，底层水平框架的纵向直线度偏差应小于 1/200 架体长度；横杆间水平度偏差应小于 1/400 架体长度。

2. 当双排脚手架高度 H 小于或等于 30m 时，垂直度偏差应小于或等于 $H/500$；当高度 H 大于 30m 时，垂直度偏差应小于或等于 $H/1000$。

35.5.2　主要构配件制作质量及形位公差要求

主要构配件制作质量及形位公差要求见表 35.5.2。

表 35.5.2

主要构配件制作质量及形位公差要求

名称	检查项目		公称尺寸 (mm)	允许偏差 (mm)	检测量具	图示
立杆	长度 (L)		900	±0.70	钢卷尺	
			1200	±0.85		
			1800	±1.15		
			2400	±1.40		
			3000	±1.65		
	碗扣节点间距		600	±0.50	钢卷尺	
	下碗扣与定位销下端间距		114	±1	游标卡尺	
	杆件直线度		—	1.5L/1000	专用量具	
	杆件端面对轴线垂直度		—	0.3	角尺（端面 150mm 范围内）	
	下碗扣内圆锥与立杆同轴度		—	φ0.5	专用量具	
	下碗扣与立杆焊接高度		4	±0.50	焊接检验尺	
	下套管与立杆焊缝高度		4	±0.50	焊接检验尺	

名称	检查项目	公称尺寸 (mm)	允许偏差 (mm)	检测量具	图 示
横杆	长度 (L)	300	±0.40	钢卷尺	$\phi 48 \times 3.5 ^{+0.25}_{-0}$ L
		600	±0.50		
		900	±0.70		
		1200	±0.80		
		1500	±0.95		
		1800	±1.15		
		2400	±1.40		
	横杆两接头弧面平行度	—	≤1.00	—	
	横杆接头与杆件焊缝高度	4	±0.50	焊接检验尺	

名称	检查项目	公称尺寸 (mm)	允许偏差 (mm)	检测量具	图 示
上碗扣	螺旋面高端	φ53	+1.0 / 0	深度游标卡尺	
	螺旋面低端	φ40	0 / -1.0	深度游标卡尺	
	上碗扣内圆锥大端直径	φ67	+0.8 / -0.6	游标卡尺	
	上碗扣内圆锥大端圆度	φ67	0.35	游标卡尺	
	内圆锥底圆孔圆度	φ50	0.30	游标卡尺	
	内圆锥底与底圆孔同轴度	—	φ0.5	杠杆百分表	

名称		检查项目	公称尺寸 (mm)	允许偏差 (mm)	检测量具	图　示
下碗扣		高度（H）	28 （铸造件） 25 （冲压件）	+0.8 +0.1	深度游标 卡尺	
		底圆柱孔直径	φ49.5	±0.25	游标卡尺	
		内圆锥大端 直径	φ69.4	+0.5 −0.2	游标卡尺	
		内圆锥大端 圆度	φ69.4	0.25	游标卡尺	
		内圆锥与 底圆孔同轴度	—	φ0.5	芯棒、塞尺	
横杆接头		高度	20 (18)	±0.50	游标卡尺	
		与立杆贴合 曲面圆度	φ48	+0.5 0	—	

35.6 液压升降整体脚手架

液压升降整体脚手架是依靠液压升降装置，附着在建（构）筑物上，实现整体升降的脚手架。

35.6.1 液压升降整体脚手架安装后验收检查

液压升降整体脚手架安装后验收检查，应符合表 35.6.1 的规定。

液压升降整体脚手架安装后验收检查　表 35.6.1

序号	检查项目	标准
1★	相邻竖向主框架的高差	≤30mm
2★	竖向主框架及导轨的垂直度偏差	≤0.5%且≤60mm
3★	预埋穿墙螺栓孔或预埋件中心的误差	≤15mm
4★	架体底部脚手板与墙体间隙	≤50mm
5	节点板的厚度	≥6mm
6	剪刀撑斜杆与地面的夹角	45°～60°
7★	操作层脚手板应铺满、铺牢，孔洞直径	≤25mm
8★	连接螺栓的拧紧扭力矩	40～65N·m
9★	防松措施	双螺母

序号	检 查 项 目	标 准
10★	附着支承在建（构）筑物上连接处的混凝土强度	≥C10
11	架体全高	≤5倍楼层高度
12	架体宽度	≤1.2m
13	架体全高×支承跨度	≤110m²
14	支承跨度直线形	≤8m
15	支承跨度折线形或曲线形	≤5.4m
16	水平悬挑长度	≤2m；且≤1/2跨度
17	使用工况上端悬臂高度	≤2/5架体高度；且≤6m
18	防坠落装置制动距离	≤80mm
19★	在竖向主框架位置的最上附着支承和最下附着支承之间的间距	≥5.6m
20	垫板尺寸	≥100mm×100mm×10mm
21★	防倾覆装置与导轨之间的间隙	≤8mm
22	液压升降装置承受额定荷载48h	滑移量≤1mm
23	液压升降装置施压20MPa，保压15min	无异常

序号	检 查 项 目	标 准
24	液压升降装置锁紧力，上、下锁紧油缸在 8MPa 压力承载工况下	锁紧不滑移
25	承受荷载，液压系统失压 36h	载物不滑移
26	额定工作压力下，保压 30min，所有的管路接头	滴漏≤3 滴油
27	防护栏杆	在 0.6m 和 1.2m 两道
28	挡脚板高度	≥180mm
29	顶层防护栏杆高度	≥1.5m

注：本表带★检查项目为每月检查内容。

35.6.2 液压升降整体脚手架升降前准备工作检查

液压升降整体脚手架升降前准备工作检查，应符合表 35.6.2 的规定。

液压升降整体脚手架升降

前准备工作检查   表 35.6.2

序号	检 查 项 目	标 准
1	在竖向主框架位置的最上附着支承和最下附着支承之间的间距	≥2.8m 或≥1/4 架体高度

序号	检 查 项 目	标 准
2	防倾覆装置与导轨之间的间隙	≤8mm
3	架体的垂直度偏差	≤0.5%架体全高；且≤60mm

35.6.3 液压升降整体脚手架升降后使用前安全检查

液压升降整体脚手架升降后使用前安全检查，应符合表35.6.3的规定。

液压升降整体脚手架升降后
使用前安全检查　　　　表35.6.3

序号	检 查 项 目	标 准
1	架体底层脚手板与墙体间隙	≤50mm
2	在竖向主框架位置的最上附着支承和最下附着支承之间的间距	≥5.6m 或 ≥1/2架体高度

本章参考文献

1.《建筑施工扣件式钢管脚手架安全技术规范》JGJ 130—2011

2.《建筑施工门式钢管脚手架安全技术规范》JGJ 128—2010

3.《建筑施工竹脚手架安全技术规范》JGJ 254—2011

4.《建筑施工工具式脚手架安全技术规范》JGJ 202—2010

5.《建筑施工碗扣式钢管脚手架安全技术规范》JGJ 166—2008

6.《液压升降整体脚手架安全技术规程》JGJ 183—2009

36 空间网格结构

空间网格结构是按一定规律布置的杆件、构件通过节点连接而构成的空间结构，包括网架、曲面形网壳以及立体桁架等。

36.1 制作与拼装要求

36.1.1 空间网格结构制作尚应符合下列规定：

1. 焊接球节点的半圆球，宜用机床坡口。焊接后的成品球表面应光滑、平整，不应有局部凸起或折皱。焊接球的尺寸允许偏差应符合表36.1.1-1 的规定。

焊接球尺寸的允许偏差　　表 36.1.1-1

项　目	规格（mm）	允许偏差（mm）
直　径	$D \leqslant 300$	±1.5
	$300 < D \leqslant 500$	±2.5
	$500 < D \leqslant 800$	±3.5
	$D > 800$	±4.0

项　目	规格（mm）	允许偏差（mm）
圆　度	$D{\leqslant}300$	1.5
	$300{<}D{\leqslant}500$	2.5
	$500{<}D{\leqslant}800$	3.5
	$D{>}800$	4.0
壁厚减薄量	$t{\leqslant}10$	$0.18t$，且不应大于 1.5
	$10{<}t{\leqslant}16$	$0.15t$，且不应大于 2.0
	$16{<}t{\leqslant}22$	$0.12t$，且不应大于 2.5
	$22{<}t{\leqslant}45$	$0.11t$，且不应大于 3.5
	$t{>}45$	$0.08t$，且不应大于 4.0
对口错边量	$t{\leqslant}20$	1.0
	$20{<}t{\leqslant}40$	2.0
	$t{>}40$	3.0

注：D 为焊接球的外径，t 为焊接球的壁厚。

2. 螺栓球不得有裂纹。螺纹应按 6H 级精度加工，并应符合现行国家标准《普通螺纹公差》GB/T 197 的规定。螺栓球的尺寸允许偏差应符合表 36.1.1-2 的规定。

螺栓球尺寸的允许偏差　　表 36.1.1-2

项　目	规格（mm）	允许偏差
毛坯球直径	$D{\leqslant}120$	+2.0mm −1.0mm
	$D{>}120$	+3.0mm −1.5mm

项　　目	规格(mm)	允许偏差
球的圆度	$D \leqslant 120$	1.5mm
	$120 < D \leqslant 250$	2.5mm
	$D > 250$	3.5mm
同一轴线上两铣平面平行度	$D \leqslant 120$	0.2mm
	$D > 120$	0.3mm
铣平面距球心距离	—	±0.2mm
相邻两螺栓孔中心线夹角	—	±30′
铣平面与螺栓孔轴线垂直度	—	0.005r

注：D 为螺栓球直径，r 为铣平面半径。

3. 嵌入式毂节点杆端嵌入榫与毂体槽口相配合部分的制造精度应满足 0.1～0.3mm 间隙配合的要求。杆端嵌入件倾角 ϕ 制造中以 30′分类，与杆件组焊时，在专用胎具上微调，其调整后的偏差为 20′。嵌入式毂节点尺寸允许偏差应符合表 36.1.1-3 的规定。

嵌入式毂节点尺寸的允许偏差　　　　表 36.1.1-3

项　　目	允许偏差
嵌入槽圆孔对分布圆中心线的平行度	0.3mm
分布圆直径	±0.3mm
直槽部分对圆孔平行度	0.2mm
毂体嵌入槽间夹角	±20′
毂体端面对嵌入槽分布圆中心线的端面跳动	0.3mm
端面间平行度	0.5mm

36.1.2 钢管杆件宜用机床下料。杆件下料长度应预加焊接收缩量，其值可通过试验确定。杆件制作长度的允许偏差应为±1mm。采用螺栓球节点连接的杆件其长度应包括锥头或封板；采用嵌入式毂节点连接的杆件，其长度应包括杆端嵌入件。

36.1.3 空间网格结构宜在拼装模架上进行小拼，以保证小拼单元的形状和尺寸的准确性。小拼单元的允许偏差应符合表 36.1.3 的规定。

小拼单元的允许偏差　　　表 36.1.3

项　目	范　围	允许偏差 （mm）
节点中心偏移	$D \leqslant 500$	2.0
	$D > 500$	3.0
杆件中心与节点中心的偏移	$d(b) \leqslant 200$	2.0
	$d(b) > 200$	3.0
杆件轴线的弯曲矢高	—	$L_1/1000$，且不应大于 5.0
网格尺寸	$L \leqslant 5000$	±2.0
	$L > 5000$	±3.0
锥体（桁架）高度	$h \leqslant 5000$	±2.0
	$h > 5000$	±3.0
对角线长度	$L \leqslant 7000$	±3.0
	$L > 7000$	±4.0

项　目	范　围	允许偏差 （mm）
平面桁架节点处 杆件轴线错位	$d(b) \leqslant 200$	2.0
	$d(b) > 200$	3.0

注：1. D 为节点直径。
　　2. d 为杆件直径，b 为杆件截面边长。
　　3. L_1 为杆件长度，L 为网格尺寸，h 为锥体（桁架）高度。

36.1.4　分条或分块的空间网格结构单元长度不大于 20m 时，拼接边长度允许偏差应为 ±10mm；当条或块单元长度大于 20m 时，拼接边长度允许偏差应为 ±20mm。高空总拼应有保证精度的措施。

36.1.5　空间网格结构在总拼前应精确放线，放线的允许偏差应为边长的 1/10000。总拼所用的支承点应防止下沉。总拼时应选择合理的焊接工艺顺序，以减少焊接变形和焊接应力。拼装与焊接顺序应从中间向两端或四周发展。网壳结构总拼完成后应检查曲面形状，其局部凹陷的允许偏差应为跨度的 1/1500，且不应大于 40mm。

36.2　高空散装法

拼装支架搭设应符合下列规定：支架立杆安

装每步高允许垂直偏差应为±7mm；支架总高20m以下时，全高允许垂直偏差应为±30mm；支架总高 20m 以上时，全高允许垂直偏差应为±48mm。

36.3　整体吊装法

36.3.1　在空间网格结构整体吊装时，应保证各吊点起升及下降的同步性。提升高差允许值（即相邻两拔杆间或相邻两吊点组的合力点间的相对高差）可取吊点间距离的 1/400，且不宜大于100mm，或通过验算确定。

36.3.2　在制订空间网格结构就位总拼方案时，应符合下列规定：空间网格结构的任何部位与支承柱或拔杆的净距不应小于 100mm。

36.4　整体提升法

36.4.1　空间网格结构整体提升时应保证同步。相邻两提升点和最高与最低两个点的提升允许高差值应通过验算或试验确定。在通常情况下，相邻两个提升点允许高差值，当用升板机时，应为相邻点距离的 1/400，且不应大于 15mm；当采用穿心式液压千斤顶时，应为相邻点距离的

1/250,且不应大于 25mm。最高点与最低点允许高差值，当采用升板机时应为 35mm，当采用穿心式液压千斤顶时应为 50mm。

36.4.2 提升设备的合力点与吊点的偏移值不应大于 10mm。

36.5 整体顶升法

36.5.1 顶升用的支承柱或临时支架上的缀板间距，应为千斤顶使用行程的整倍数，其标高偏差不得大于 5mm，否则应用薄钢板垫平。

36.5.2 顶升时各顶升点的允许高差应符合下列规定：

1. 不应大于相邻两个顶升支承结构间距的 1/1000，且不应大于 15mm；

2. 当一个顶升点的支承结构上有两个或两个以上千斤顶时，不应大于千斤顶间距的 1/200，且不应大于 10mm。

36.5.3 千斤顶应保持垂直，千斤顶或千斤顶合力的中心与顶升点结构中心线偏移值不应大于 5mm。

36.5.4 顶升前及顶升过程中空间网格结构支座中心对柱基轴线的水平偏移值不得大于柱截面短边尺寸的 1/50 及柱高的 1/500。

36.6 折叠展开式整体提升法

提升用的工具宜采用液压设备，并宜采用计算机同步控制。提升点应根据设计计算确定，可采用四点或四点以上的提升点进行提升。提升速度不宜大于 0.2m/min，提升点的不同步值不应大于提升点间距的 1/500，且不应大于 40mm。

36.7 交验

交工验收时，应检查空间网格结构的各边长度、支座的中心偏移和高度偏差，各允许偏差应符合下列规定：

1. 各边长度的允许偏差应为边长的 1/2000 且不应大于 40mm；

2. 支座中心偏移的允许偏差应为偏移方向空间网格结构边长（或跨度）的 1/3000，且不应大于 30mm；

3. 周边支承的空间网格结构，相邻支座高差的允许偏差应为相邻间距的 1/400，且不大于 15mm；对多点支承的空间网格结构，相邻支座高差的允许偏差应为相邻间距的 1/800，且不应大于 30mm；支座最大高差的允许偏差不应大于 30mm。

本章参考文献

《空间网格结构技术规程》JGJ 7—2010

37 无障碍设施

无障碍设施是为残疾人、老年人等社会特殊群体自主、平等、方便地出行和参与社会活动而设置的进出道路、建筑物、交通工具、公共服务机构的设施以及通信服务等设施。无障碍设施的施工验收中，检验批质量验收合格应符合下列规定：

（1）主控项目的质量应经抽样检验合格。

（2）一般项目的质量应经抽样检验合格；当采用计数检验时，一般项目的合格点率应达到80%及以上，且不合格点的最大偏差不得大于本规范规定允许偏差的1.5倍。

37.1 缘石坡道

37.1.1 整体面层的允许偏差应符合表37.1.1的规定。

37.1.2 板块面层的允许偏差应符合设计规范的要求和表37.1.2的规定。

整体面层允许偏差　　　　表 37.1.1

项　目		允许偏差（mm）	检验频率		检验方法
			范围	点数	
平整度	水泥混凝土	3	每条	2	2m 靠尺和塞尺量取最大值
	沥青混凝土	3			
	其他沥青混合料	4			
厚度		±5	每50条	2	钢尺量测
井框与路面高差	水泥混凝土	3	每座	1	十字法，钢板尺和塞尺量取最大值
	沥青混凝土	5			

板块面层允许偏差　　　　表 37.1.2

项　目	允许偏差（mm）				检验频率		检验方法
	预制砌块	陶瓷类地砖	石板材	块石	范围	点数	
平整度	5	2	1	3	每条	2	2m 靠尺和塞尺量取最大值
相邻块高差	3	0.5	0.5	2	每条	2	钢板尺和塞尺量取最大值
井框与路面高差	3		3		每座	1	十字法，钢板尺和塞尺量取最大值

37.2 盲道

37.2.1 预制盲道砖（板）的规格、颜色、强度

应符合设计要求。行进盲道触感条和提示盲道触感圆点凸面高度、形状和中心距允许偏差应符合表 37.2.1-1 和表 37.2.1-2 的规定。

行进盲道触感条凸面高度、形状和中心距允许偏差

表 37.2.1-1

部位	规定值(mm)	允许偏差(mm)
面宽	25	±1
底宽	35	±1
凸面高度	4	+1
中心距	62～75	±1

提示盲道触感圆点凸面高度、形状和中心距允许偏差

表 37.2.1-2

部　位	规定值(mm)	允许偏差(mm)
表面直径	25	±1
底面直径	35	±1
凸面高度	4	+1
圆点中心距	50	±1

检查数量：同一规格、同一颜色同一强度的预制盲道砖（板）材料，应以 100m² 为一验收批；不足 100m² 按一验收批计，每验收批取 5 块试件进行检查。

检验方法：查材质合格证明文件、出厂检验报告、用钢尺量测检查。

37.2.2 预制盲道砖（板）外观允许偏差应符合表37.2.2的规定。

预制盲道砖（板）外观允许偏差

表 37.2.2

项　　目	允许偏差（mm）	检查频率		检验方法
		范围（m）	块数	
边长	2			钢尺量测
对角线长度	3	500	20	钢尺量测
裂缝、表面起皮	不允许出现			观察

37.2.3 预制盲道砖（板）面层允许偏差应符合表37.2.3的规定。

预制盲道砖（板）面层允许偏差

表 37.2.3

项目名称	允许偏差（mm）			检查频率		检验方法
	预制盲道块	石材类盲道板	陶瓷类盲道板	范围（m）	点数	
平整度	3	1	2	20	1	2m靠尺和塞尺量取最大值
相邻块高差	3	0.5	0.5	20	1	钢板尺和塞尺量测

项目名称	允许偏差（mm）			检查频率		检验方法
	预制盲道块	石材类盲道板	陶瓷类盲道板	范围（m）	点数	
接缝宽度	$+3$；-2	1	2	50	1	钢尺量测
纵缝顺直	5	—	—	50	1	拉 20m 线钢尺量测
	—	2	3	50	1	拉 5m 线钢尺量测
横缝顺直	2	1	1	50	1	按盲道宽度拉线钢尺量测

37.2.4 橡塑类盲道板的厚度应符合设计要求。其最小厚度不应小于 30mm，最大厚度不应大于 50mm。厚度的允许偏差应为 ±0.2mm。

37.2.5 橡塑类盲道板的尺寸应符合设计要求。其允许偏差应符合表 37.2.5 的规定。

橡塑类盲道板尺寸允许偏差   **表 37.2.5**

规格	长度	宽度	厚度（mm）	耐磨层厚度（mm）
块材	±0.15%	±0.15%	±0.20	±0.15
卷材	不低于名义值	不低于名义值	±0.20	±0.15

37.2.6 橡胶地板材料和橡胶地砖材料制成的盲

道板的外观质量应符合表37.2.6的规定。

检验方法：观察检查。

橡胶地板材料和橡胶地砖材料
制成的盲道板外观质量　　表 37.2.6

缺陷名称	外观质量要求
表面污染、杂质、缺口、裂纹	不允许
表面缺胶	块材：面积小于 5mm² ，深度小于 0.2mm 的缺胶不得超过 3 处； 卷材：每平方米面积小于 5mm² ，深度小于 0.2mm 的缺胶不得超过 3 处
表面气泡	块材：面积小于 5mm² 的气泡不得超过 2 处； 卷材：面积小于 5mm² 的气泡，每平方米不得超过 2 处
色差	单块、单卷不允许有；批次间不允许有明显色差

37.2.7 聚氯乙烯盲道型材的外观质量应符合表37.2.7 的规定。

检验方法：观察检查。

聚氯乙烯盲道型材外观质量　　表 37.2.7

缺 陷 名 称	外观质量要求
气泡、海绵状	表面不允许
褶皱、水纹、疤痕及凹凸不平	不允许
表面污染、杂质	聚氯乙烯块材：不允许； 聚氯乙烯卷材：面积小于 5mm²，深度小于 0.15mm 的缺陷，每平方米不得超过 3 处
色差、表面撒花密度不均	单块不允许有；批次间不允许有明显色差

37.2.8　不锈钢盲道型材的厚度应符合设计要求。厚度的允许偏差应为±0.2mm。

检验方法：查出厂检验报告、用游标卡尺量测。

37.2.9　不锈钢盲道型材的外观质量应符合表 37.2.9 的规定。

检验方法：观察检查。

不锈钢盲道型材外观质量　　表 37.2.9

缺陷名称	外观质量要求
表面污染、杂质、缺口、裂纹	不允许
表面凹坑	面积小于 5mm² 的凹坑每平方米不得超过 2 处

37.3 轮椅坡道

轮椅坡道地面面层允许偏差应符合表37.4.1的规定。轮椅坡道整体面层允许偏差应符合表37.1.1的规定。轮椅坡道板块面层允许偏差应符合表37.1.2的规定。

37.4 无障碍通道

37.4.1 无障碍通道地面面层允许偏差应符合表37.4.1的规定。坡道整体面层允许偏差应符合表37.1.1的规定。坡道板块面层允许偏差应符合表37.1.2的规定。

无障碍通道地面面层允许偏差　　表 37.4.1

项　　目		允许偏差（mm）	检验频率		检验方法
			范围	点数	
平整度	水泥砂浆	2	每条	2	2m靠尺和塞尺量取最大值
	细石混凝土、橡胶弹性面层	3			
	沥青混合料	4			
	水泥花砖	2			
	陶瓷类地砖	2			
	石板材	1			

项　目	允许偏差（mm）	检验频率		检验方法
		范围	点数	
整体面层厚度	±5	每条	2	钢尺量测或现场钻孔
相邻块高差	0.5	每条	2	钢板尺和塞尺量取最大值

37.4.2 无障碍通道的雨水箅和护墙板允许偏差应符合表 37.4.2 的规定。

雨水箅和护墙板允许偏差　　表 37.4.2

项　目	允许偏差（mm）	检验频率		检验方法
		范围	点数	
地面与雨水箅高差	−3；0	每条	2	钢板尺和塞尺取最大值
护墙板高度	+3；0	每条	2	钢尺量测

37.5 无障碍停车位

无障碍停车位地面坡度允许偏差应符合表 37.5 的规定。

无障碍停车位地面坡度允许偏差 **表 37.5**

项目	允许偏差	检验频率		检验方法
		范围	点数	
坡度	±0.3%	每条	2	坡度尺量测

37.6 扶手

扶手允许偏差应符合表 37.6 的规定。

扶手允许偏差 **表 37.6**

项　目	允许偏差 （mm）	检验频率		检验方法
		范围	点数	
立柱和托架间距	3	每条	2	钢尺量测
立柱垂直度	3	每条	2	1m 垂直检测尺量测
扶手直线度	4	每条	1	拉 5m 线、钢尺量测

37.7 门

门允许偏差应符合表 37.7 的规定。

门允许偏差　　　表 37.7

项　　目			允许偏差（mm）	检验频率		检验方法
				范围	点数	
门框正、侧面垂直度	木门	普通	2	每 10 樘	2	钢尺量测
		高级	1			
	钢门		3			
	铝合金门		2.5			
门横框水平度			3	每 10 樘	2	水平尺和塞尺量测
平开门护门板高度			+3；0	每 10 樘	2	钢尺量测

37.8　无障碍电梯和升降平台

　　护壁板安装位置和高度应符合设计要求，护壁板高度允许偏差应符合表 37.8 的规定。

护壁板高度允许偏差　　　表 37.8

项目	允许偏差（mm）	检验频率		检验方法
		范围	点数	
护壁板高度	+3；0	每个轿厢	3	钢尺量测

37.9　楼梯和台阶

37.9.1　踏步的宽度和高度应符合设计要求，其允许偏差应符合表 37.9.1 的规定。

踏步宽度和高度允许偏差　　表 37.9.1

项目	允许偏差（mm）	检验频率		检验方法
		范围	点数	
踏步高度	−3；0	每梯段	2	钢尺量测
踏步宽度	+2；0	每梯段	2	钢尺量测

37.9.2 踏面面层应表面平整，板块面层应无翘边、翘角现象。面层质量允许偏差应符合表 37.9.2 的规定。

面层质量允许偏差　　表 37.9.2

项　目		允许偏差（mm）	检验频率		检验方法
			范围	点数	
平整度	水泥砂浆、水磨石	2	每梯段	2	2m 靠尺和塞尺量取最大值
	细石混凝土、橡胶弹性面层	3			
	水泥花砖	3			
	陶瓷类地砖	2			
	石板材	1			
相邻块高差		0.5	每梯段	2	钢板尺和塞尺量取最大值

37.10　无障碍厕所和无障碍厕位

放物台、挂衣钩和安全抓杆允许偏差应符合表 37.10 的规定。

放物台、挂衣钩和安全抓杆允许偏差

表 37.10

项　目		允许偏差（mm）	检验频率		检验方法
			范围	点数	
放物台	平面尺寸	±10	每个	2	钢尺量测
	高度	−10；0			
挂衣钩高度		−10；0	每座厕所	2	钢尺量测
安全抓杆的垂直度		2	每4个	2	垂直检测尺量测
安全抓杆的水平度		3	每4个	2	水平尺量测

37.11　无障碍浴室

浴帘、毛巾架、淋浴器喷头、更衣台、挂衣钩和安全抓杆允许偏差应符合表 37.11 的规定。

浴帘、毛巾架、淋浴器喷头、更衣台、

挂衣钩和安全抓杆允许偏差　表37.11

项　　目		允许偏差 （mm）	检验频率		检验方法
			范围	点数	
浴帘、毛巾架、 挂衣钩高度		−10；0	每个	1	钢尺量测
淋浴器喷头高度		−15；0	每个	1	钢尺量测
更衣台、 洗手盆	平面尺寸	±10	每个	2	钢尺量测
	高度	−10；0			
安全抓杆的垂直度		2	每4个	2	垂直检测 尺量测
安全抓杆的水平度		3	每4个	2	水平尺量测

37.12　无障碍住房和无障碍客房

无障碍住房的橱柜、厨房操作台、吊柜、壁柜的允许偏差应符合表37.12的规定。

橱柜、厨房操作台、吊柜、壁柜允许偏差　表37.12

项　　目	允许偏差 （mm）	检验方法
外形尺寸	3	钢尺量测
立面垂直度	2	垂直检测尺量测
门与框架的直线度	2	拉通线，钢尺量测

37.13 过街音响信号装置

过街音响信号装置的立杆应安装垂直。垂直度允许偏差为柱高的1/1000。

检查数量：每4组抽查2根。

检验方法：线坠和直尺量测检查。

37.14 无障碍设施分项工程与相关分部（子分部）工程对应表

无障碍设施分项工程划分及与相关分部（子分部）工程对应表　　　表 37.14

序号	分部工程	子分部	无障碍设施分项工程
1	人行道		缘石坡道
	道路		
2	人行道		盲道
	建筑装饰装修	地面	
	道路		
3	建筑装饰装修	地面、门窗	无障碍出入口

序号	分部工程	子分部	无障碍设施分项工程
4	面层		轮椅坡道
	建筑装饰装修	地面	
	道路		
5	面层		无障碍通道
	建筑装饰装修	地面	
	道路		
6	面层		楼梯和台阶
	建筑装饰装修	地面	
7	建筑装饰装修	细部	扶手
8	电梯		无障碍电梯与升降平台
9	建筑装饰装修	门窗	门
10	建筑装饰装修	地面	无障碍厕所和无障碍厕位
	建筑电气		
	建筑给水排水及采暖		
	智能建筑		
11	建筑装饰装修	地面	无障碍浴室
	建筑电气		
	建筑给水排水及采暖		
	智能建筑		

序号	分部工程	子分部	无障碍设施分项工程
12	建筑装饰装修	地面、细部	轮椅席位
13	建筑装饰装修	地面、细部	无障碍住房和无障碍客房
	建筑电气		
	建筑给水排水及采暖		
	智能建筑		
14	广场与停车场		无障碍停车位
	建筑装饰装修		
15	建筑装饰装修		低位服务设施
16	建筑装饰装修	细部	无障碍标志和盲文标志

注：1. 表中人行道、面层和广场与停车场三个分部工程应按现行行业标准《城镇道路工程施工与质量验收规范》CJJ 1 的有关规定进行验收。

2. 道路、建筑装饰装修、电梯、智能建筑、建筑电气和建筑给水排水及采暖六个分部工程应按现行国家标准《建筑工程施工质量验收统一标准》GB 50300 的有关规定进行验收。

3. 过街音响信号装置应按现行国家标准《道路交通信号灯设置与安装规范》GB 14886 的有关规定进行验收。

本章参考文献

《无障碍设施施工验收及维护规范》GB 50642—2011

38 擦窗机安装

擦窗机是用于建筑物或构筑物窗户和外墙清洗、维护等作业的常设悬吊接近设备。

38.1 擦窗机基础检验

擦窗机设备基础的允许偏差应符合表 38.1 的规定。

擦窗机设备基础尺寸和位置的允许偏差 表 38.1

擦窗机设备基础尺寸和位置的允许偏差		
项 目 内 容		允许偏差（mm）
坐标位置（纵、横轴线）		±20
不同平面的标高		±20
平面外形尺寸		±20
凸台上平面外形尺寸		−20
凹穴尺寸		＋20
平面的水平度（包括地坪上需安装设备的部分）	每米	5
	全长	10

擦窗机设备基础尺寸和位置的允许偏差

项　目　内　容		允许偏差 （mm）
垂直度	每米	5
	全长	10
预埋件（或 预埋螺栓）	标高	＋20
	中心距	±2
预埋地脚螺 栓孔	中心位置	±10
	深度	＋20
	孔壁铅垂度每米	10
预埋地脚螺 栓锚板	标高	＋20
	中心位置	±5
	水平度 （带槽的锚板）每米	5
	水平度 （带螺纹孔的锚板）每米	2

38.2　擦窗机安装工程质量检验

擦窗机安装工程质量检验　　表 38.2

检查 部位	序 号	检查项目	标准值/规定
轨道	1	轨距偏差	≤1/150 轨距
	2	同截面两轨面标 高差	≤1/400 轨距
	3	轨道支撑点间最大 挠度	≤1/250 跨距

检查部位	序号	检查项目	标准值/规定
轨道	4	水平轨道任意6m内标高差	≤10mm
	5	单悬轨道中心线在水平面内任意6m内偏差	≤10mm
	6	接口	错位：上下≤2mm；左右≤2mm
	7	轨节长度	≤12m
	8	伸缩缝（转向轨道不设）	① 6～18m内设1处 ② 间隙≤3mm
预埋件及基础胀锚螺栓	9	基础底板边与墙壁边距离	＞50mm
	10	锚栓中心至基础或构件边距	≥7d（d 锚栓公称直径）
		底端至基础底面的距离	≥3d，且≥30mm
		相邻锚栓中心距	≥10d

本章参考文献

《擦窗机安装工程质量验收规程》JGJ 150—2008

645